How

從心臟到大腦，
耶魯教授的臨床醫學課

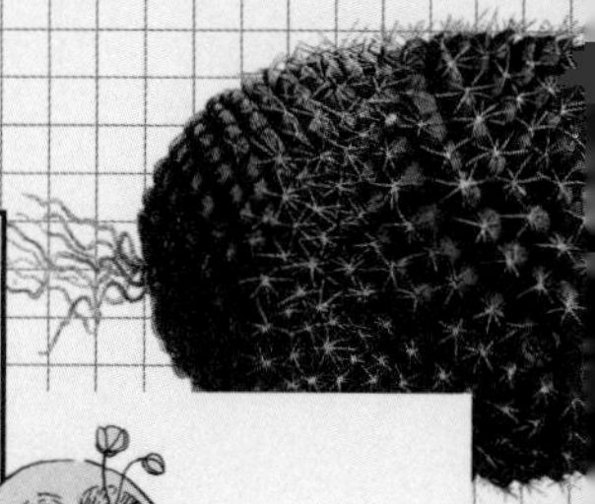

生命的臉

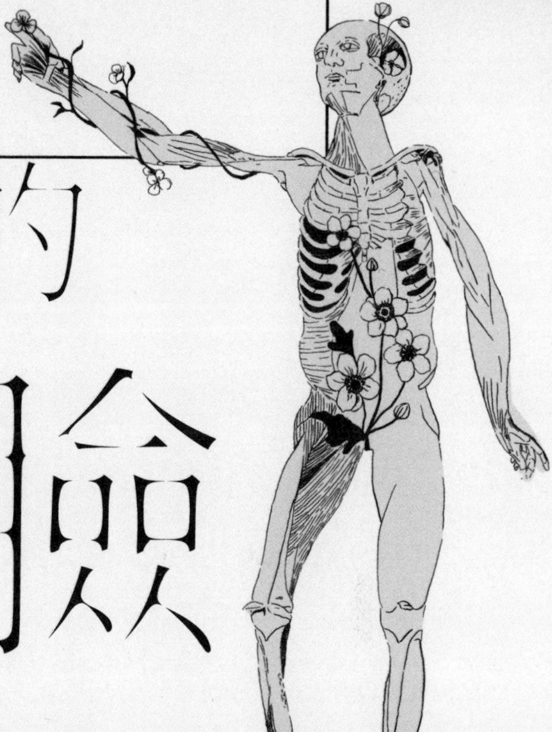

許爾文・努蘭
Sherwin B. Nuland

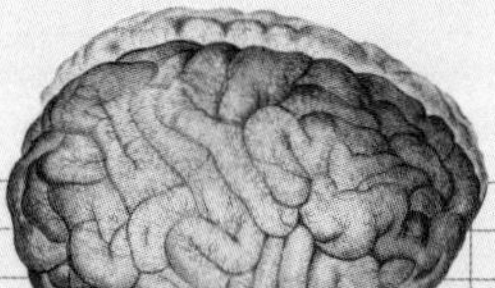

We Live

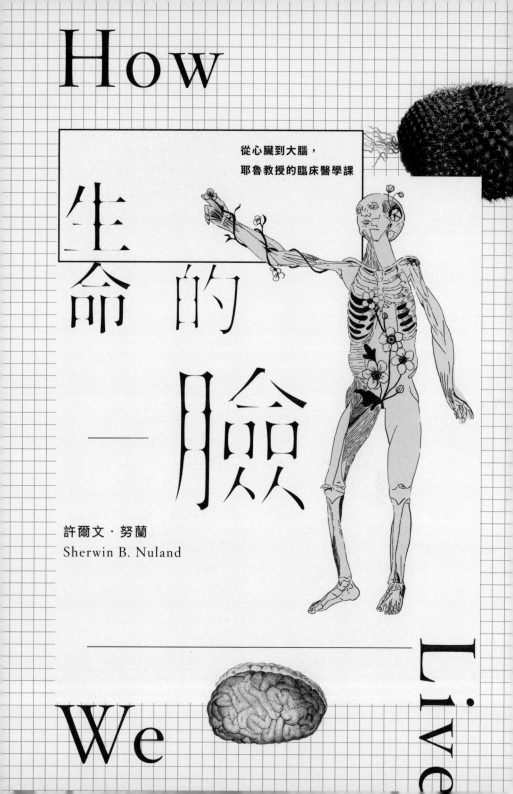

獻給我的孩子

托利雅

德魯

威爾

茉莉

無論跟誰相處，

你們都帶我認識了未知世界

人眼見群山之高、浪濤之巨而嘖嘖稱奇，
也因河流滔滔、大洋無邊以及星辰運行而訝然
卻不曾對自己的身體發出一聲驚嘆

——聖奧古斯汀（St. Augustine），《懺悔錄》（*Confessions*）

目次

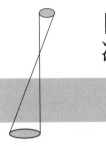

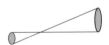

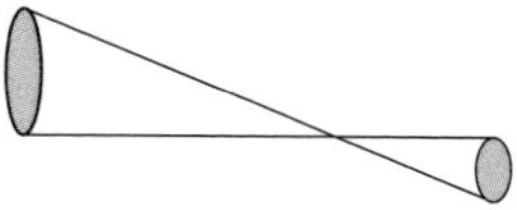

導讀｜一段遨遊人體奧祕的旅行

台大醫學院麻醉科教授　王明鉅

在臨床醫師的養成教育過程裡，諸如探討人體各部分構造的「解剖學」，以及身體各器官與組織各有什麼功能與作用的「生理學」，是所有的醫學系學生在深入了解其他醫學領域之前，務必要熟習的課程。上過讓許多學生相當頭痛的兩門課程之後，他們才開始了解人體的奧祕，也才開始踏進千百年來西方醫學的智慧殿堂。醫師探究人類身體的奧妙過程裡，可能都會逐漸產生一種敬畏的感覺，敬畏造物者在創造人類身體時所做的種種精妙安排，讓身體的各個組織與器官，恰如其分地為維繫個體生命共同努力。醫師在他的臨床生涯裡，多半看到人體脆弱的一面，但也一定會見證人體各組織對抗疾病所展現出的強韌生命力。事實上，臨床醫師在協助病人對抗疾病與痛苦時，即便會利用診斷工具來發現與了解身體的毛病，再透過外科手術、內科藥物等方法來協助身體回復健康，但許多醫師應該也會承認，人的身體本身所能發揮的保護作用與自我修復功能，才是決定治療成效與戰勝病魔的重要關鍵。

雖然從幾千年前，就有醫師幫忙病人處理疾病所帶來的痛苦，但是與其在疾病發生之後，再來倚賴別人的補救，或許了解自己的身體如何運作，及早避免危急身體各部分的功能，才是維持健康更好的方法。從實際的角度來看，真要生了病有什麼問題，就算找到名醫，住進大醫院裡，但是如果缺乏對於自己身體的基本認識，可能都無法和醫師深入溝通或討論病情的變化。雖然信任醫師的處置是病人不得不然的作法，但是如果能確實掌握醫療行為的內容，對病人絕對有好處。

在我們現今的教育與升學制度中，讓人了解自己身體的課程與篇章實在少得可憐。雖然坊間也有不少相關書籍，但是內容有些過於深奧，只適合給醫療相關從業人員閱讀，要不就只討論某些常見的疾病該如何面對與處理。一般民眾想要全面了解身體構造與功能，這些書並沒有太大幫助。缺乏相關書籍的一個重要原因，就是這種書太難寫了。作者除了要有深厚的醫學素養，要能掌握涵蓋人體解剖學、生理學，甚至生化學與免疫學的基礎醫學等之外，更要有一支生花妙筆，把這些要在醫學院埋首苦讀個三、四年才能有些基礎的學問，用簡單易懂的方式，呈現給完全沒有背景知識的民眾。老實說，這些學問本身一點兒也不有趣，即便是以後要靠這些學問吃飯的醫學生，上課打瞌睡也不是什麼新鮮事，更何況是一般民眾呢？

還好，國內缺乏適當書籍可讀的窘境，在時報文化與林文斌醫師和廖月娟小姐的努力之下，終於有所突破，他們推出了《生命的臉》（*How We Live*）。

《生命的臉》是美國耶魯大學醫學院外科教授許爾文．努蘭（Sherwin B. Nuland）所著。儘管他的專業領域是一般外科，但是他對於醫學史與醫學哲學也下了許多功夫，在《生命的臉》之前，他已經寫了《死亡的臉》（*How We Die*）與《蛇杖的傳人》（*Doctors*），分別探討生死觀與醫學史。努蘭醫師以他多年行醫的臨床經驗與豐富的基礎醫學素養，寫下了《生命的臉》一書。在本書的十二個篇章裡，作者藉著一個又一個的臨床病例，帶領所有讀者開始一段遨遊人體奧祕的旅行。作者從這些臨床病例出發，從生命的基本單位細胞與染色體，到性與人類得以繁衍下一代的生殖功能。好比從血液本身到輸送血液的心臟與血管，乃至消化道和腦神經系統與人體維持各器官在平衡狀態的自主神經作用，都做了完整的描述。作者已經極力用淺顯的文字來解釋這些篇章，可能仍然有些讀者不見得能夠立刻吸收，但如果再閱讀相關臨床病例，相信每位讀者一定都會留下非常深刻的印象。

這本書應該是努蘭醫師為醫療專業人員以外的社會大眾所寫，但我相信即使是醫療專業人員來看這本書，一定也會有意想不到的收穫。在作者描寫的臨床病例裡，有的是在鬼門關前硬拉病人回來的驚心動魄，有的是與癌症病人共同捍衛生命的艱苦與辛酸，有的更是外科手術後異常出血的罕見病例，且為作者行醫三十年來僅見。作者描述一位由於脾動脈血管瘤破裂的病例，在婦產科醫師幾乎致命的誤診後，似乎冥冥中注定，由他這位一般外科醫師在千鈞一髮之際出手，止住大出血，終於能夠與麻醉醫師一起努力挽回病人的生命。這段過程的描寫，絕對不比任何驚險刺激的偵探小說遜色。尤其是當作者描寫他完成這次手術，拖著疲累的身體回家時，作者的太太所說的話：「你身上好像充滿著某種能量，散發出光和熱，高興得飄飄然的。事實上，那晚喚醒我的，就是你身上散發出來的能量。」身為經常面對病人生死關頭的心臟麻醉科醫師，我完全能夠體會那種和死神搏鬥、並且獲得勝利的成就感。事實上，這也應該是所有為病人生死奮鬥的外科與麻醉科醫師，能夠在今日全民健保制度與醫療風險的兩面夾擊下，還能繼續堅守在崗位上的原因。

在本書裡，作者除了展現了他在臨床與基礎醫學上的學養外，他在醫學史上的豐富知識，更為本書增添了趣味與可讀性，例如人體的淋巴液（lymph）源自希臘文裡「出現在林間、水畔的仙女寧芙（Nymph）」，便是因為古代醫師發現這種澄清、純淨的液體，故而取名。又例如在第九章心臟裡提到，人類直到十七世紀，才由哈維博士發現血液循環與心臟搏動的奧祕。在此之前，人類對於永恆搏動的心臟產生了各種奇想與傳說，相照之下更足以說明醫學進步的過程。

努蘭醫師在本書所呈現的內容，不只是描述人體結構的基礎醫學，更包含了史學、哲學、詩歌，乃至許多臨床醫學的案例，可想而知這本以英文寫成的原著，在翻譯過程中會遭遇到的困難與艱辛。然而在譯者林文斌醫師與廖月娟賢伉儷的完美組合之下，才讓我們能夠毫無困難地欣賞這本難得一見的好書。林醫師本身就是一位經常在第一線作戰的婦產科主治醫師，由他來翻譯努蘭醫師的作品，至少在專業領域上絕對是品質保證。再加上廖小姐在翻譯與寫作上的努力，更使整本書在閱讀時，沒有閱讀科普翻譯書籍時那種說不出來的彆扭。甚至在許多章節裡，我們還不時發現譯者在翻譯時的用心。

身為一位能先睹為快的臨床醫師，我曾經引述本書裡兩個病例，報告給我的同仁聽，結果所有的聽眾都深為書裡的病例與作者的鋪陳所吸引。我相信不只是專業的醫療人員會有所收穫。在本書裡，一般讀者不但可以了解到自己身體的重要構造與功能，更可以從作者的字裡行間，乃至臨床病例，了解醫師在處理病人病情的過程。面對複雜而可能不必緊急處理的病情，醫師就像偵探，得從蛛絲馬跡裡去找到診斷，但如果是必須要立刻做決定的當口，醫師也必須果斷地做出決定。在許多篇章裡，讀者們如果細細咀嚼，應該能夠對於目前的醫療制度與醫病關係，甚至自己有朝一日必須就醫時，可能都會對醫師的醫療決定與處置，有更深一層的體會。聰明的讀者，了解自己、掌握生命，何妨就從本書開始！

自序

《生命的臉》首度出版時，用的是另外一個名字。我在初版的前言有解釋，當初為什麼要選用「身體的智慧」（The Wisdom of the Body）作為書名（請參見二一頁），然而一年後出平裝本時，我把書名換了過來。接下來幾十年間，我多次翻閱此書，愈來愈覺得兩個書名之間有著十分巧妙的連繫。我們能夠存活下來，正是依靠身體的智慧。

若要仔細解釋，我們必須回溯西方醫學的源頭，也就是今日科學化醫療的起始之處。在希波克拉底（Hippocrates）開始行醫授徒，以及有一幫人擁護他的理論之前（約為西元前四六〇至三六〇年之間），希臘的醫者普遍認為疾病以及病症的治療，都受到神明掌控，主要是阿波羅的兒子阿斯克勒庇俄斯（Aesculapius），以及後者的兩個女兒：海吉婭（Hygeia）與帕娜瑟（Panacea）。治病的方法中，最重要的就是對這些超自然的神祇誠心祈求，還有唸咒之類的儀式，這些行為主要是在祭祀阿斯克勒庇俄斯的神廟之內，或在廟的附近舉行，當然也有些人會向其他神明求助。這些神廟都設在清風吹拂的山崗上，附近還有透澈、流動的小溪和湧泉。

希波克拉底那一派的醫師引進一個觀念，他們認為疾病起於自然，最好的治療方式也是尋求自然之道。這些人並不認為人生病是因冒犯了神祇，他們的原則是人體會設法維持穩定狀態，且持續不斷地調整身體的正常組成，並保持均衡。若是均衡狀態遭受破壞，人就會生病。依據這些原則，醫師的功用就是協助人體重建平衡狀態，具體作法是開立處方（通常是藥草或其他植物），供給身體所欠缺的成分，或把過多的成分排出體外。抱持這種觀念，人體的療癒能力即能維持體內成分的平衡，同時在失去平衡的時候有辦法重建均衡。

當然，希臘人並不曉得上述療癒能力的運作法則，因為他們對荷爾蒙、神經傳導物質、傳訊分子、受器，或是為數眾多的其他化學物質、構造及其活動一無所知。如今我們曉得，體內的細胞是藉由上述種種機制，持續調節胞內與胞外的環境，才得以維持健康。歷經二千年的研究與演進，直到一九二〇年代，科學家才得到一個詞彙，可用來涵括身體維持內在均衡的所有方法。我所說的就是「恆定」一詞，它是由兩個希臘字組合而來，原意是指「維持不變」。因此，現代生物科學的詞彙，不但和二千四百年前希臘人的理論相符，就連用到的文字也與古人一致。恆定是延續生命所必要的內在平衡。

人體共約有七十五兆個細胞，其中只要有部分稍微失去平衡，附近或別處隨時待命的構造，立刻就能採取與此相對應的行動。一旦傳來必須採取行動的訊息，人體幾乎當下就能修正，並知道要如何因應。所謂「身體的智慧」，正是這個意思，而我們也藉此得以存活。不論是體內哪一個器官裡的細胞發出求救信號，也不管它是藉著血液、神經、細胞或局部的體液傳送，位在他處的腺體、神經中樞還有血液，都會接收到這個訊息，知道要提供協助。如此一來，就啟動了種種安全機制。

若出於某種遺傳、感染、代謝或其他原因，重回穩定的修正機制無法達成任務，人就會生病。有時過了一陣子，人體就會適應新的狀態，並在稍後不久重拾恆定。如果真能如此，疾病就會緩和，不需醫療介入，病人也能不藥而癒。但是在特殊的情況下，身體沒辦法修正失衡狀態，疾病持續惡化，直到病人自己也有感覺了，此時就需要醫療處理。不論是藉藥物補足、排出、甚至是摧毀過多成分、透過外科手術除去發病的根源、藉由放射線治療把病灶消滅，或是結合多個或全部的上述作為，醫療團隊均想方設法要重建體內的恆定機制。如果成功了，就能重拾健康。要是不幸失敗，疾病仍在，就有可能死亡。

面對破壞恆定的威脅，身體會自動有所反應。所有的修正機制都能即時採取行動，不需我們費心插手。除非細胞被無法抵禦的分子畸變完全擊潰，上述所有調節程序都將一直持續進行，我們卻完全沒有任何感覺。

在本書裡，你會讀到許多這方面的資料。我將描述由器官組成的各個系統，比如像是神經系統、消化系統、循環系統以及生殖系統，並藉由我經手的病例，讓讀者知道各個系統究竟如何運作。另有章節專論血液、遺傳、心臟，以及人體細胞浸泡於其中的組織液，還會討論到生命的基本單位，也就是細胞。但願藉著描述幾位最有意思的病人，能夠讓各位看出身體自己也具有智慧，且在現代醫學的協助之下，可助我們擊退體內恆定的種種威脅，這樣的均衡狀態正是維繫生命所需。

本書在一九九七年首度問市。雖說這幾十年間已有很多重大發現，但書中所述並未因而失去價值。本書的內容既實在又實用，和十三年前首度問市時並無不同。

尤其是，過去半個世紀以來，科學家已發現許多方法可增進身體抵禦危害的能力，或可完全避免受到這些不良的影響。我說的不僅是疫苗、減重、戒菸，而是個人平日可做的保健活動。已證實保健活動對於抵抗身體的頭號大敵特別有效，過去一直認為這個大敵相當無情、難以克服，直到最近幾年我們的認知才有所改變。在此我指的是老化的過程。

不管我們多麼小心，注意營養均衡、避免有毒物質，並且定期健康檢查，老化過程仍然堅定地一一取走我們的身體和心靈，且逐步削弱體內維持均衡機制的能力，以至於面對威脅時，不再能夠有效回應。荷爾蒙、免疫、神經以及其他傳訊和修補的系統，就和我們的皮膚和臉一樣會老化。一八〇〇年，一般美國人的預期壽命是三十九歲；到了一九〇〇年，則是四十九歲；可是時至二〇〇〇年，已超過七十五歲。然而，除了感染和心血管疾病的治療有所改進，上個世紀最大的變化是公共衛生領域的進步，例如潔淨的飲用水，居住環境改善，衛生條件提升，良好的個人習慣及防疫措施。現在有很多人無病無痛地活到八、九十歲，甚至可以突破百歲大關，然而這當中有太多人的日常生活需要旁人協助，也不能獨居。

老年人口這麼多，如今應該要關注的是，要如何在多出來的歲月當中，過著有活力而享受的生活，而不是餘生都住療養院。我們也知道有很多方法能夠補足身體的智慧、同時照料身心，並獲致有活力而有益的老年生活。如此看來，顯然我們的生活方式將會影響到年老之後的生活型態。這需要點智慧，亦即每個人對於周遭世界極為小心謹慎所累積的智慧。

過去十年當中，有個極為根本的事實已愈來愈明顯，一位老者是否能夠照顧自己，繼續維持活力，並對社會有所貢獻，最重要的關鍵即在於體能，而不是疾病本身或其他病理現象。對象的年紀愈大，像是肌力和骨質密度之類的因素也就更重要。

幸好，研究再三證實，年老體衰的情況不但可以事先防範，而且配合適當的運動，實際上可逆轉此過程。即使是年過八十五歲的長者，在專人指導下進行高阻力訓練以及重量訓練，仍可在六至八周內讓肌力成為原先的兩倍。更多且更強的肌肉拉動，能夠增加骨質密度，且減少骨質疏鬆症及骨折的情況，同時顯著增強身體的平衡、行走能力，並有辦法進行戶內或室外的日常動作。沒錯，規律的運動可增加壽命。

然而好處還不僅於此。我們已經知道，人的身體（特別是腦部）要比過去認為的更有智慧。唯一能夠對自己的老化過程有所作用的器官，就是腦子。研究人員已發現，有一類蛋白質能夠保護神經細胞對抗傷害與死亡，這使得神經細胞之間的連繫更有效率，因而促進思考的交流。它能增加腦部的血液供應量，並使得腦中能有新的神經細胞生成。要刺激這類蛋白質的製造十分簡單，亦即追求積極的智力活動：閱讀、思考、研究、聽演講，甚至像是參觀博物館之類的活動。

透過以上所述，我們如何過生活，將可決定人體展現什麼美好特質。這才是身體的智慧之道，我們應該好好珍惜。

前言

好幾百年前，人類尚對科學懵懂無知的時期，身體內部的神祕運作不僅使一般大眾好奇，更使得好學之士為之魅惑。身體這個思想和行動的宮殿，似乎是活生生的奇蹟、凡人難以理解的謎團，卻不時留下一、兩個線索，暗示我們只要努力得法，還是有「參透天機」的可能。的確，之後人類不但找到了竅門，付出的種種努力也獲得回報，然而原來的謎團非但沒有縮小，反倒擴大。我們對器官和組織認識得愈多，愈發驚異其中的機巧，也急切地擴展自己知識的版圖。

從我們對細胞認識的種種，和其中有如波濤洶湧的化學作用來看，當中狀似混亂，卻有一個凌駕在一切之上的原則，此與神學或哲學無關，說來只是一個簡單的生物原則——為了生存。若是一個組織要活下去，組織內所有的活動都不會悖離求生的努力。此外，為了延續生命，各個組織之間不得不合作無間。

身體的整合可說是一種智慧，也就是無數紛雜的活動皆化為和諧的整體。即使面臨最輕微的威脅，每個細胞都會起而抗敵，不只是保護自己，也是為了整體的安全與平衡，這種動力就是生存的本質。化學反應沒有安於現狀這回事。它們高度戒備並且極度不穩定，需要立即反饋，才能校正不平衡。因此我們體內每一次發生騷動，都有代償的中和機制。說來，身體的穩定就是一種動態平衡。

要配合得天衣無縫，組織必須不斷溝通，不管距離是遠是近。就動物而言，當然人類也包括在內，要傳送訊息得經由神經，也就是脈衝（impulse），和血液中的化學物質荷爾蒙。此外，身體局部也有某些專司訊號傳遞的分子。對於這種溝通的方式，科學家發現愈多，就愈讚嘆，截然不同的行動模式，卻如此運作無間。他們開始認識身體的內在智慧，這個詞彙也開始出現在他們的寫作中。

第一個以「智慧」來譬喻身體的整合與和諧的人，為發現荷爾蒙的英國生理學家厄內斯特·史達林（Ernest Starling）。一九二三年，他在遠近馳名的哈維講座（Harveian Oration of the Royal College of Physicians）中，以這個語彙來形容身體的調節機制、適應能力，以及荷爾蒙對於整個體系的統合之功。史達林援引《聖經·約伯記》（*Bible Book of Job*）：「誰將智慧放在懷中，誰將聰明賜於心內？」（三八：三六）作為題詞，且將此次演講命名為「身體的智慧」。

史達林教授的卷首語有個地方頗諷刺。在希伯來文版本中，翻成「心」（heart）的詞是

sechvi，整本聖經就只出現過一次，而這詞的確切意思向來一直是學術焦點。根據某些猶太拉比權威，sechvi這個詞更接近「mind」（心智），也許出於某種原因，還與亞里斯多德共享「心是靈魂的寶座」這個概念。看來人體的奇妙不只在於生理學，也在於心智的廣闊。

九年後，對身體的自主控制多有研究的哈佛大學教授華特．坎農（Walter B. Cannon），也以「身體的智慧」為名出版了一本暢銷小書，感謝英國科學家在身體調節機制研究方面的努力。坎農在序言引用法國生理學家夏爾．里歇（Charles Richet）在一九〇〇年之言：「就生物體而言，沒有動亂就沒有安定可言。」

一個穩定的系統並非沉滯、一成不變，而是不斷調適、再調適，所有必要功能都發揮最大效益。穩定的前提就是隨著環境的改變而變動。所以到頭來，穩定非得倚賴變動不可。

一九三七至三八年間，「身體的智慧」又再度現身，這次是英國愛丁堡大學（University of Edinburgh）的查爾斯．謝靈頓爵士（Charles Sherrington），在吉福講座（Gifford）十二次演講中的第四回題目。幾年後，謝靈頓就因研究神經系統的協調功能而獲得諾貝爾獎。他在那次演講中，提及在研究身體這麼久之後，深覺人體結構之不可思議：「這種驚奇感，使我當時想要深入了解它。」演講稿後來收錄在一本書中，同時也收錄謝靈頓其他作品，叫作《人論其本質》（*Man on His Nature*）。

此時你手中的《生命的臉》，又是另一個親眼看見身體奇蹟、因而震懾不已的行醫心得。之所以把書呈現給各位，目的不在模仿偉大的前輩，而是為了向他們超凡的眼界致敬。

過去三十五年來，身為外科醫師的我，這一雙手不知深入多少人體，我的心靈也隨之潛入探索。第一次解剖、凝視在麻醉下沉沉睡去的肉體，我的心即翻騰不已，直到今天，我仍未走出那種震撼，以「天啟」（revelation）來形容那一刻的感受亦不為過。摸索內在聖殿那五顏六色、質地各異的組織，感受生命力的悸動，真覺得這就是巧奪天工之作。而行醫，也就是維護身體各項功能健全這門藝術，就是引導我前行的動力。

寫作這本書的靈感，不只是想呈現身體這令人好奇的構造，我更想說明每一分、每一秒維特體內恆定的千百種生命動態——我希望把這三十五年來的行醫心得呈獻給各位。

本書即使觸及科學細節，我仍以醫師這個身分來寫作，而不是科學家。我是臨床醫師，我的興趣自然在人。動筆那一刻起，我有如踏上一趟身體之旅，企圖尋找人類特質的根源。

每位臨床醫師的個人觀察都是獨特的。臨床醫師早就意識到，在託付給我們照顧的病人之中，同一位病人在我們眼中都有一點點不太一樣。以科學而言，情感上的距離、客觀和複製就是一切，而臨床醫學則大有不同，臨床醫師這個觀察者本身和其獨特的人生經驗有如透鏡、一面鏡子。不利於實驗室的觀點，說不定反倒有助於病榻。

臨床醫師與基礎研究的科學家不同，其中之一便是評估角度——比較整體，避免「見樹不見林」的缺憾。另一則是劍及履及、不容遲疑的態度。臨床醫師沒有科學家那種悠閒，有時間慢慢研究，他常面對迫切需要幫助的病人，即使沒有準備好，也得硬著頭皮上陣。身為醫生的我們，生吞活剝大量的知識以及一些不相關的資訊，藉此建立世界觀，並診治上門求助的病人。雖然我們對人類生物學的了解不很透徹，還在努力學習的階段，卻必須發揮作用，而且讓人信賴自己當下的決斷。若是出了差錯，有如覆水難收，再怎樣都無法挽救受傷害的病人。

在漫長的行醫生涯中，我和所有臨床醫師一樣，已經習於在沒有準備好的狀況下立即決斷，因為病人的情況緊急，不容許我們有任何遲疑，這也是醫學這門藝術的要求。因此，我策勵自己時時吸收科學新知，盡全力去捕捉每個病史背後的事實，看看其他人有無新的發現，並運用這一生好不容易才得來的經驗。不管如何，行醫必須按照一定的道理。我對人體和人類心靈的了解大抵奠基於此。

我要求自己的行動準則應與時下科學研究一致，我所理解的個案事實，便是基於我了解他們、從其他研究者中找到可支持的證據，還有學習人體疾病的畢生經驗。更重要的是，它還要有意義。

我已經以這種方式，形成對人類身體和心智的理解。無法確定時也要如慣常那般行動，臨床醫師無法退縮，只管表達對我們此一物種的想法。即使他要等之後新證據出來，才能證明對錯。你要開始讀的這本書，就是關於我對你我身體運作的印象。

本書就是個人行醫生涯和人生經驗交織而成的紀錄與反省。正如法國哲學家蒙田（Michel De Montaigne）在他的《隨筆》（*Essays*）序言說的：「本書即以我本人為題材。」（Je suis moi-meme la matiere de mon livre.）

人不只是一些組織、器官的總合，更有超越自我的潛能，關鍵就在我們自己的作為。有幸成為外科醫師，得知無數令人回味再三的生命傳奇，不由得心生訴說的衝動，好讓你也明白人是如何超越肉體之軀的。

不論我們的身體部位跟其他動物有多相似，在牠們身上並沒有找到專屬於人的特徵。不管是賦予我們大腦的力量，還是理所當然調整過的內部骨骼系統，我們身上某些部位，與地球有過的任何生物截然不同。

如果我們身體是這樣的話，當中多少情感和思考特質，一定是動物王國中的我們獨獨擁有的？雖然聚焦在大腦內部組織的協調功能，但是它仍驅動了我們每個身體部分的初步協作。就像其他人體功能，無數小部位或者小區塊聯合形塑人類感覺，它就生自我們現有身體構造的運作中。獨特的人類心智是獨特人類身體生物特徵的產物，就像所有人體功能都是從身體構造中產生的伴奏音樂。沒有什麼身心二元性——都是一體的。可能法國哲學家笛卡兒這一小時忽然出現，今天的神經科學很快就能說服他相信同一性（unity）。在此總結，我們之所以為人，其定義就要納入眼下最具指標性的特質，納入最能表示我們獨特之處的特質。藉此，我說的是一種生物學上的內在特殊性，它不僅是奇蹟還很神祕，這樣的特殊性我稱之為性靈（human spirit）。

即便人類的悲劇已經降臨在個人和集體身上，比如我們在地球上造成的破壞。儘管如此，我們仍被賦予一種卓越特質，經過一代代強化，甚至能戰勝我們自毀的傾向。這樣的特質，也就是性靈，已經滲透進我們的文明，創造了我們賴以維持生命的倫理和美學產物。這是滋養之物，我相信，大部分都是我們自己的創作。沒有它，我們可能枯萎或者在荒野中迷失方向。

當我定義它時，性靈是人類生命的一種特質，生活的結果，亦為發現和創造的天生驅動力。性靈是智人（*Homo sapiens*）在千百年進程的無數試誤中逐漸自己找到的，再遺留給每個繼起的世代，它來自我們這一物種千百年前演進的身體構造，不斷創新、再創新，進而再強化意志。我們活著的時候它就生生不息，我們死去的時候它就殞落。一個人與永恆的意識緊緊聯繫在一起，這樣的壯麗感我稱之為性靈，在死亡後它將不復存在。它沒有靈魂也不具形體——是人類生命的本質。

五年之前，我著手研究人類離世的各種形式。也就是說，我去弄清和解釋瀕死過程中身體發生了什麼事，以及生命力逐漸衰弱時我們又怎麼回應？我不只好奇這些死去的人，同時還有那些被留下來的人——他們所愛之人和照顧者。我從調查和寫作之中學到非常多，但在《死亡的臉》出版之後，世界各地數以千計寫信或者和我說話的人告訴我更多事情。我學到的比預期還要多。現在更甚以往，我逐漸相信性靈扮演更重要的角色，甚於我們往常對生命和死亡事件的想像，粗略來看可能涉及狹隘的生理學甚至是解剖學，它是存有的層次問題。

有些人也許會疑惑一個懷疑論者外科醫師怎敢說要承擔使命，我只想表示，他們之中當中的一部分人，將會知道我在說什麼，它不是宗教信仰，也絕非超自然力量。在我的論述中，性靈是具適應性生物機制下的結果，它保護我們的物種，延續生命，有助於人類長存。它跟身體是不可分離的，就如同心智跟大腦不可分離，它就是這麼簡單，起源於由基因決定的構造和功能中。有人在當中看到神，有人只有在生物學中才看得到它。而且有人兩者皆能得見。

這其實是一本非常私密的書。我欽慕兩位好幾個世紀前的研究者，約翰．杭特（John Hunter）以及克勞德．伯納（Claude Bernard），在沒有讀過同時代和時期相近的前人、類似領域出版品的情況下，他們在研究中提出了自己的觀點。他們的目標是不受其他思想家的拘束。在寫作上我推測他們也是如此，我總是跟著他們的準則來行動，只在我形成自己的觀點之後才去讀其他人的作品。就像杭特跟伯納，我偏向直接確認事實，而不根據先經其他人過濾的想法。蒙田想的也一樣：

> 更多詮釋要去解釋，而非詮釋事物，許多書只是堆在其他書之上，而非基於其他思考結果。我們什麼都沒做，只有評論其他人而已。

我的思想是我自己的，我知道它揭示了創造者的存在，但又可能比它的創造者知道得還要多。尼采提醒我們所有哲學都是「開創者的自我告解，既是無心之舉，也是潛意識的記憶」。

但有一個字詞用法涉及寫作風格：全文皆如此。現下寫作提到性別時會用「他或她」來稱呼，這種用法既粗糙又難用，我儘可能避而不用。不管是「他或她」或者「他／她」皆如此，其他強加在語言上的性別平等舉措亦如此。作為一名男性，我選擇使用「他」來敘事，這在我的用法中，可以理解成包含兩個性別。我這樣做不是因為性別無感，只是想避免這作法的內在瑕疵。作為一名毫不動搖的兩性平等信徒，我要鼓勵女性同儕以「她」來敘事。我們早就應該重視女性聲音了。

最後，我要坦白：我的確從寫作此書得到極大的喜悅，以往懵懵懂懂的部分，終於可藉此深入了解。我衷心希望，你能跟我一起踏上這趟身體之旅，聽我訴說生命的傳奇，並從中獲得相同的喜悅和啟發。

作者的話

書中無數外科醫生和病人名字皆因隱私而隱去本名。改以下列名字呈現：喬治．曼迪斯醫師（Drs. Jorge Mendez）、凱文．佛利醫師（Drs. Kevin Foley）以及查理．哈利斯醫師（Drs. Charlie Harris）還有泰勒一家（Tailors）、奎泰拉一家（Cretellas）和麻煩先生（Mr. Trouble）。同時也修改若干麥克斯．泰勒（Max Tailor）的身分細節，任何可能認識他們的讀者都無法認出泰勒一家的身分。

一九九八年復刻版說明

我最近一直在想綽號這回事。真該召集一隊社會心理學家來研究一番，英語系國家早期對個人演說的形式限制非常嚴格，但是在二十世紀的末二十五年，我們已經見證了一股巨大的文化逆轉，至少我們的總統和總理開始鼓勵我們私下提到他們時都用暱稱，還理所當然的樣子。這股風潮看似在一九七七年進入了高潮，當時總統吉米（Jimmy）一名就此不脛而走。

儘管多數綽號大多依循本名（比爾〔Bill〕出自威廉〔William〕），有些綽號是敘述一個人可能有的特質，這類型好比骷髏（Slim，非常瘦的人）和阿左（Lefty，左撇子）。有些綽號是自己取的，他會自己選擇另一個名字。如果新取的名字對熟人來說有吸引力，就會大受歡迎，他餘生都會沿用這個名字。我的兒子安德魯（Andrew）就是一例，一年級時同學稱他德魯（Drew）。我盡可能不這樣叫他，但他的朋友叫上癮了。在五六年之後，我終於接受了這件事，其他家族成員也了解到，我們蠢到陷於孤立之中，後來只好從善如流。今日他是個三十歲多的生意人，大家記的是德魯這個名字。不只是我們這樣稱他，我們也覺得那是他真正的名字，名片上的是德魯，不是安德魯。事實上，他已經在旁人的稱道之下為自己重新命名。

用這回事來討論暱稱倒也不壞：有些是生來就有，有些靠努力達成目標，有些是別人推到他們身上。我在想的就是「別人推到他們身上」這一類，因為你手上的這本書也發生同樣的事情。我命名為《身體的智慧》（*The Wisdom of the Body*）的書有了暱稱，我難以阻擋，最後只得屈從，就好像德魯的例子。從此以後，這本書就叫作*How we Live*。

事情是這樣發生的：

就在《身體的智慧》出版三年後，這本專講生命和保險的書非常受到歡迎，我並不是很驚訝，畢竟肯定有讀者看見它的另一面。收到《身體的智慧》的好評讓我樂不可支，我一開始沒想到要計算書評家在文章中使用「How we live」這詞的頻率，找上我的訪談也是如此。超過四家大報把書名用在他們書評的標題上，然後其他家的敘述大抵像這樣：「這本書也許應該稱作*How we live*。」之後某天，同事告訴我，他覺得《身體的智慧》應該要有個暱稱。這得到其他非醫界友人的認證，他們不太記得住書名順序，在跟我討論書時就稱它*How we live*。

然後讀者開始來信，幾個人做了同樣的事情。當前意見之強烈，我也毫不驚訝，國外出版商寄來的翻譯版中，我注意到德國版書名是*Wie Wir Leben*，就是*How we live*的意思。

如今潮流之強盛，我開始懷疑自己當初的選擇。這個妙招當初可是得自學術期刊《生物學與醫學視角》（*Perspectives in Biology and Medicine*）呀，其主要讀者是生物學家、生理學家以及自然科學哲學家。在一篇滿是讚揚、讓我感動落淚的書評中，編輯台的主事者補上一句：「來自編輯的批評——書名不夠使人浮想聯翩。」

那算是最後一根稻草。有這麼多一般讀者為書重新命名為 *How we live*，我決定屈服，就像二十年前我開始叫兒子「德魯」一樣。《身體的智慧》變成我另外一個有新暱稱的兒子，而且暱稱屹立不搖。要我叫出「德魯」並不容易，*How we live* 也是一樣。但我很快就喜歡上這個名字，它比前身更好，我在此也同意所有人的意見，它的確是我孩子的完美名字。

Chapter 1

The Will to Live

求生之戰

「比天使微小一點，並賜他榮耀尊貴為冠冕。」（《詩篇》八：五）古代演說家和讚美詩的作者，皆以如此圓潤宏亮、抑揚頓挫的節奏，歌頌人類這個奇蹟。身為血肉之軀的我們，在記錄、思考肉體的獨一無二時，雕琢不少詞句來形容人體，並對這個奇蹟心生無盡的敬畏。《詩篇》作者繼續歌頌：「因我受造，奇妙可畏。」（一三九：一四）對上帝的鬼斧神工一點都不懷疑，認為人體就是完美的極致，又繼而讚揚造物者：「你的作為奇妙。」最奇妙的，當然就是我們自己。

弔詭的是，視自身的完美為理所當然的我們，常常為身體偶爾顯露的缺憾大表震驚。人體這個奇蹟當然不是十全十美，不免有缺陷，但更教人嘆為觀止的是，身體自然而然因應缺陷的方式，其彌補的過程可說與上帝造人一樣神奇。因此，我們不得不去了解身體這個奇蹟，以及其中的瑕疵，了解我們物種的機能，同時亦能從中受益。

以下這個臨床病史，正可代表眾多的身體缺憾之一，不發生則已，一發生便顛覆整個精細、和諧的健康狀態。這個故事說明了我們體內的補償機制，身體有一點小缺陷時便能加以彌補和克服。此一故事也讓我們明白，現代醫學這門藝術和科學在面對自然的缺憾時，如何利用自然的補償能力，發揮干預的作用。這個故事的結局可說是身體的勝利，也是人類靈魂的凱歌。

起初疾病要引起人的注意，其型態非常多樣。有時，潛藏在我們體內長達數周、數月，甚至數年，都不為人所察覺，每天擴張一點惡勢力，直到出現些微蛛絲馬跡，細微的徵兆告訴我們身體可能出現問題了。這種疾病的徵兆可能微乎其微，病人自己可能察覺不到身體的改變，得靠他人的眼睛和觸摸才能發現。還有一些疾病就沒有這麼細微，一開始就來勢洶洶，病人和其家屬措手不及，馬上有大禍臨頭之感。這種災難到來的感覺並非幻覺，通常在得到適當的處理之前，病人已敗在疾病之下，撒手人寰。

後者的極端、失控，正是我們的病人瑪格麗特・韓森（Margaret Hansen）受到的苦難。

韓森太太是個樂觀主義者，全心信奉主，也是個知足的女人。她很幸運有五個健康的小孩和健壯英俊的丈夫，生活過得幸福、美滿。除了財務保障不足，她很享受現在擁有的生活。儘管曾受訓成為教師，但在瑪格麗特第一個小孩瑪莉出生後，她已經十五年沒回職場工作。在四十二歲時，瑪格麗特・韓森是優秀傳統美國家庭主婦，她為此非常自豪。

韓森太太的病歷就從這裡開始，那是一個燠熱逼人、令人揮汗如雨的八月天早上。打從一大早起，炎熱又朦朧的太陽弄得原本悶熱潮溼的空氣更加厚重，使康乃狄克州邊緣的「巨大浴缸」長島海灣的稠密社區更加悶熱不堪。簡單來說，這是一個該死的悶熱日子。瑪格麗特在離家十多公里、位於新港（New Haven）的俱樂部打網球，有點不太明智。打完後上氣不接下氣，筋疲力竭。禁不起好友安妮一再邀約，又同她一起游泳，兩人還相約把游泳納入夏日的定期健身項目。瑪格麗特下水不久，與疾病搏鬥的第一章就此展開。她描述道：

我游了幾圈，到了泳池中央時，突然有一種極其怪異的感覺。我從未被槍打中過，但感覺類似如此——體內像發生爆炸一般，就像……像是……（她在遲疑的當下，我認真地注視著，她正努力搜索精確的詞語來形容當時的感受。她找到時發出一聲驚叫。）轟！就在這兒。（她指著左肋骨正下方。）我想站起來，但無能為力，我覺得自己要暈過去了。在第一波不適爆發後，我已記不清痛苦的感覺，只知道自己一直往下沉。

安妮扶我離開泳池，讓我在躺椅上休息一下。坐下來之後，我立刻覺得好多了。休息了一會兒，我站起來，走到野餐區。此時，暈眩的感覺再度襲來。我駝著背，坐在樹下。周遭的人似乎被我的表情嚇壞了，臉色比我還可怕。有人大叫：「快，打電話叫救護車！」另一個人叫道：「她好像心臟病發作了。」大家七嘴八舌，我只想趕快離開，因此請我先生送我回家。

她的丈夫傑克找到她時，可沒忘了她那「蒼白得像鬼」的模樣。花二十分鐘開車回家可能太冒險了，因此他把瑪格麗特送到附近朋友家。一入屋休息，她又覺得好一點了，但每次起身就發暈。幾個小時後，瑪格麗特的身體狀況才允許他們回家。

但是一回到家，疼痛又再度發作，不過有點不一樣。每回我想移動，就覺得一陣疼痛，痛楚從背部直往上竄，直到左肩。我曾聽說心臟病發作時，肩膀和手臂會痛，我心想，難不成我也是如此？很快，我已痛得彎下身子了。

傑克送我到聖拉斐爾醫院（Hospital of St. Raphael）的急診室。我試著向醫師解釋這一切。我無法躺在推床上，每次想躺下來，疼痛就愈劇烈。站著照X光令我頭暈，但躺下來又痛得難以忍受。我不知道該怎麼辦。

急診醫師找不出什麼原因，最後認為是背部肌肉痙攣。他們給我強效的一針，並開了止痛藥（Percocet）給我服用。

瑪格麗特離開急診室回家後，由於強效的麻醉劑得以香甜地睡了一覺。第二天起身，感覺好多了，但還是發疼，有服用醫師開的止痛藥，但吃了之後就噁心想吐。過了兩天，她想最好還是再去看醫師。

除了婦產科的歐尼爾醫師，我已多年沒看過病。那天早晨，我坐在廚房桌前，前面攤開電話簿，打了幾十通電話想預約診療時間，但求救無門。除非我先做完整的體檢和初診檢查，否則沒有一家醫院可以立刻幫我診治。通常這些體檢要等上四到六星期。你能怎麼辦？我簡直是萬念俱灰，不禁坐在餐桌前哭泣。我知道自己的身體有問題，除了回急診室又能怎麼辦？但他們已經告訴我，我只是肌肉痙攣而已。

那時，暈眩恰巧消失了，接下來幾天，疼痛情況也慢慢減輕。瑪格麗特只有挺直身子站立才會明顯不適，因此多半彎腰駝背，晚上睡覺時在脖子後放個大枕頭。最後覺得完全康復後，她的結論是，急診室醫師畢竟診斷正確。然而，她還是懷疑身體內部深處有毛病。四個禮拜後的一天，傑克問說要不要去打網球，繫好鞋帶後，她心生不祥之兆，決定不去了。她的身體正發出某種警訊。

那天早上，亦即一九八〇年十月一日，瑪格麗特用力推開一扇窗時，尖銳的痛又襲擊她的腹部和左肩。接下來一整天，儘管疼痛減輕了一些，還是不太舒服。事實上她快變得不像自己了，她一反常態地缺席原定晚上舉行的學年第一場家長教師聯誼會。

晚餐後，她上樓去幫五歲大的老么湯姆洗澡。她一邊洗，一邊覺得精力快速從體內流失，洗好時，她已經陷入虛脫，身子「輕飄飄的」。然而，她還是想辦法站起來，東倒西歪地走回房間。來到床緣，她馬上頹坐在地上，不敢躺下，一仰臥就會更痛。此時痛苦已愈來愈甚。

這時，我終於知道不是心臟病。我的母親曾經中風，當時思緒亂糟糟的，大概和中風差不多。同時，我虛弱得可怕，天旋地轉。

瑪格麗特鼓起最後的氣力大叫傑克。傑克衝上樓來，發現太太已面如死灰，只剩游絲般的氣息回答他那驚惶的問題。

韓森家就在新港市中心附近，不消幾分鐘救護人員就來了。那時瑪格麗特還有一點意識，救護人員割開那件她最愛的綠色緊身衣時，她有點難過，然而語無倫次，不能有條理回答問題。她拒絕躺下，堅持坐著，姿勢有點蜷曲，每次想平躺，就疼痛得厲害。最後醫護人員只好讓步，讓她坐在椅子上，然後抬下樓，小心翼翼地連同椅子搬上救護車。醫護人員也擔心這麼運送病人會有問題，正如傑克形容：「他們幾乎量不到她的血壓。」

到了聖拉斐爾醫院急診室後，「幾乎量不到的血壓」結果是五十，比正常值的一半還少。瑪格麗特的臉色如同推床上的床單一樣慘白，脈搏一三〇，差不多是一般人的兩倍。她顯然已經休克。下腹部腫脹得厲害，急診醫師斷定她體內正在快速出血，必須立即送進手術室。瑪格麗特已沒有知覺了，傑克飛快地在塞到眼前的手術同意書上簽字。他一再表示：「沒有，她沒有懷孕！她的月經周期很正常啊。」然而，他知道醫師並不相信他的話。救護車上的醫護人員打電話回醫院告訴婦產科的喬治．曼迪斯醫師，說有名四十二歲、原本健康的婦女突然臉色慘白、休克時，大家一致認為瑪格麗特是子宮外孕，導致輸卵管破裂而出血。

為了證明此點，瑪格麗特迅速被抬上內診台後，醫師用一根針從陰道後壁穿入骨盆腔內，進行「陰道後陷凹穿刺」（culdocentesis）。一管鮮紅的血液在眼前抽出時，無庸置疑就是子宮外孕。這時，曼迪斯醫師也放下吃了一半的晚餐，從附近鄉村俱樂部趕來醫院。

事件急遽發展，病人愈陷昏迷的同時，似乎沒有人注意或記得五周前瑪格麗特曾來急診過。至於瑪格麗特本人，她那若有似無的意識，則已凍結在現今這一刻和逐漸消逝的未來。

到急診室之後，我已知情況之可怕——整個人天旋地轉。我知道該認真祈禱，於是虔心向上帝祈求，嘴唇飛快地動著。我說，我看到了一般人談論的亮光。話一出口，我就自覺愚蠢，心想那或許只是推床上的燈光。然而接下來有好一陣子，身邊所有的景物都處在明亮得讓人張不開眼睛的亮光中。我記得自己慢慢飄浮著，但是現在還不是離開的時候。我想，我不費吹灰之力就可輕鬆飄離，然而我還不想。我請求上帝多給我一點時間，我告訴祂我非常愛惜自己的生命，我擁有許多東西，不願意離開這一切。

當時瑪格麗特最後的意識就到此為止。她立刻被推到樓上的手術室，已刷好手、穿妥手術衣、戴好手套的曼迪斯醫師正在等待她。很快，在麻醉之後，病人身上蓋好無菌鋪單，整個手術小組立即準備切開瑪格麗特腹部。由於情況危急，曼迪斯醫師也請婦產科主任佛利來幫忙。佛利於是立即從三十多公里外的家飛車趕來。

在這不到三十分鐘內，從救護車十萬火急送來病人，進入急診室，接著又衝刺把病人推進手術室，根本沒有時間做輸血前交叉試驗。瑪格麗特兩隻前臂都打上大號輸血針，生理食鹽水也全速灌入她的靜脈。但生理食鹽水只是替代品，在快速失血時就不太妙了。瑪格麗特的血壓不斷往下掉，因此護理師在連跑帶跳地前往手術室電梯的路上，已準備為瑪格麗特輸O型陰性血。在隨著輪子移動而搖晃的推床點滴架上，護理師手忙腳亂地掛上血袋。O型陰性血，也就是所謂的緊急萬用血，儘管受血者的條件不限，還是有可能引發相當可怕的輸血反應，但若不這麼做，幾乎只有一死，病人瞬間就會喪命。急診醫師極少採取這種非常手段，同時知道此舉也是冒險。但是瑪格麗特的案例中沒有這樣做，幾乎可以肯定，在找到合適血型之前，他們的病人血壓只會持續下落，進入不可逆休克（irreversible shock），我們又稱之出血性休克。為瑪格麗特輸緊急萬用血的同時，血庫技術員也忙著在醫院地下實驗室做交叉試驗，只求儘速得到正確的結果。

短短幾分鐘後，瑪格麗特的推床進入手術室時，麻醉科醫師量得的血壓已是零，脈搏也微弱得幾乎沒有。「完了，媽的！這麼弱根本測不到！」儘管麻醉前置動作三、兩下就可完成，曼迪斯醫師已不能再等了，奄奄一息的病人一抬上手術檯，他立即用碘酒塗抹在漸漸腫脹的腹部，然後覆蓋手術鋪單。把呼吸管強力插入瑪格麗特那毫無反應的氣管裡，這時醫生已下刀。曼迪斯醫師不能有任何一刻的遲疑，更何況病人已陷入嚴重休克，毫無知覺，在未確定病人完全麻醉之前，就堅定地朝肚臍下方的皮膚畫下去，一刀到恥骨聯合（pubic symphysis）之上。

當刀刃畫過脂肪層下的小血管時，幾乎已不滲血。

一般而言，人體腹部兩側肌肉和纖維層在肚子中央會合，形成一道垂直且強韌有力的帶狀組織，從胸骨下緣一直延伸到恥骨上緣。曼迪斯醫師的下一步就是切割這條強韌、名之為白線（linea alba）的帶狀組織，長驅直入那塞著各種臟器的腹腔之中。病人的肚子鼓脹得厲害，想必滿滿是血，他下刀之後，頭和肩膀立即偏了一下，以防被血噴了一身。然而，此次卻不然，病人的肚子因出血過多，過度擴張，失去緊繃的壓力。

曼迪斯醫師嚇了一跳之後，立即完成肚臍至恥骨的畫開動作，抓狂地用抽吸器吸出這一道道泉湧而出的紅色急流，以便顯露出腹部中的器官。即使加上剛剛趕來幫忙的佛利，眼前還是一片紅，難以看個清楚。他們已降低手術檯前端，防止血液因重力往腳部流，病人陷入更嚴重的休克狀態。此時，手術檯非得更傾斜不可，但是其設計只允許腳部比頭部高三十度。最後，由於重力和第二套抽吸器的協助，醫師才看清血並非從骨盆腔冒出來，而是從上腹部某一個無法到達的深處泉湧而出，可見先前的子宮外孕是誤診。恍然大悟之後，身為婦產科醫師的佛利知道自己派不上用場，立刻死命尋求支援。他幾乎半吼地交代資深護理師，請總機緊急呼叫外科醫師來幫忙，在這刻不容緩的一刻，任何一個外科醫師都可以。此時，麻醉科醫師宣布，病人出血情況快得超過輸血速度，且說病人休克之深，幾乎不需麻醉。總機尚未找到救兵，面對這種情況，佛利只得吐出這幾個字：「病人快沒救了。」

一切混亂往高潮推進，我正如同往常抵達醫院，悠哉悠哉地準備進行夜間查房工作。我把車停好，步行約四、五百公尺後，從容穿過急診入口，還和駐守在那兒的警衛閒聊幾句。就在此時，呼叫器響了。

自接受外科醫師訓練以來，我從來沒有聽過這麼緊急的呼叫。一踏入醫院大門，頭頂上的擴音器就傳來刺耳的叫聲：「緊急呼叫所有外科醫師！呼叫本院所有外科醫師！」與其說總機在廣播，不如說在嘶喊。她那驚恐、尖銳、一再重複的叫聲，有如響徹雲霄的消防車警報。

「外科醫師請立刻到開刀房！」

儘管陣陣呼叫駭人、刺耳，卻流露著異樣的興奮。那懇求又帶有命令的語氣，像是求救又像戰鬥進攻的口號，突然間在我耳裡聽來有如原始的呼喚。在那一刻，我沒有其他選擇，當下決定前往。我只稍稍停頓幾秒，確定一切不是幻覺，也不是我誤會了。震耳欲聾的呼叫聲又傳來，醫院訪客和工作人員那副目瞪口呆、不可置信的神情，更證明這是事實。我覺得體內有一股無法掌控的動力驅使我飛奔向前，我找到最近的樓梯，四十九歲的我還能三級做一步跳，馬上就到二樓開刀房。

護理師早在那兒等候，喊我過去，然後跑在我的前頭，穿越一小段走道。我只能猜測到底是怎麼一回事。我越過六號房的門檻，我那一身滿是細菌的便服，顯然已污染了整個無菌的聖殿。映入眼簾那狂亂的一幕，遠比先前呼叫所預示的更為駭人！

佛利醫師站在手術檯右邊，背對著我，雙腳打開約二十五公分，像植物根部穩穩地抓著地面，想安定自己那細瘦的身軀，以面對眼前的可怕挑戰。他那白色的手術鞋兩側，都沾上溼黏而發亮的血漬，即使站在他的背後，我也料想得到他手術袍袖子滿是溼答答的血。站在佛利醫師對面的助手，是兩個慌亂的婦科住院醫師，喋喋不休像幾近歇斯底里的青少年，顯然是在互相競爭，想博取主任的好印象，看他們在砲火下表現得還很鎮定。曼迪斯醫師已退居在後，快速地踱來踱去，雙手在無菌毛巾下緊緊交疊。佛利醫師從病人腹部深處抽出來一條又一條溼淋淋的紗布，幾個年輕的護理師飛快穿梭，幫忙清除這些四處散落、沾滿血漬的紗塊，此外開刀房還有兩個遞器械的刷手護理師。佛利的腳邊還跪著一個助手，她正忙著把半加侖抽吸瓶內充滿泡沫的血液倒到旁邊的大容器中，緊張得雙手濺滿了血。另外，兩名麻醉科醫師像槍桿子似地筆直站在手術檯前端，手動操作輸血幫浦，以加速輸血的速度。他們緊咬牙根，憂慮地死盯著病人。這幅群情緊張的景象，就差沒給英國諷刺漫畫家威廉·霍加斯（William Hogarth）畫下來供後人瞻仰。

曼迪斯醫師以略帶口音的英語大聲建議佛利醫師怎麼做時，突然注意到我的出現，於是叫我名字。佛利醫師轉身對我說話時，我看到他的手術衣有如在血中浸泡過一樣，更多的血正從病人敞開的腹部兩側流下，幾乎浸溼了手術鋪單。

眼前發生的這一幕，我反而有一種異樣的安全感。這點，也許只有外科醫師能夠體會。在這一刻之前，我實在不知道將面對什麼，也許情況嚴重到超出我的能力，我會不會愈幫愈忙？沒有趁別人注意到我的存在之前，偷偷轉身開車離去，還到醫院回覆呼叫，此舉是否會讓我遺憾終生？不管思緒如何矛盾複雜，我是絕無可能見死不救，違背我的天職、戒律和道德。我就像許許多多的外科醫師，對責任的履行已近強迫性的精神官能症。然而在我前往開刀房那幾秒鐘的路上，心中還是浮現一個怪異的念頭：是否會成事不足，敗事有餘？會不會因一個差錯和命運的安排，毀了自己的前程和存在的價值？目前的我是不是已走上一條毀滅之路，與病危的病人同歸於盡？

這就是我之前的恐懼，目睹開刀房的混亂之後反而安心許多，因為腹部出血正是我熟知的狀況。人體腹部的每一條血管我都熟得不能再熟。有時，我甚至覺得整個溫暖、潮溼的腹腔是屬於我的。這個地方總像益友一般歡迎我，張開雙臂擁抱我。基於這種毫無條件的信任，我只好報以所有的才智和技能。身為外科醫師的我，和腹部的關係可謂相輔相成。

此刻，眼見老友遇難，豈有旁觀之理？先前突如其來的憂慮轉眼煙消雲散，於是我捲起袖子準備大幹一場。

就在兩位住院醫師忙著把血液抽到新的抽吸瓶中時，佛利醫師請我上陣。這位一向信心滿滿的婦科主任，此時也因找不到出血點而驚慌失措、六神無主。他的話語短促而急迫，上氣不接下氣。對外科醫師來說，沒有什麼時刻比這還要更糟了，在短短的時間裡，他逐漸意識到病人要失血而死，但什麼都不能做。

我說幾句安慰大家的話，就衝到更衣室換手術衣。相信那三名懶散清潔人員的誠信，我直接把換下來的衣服堆在自己置物櫃前的地板上，畢竟現在可沒有時間轉開密碼鎖。到了開刀房，我跳過刷手室，護理師手中已拿著一件準備給我穿上的手術袍。第一刷手護理師直接把手套開口撐開，套在我那未經刷洗的手上，至於拉到手腕之上是要避免污染。接著我就取代佛利醫師，站在主刀的位置。

現在，切開處已為腹壁開張器撐開。手術已進行了四十五分鐘，也輸了八袋血和大量輸液，但病人的脈搏和血壓仍幾乎偵測不到。資深麻醉醫師一臉沉重地告訴我，沒有任何數字可以報告，他慢慢地搖頭，表示再多努力也是徒然。

反正，死馬當活馬醫，我要了大剪刀把上腹部的包布剪開，露出完全沒有消毒的皮膚。這會兒救人要緊，我才沒有時間顧到無菌手術的原則。我只能祈禱，剛才在急診打的抗生素最好有效。

第一刷手護理師把手術刀遞給我，我隨即從胸骨下緣下刀，一刀畫過婦產科醫師先前的切口，切開未消毒過的皮膚，露出下面薄薄一層脂肪和腹部中線的白色組織，再大力切下，重複垂直切過腹部中間的白線，算上剛剛曼迪斯醫生的切口，這下整個腹腔顯露出來，從上開到下，從胸骨開到恥骨。我們再上第二套的腹壁開張器，撐開了傷口，希望能找到出血的部位。

現在整個腹部打開，切口被腹壁開張器撐得圓圓的，以便抽出血液。然而，此時出血仍然快速，還無法確定出血之處。我突然想到，肝臟會不會是罪魁禍首？肝臟腫瘤破裂常會造成大出血。偶爾也會發生在已屆生育年齡的婦女身上。我把左手伸到血池中，盲目摸索，在拇指和食指間感覺到肝門區域，此為肝臟主要的血管和膽管的通道。我擠壓這一大片部位，然而似乎無益止血。顯然，不是肝臟出血。

現在我們一定要設法先行止血，裡面的狀況才能一目瞭然——外科醫師學到的首要原則就是止血，確保手術的安全與成功。我以前試過把手術切口拉大成原來的兩倍，但若沒有止血，還是看不清楚。此外，病人若繼續大量出血，幾分鐘之內就會心臟衰竭而死。麻醉醫師已經決定等等就要告訴我，我失敗了。

我們身體的每一個腔室，都直接或間接地由主動脈的血液供給養分，輸送到全身最有力量的左心室。心臟以平均每分鐘七十二次的收縮速率，把血液打入這條導管當中。每次收縮都可壓出七十C.C.的血液。這條主動脈在胸腔後方有分枝通往頭部，主幹靠在脊柱之前，穿過橫隔膜的肌肉通往腹部，供給下半身的血液。我伸出左手順著主動脈，摸到橫隔膜下的位置，用力壓迫主動脈使之緊貼在脊柱上，減少了出血。結果，大部分的出血都可止住，只有少數來自胸腔旁枝血管的滲血。我終於了解出血在腹腔左上方，靠近脾臟。這個深紅色如拳頭般大的器官，就在橫隔膜之下，胰臟尾部的上方。

胰臟約十五公分長，有個覆碗般的頭部，主體則似條橘紅色的蛇橫躺在左上腹部後側，尾端指向左邊，朝向脾臟門脈附近。脾臟的主要血管，亦即脾臟動脈是從主動脈分枝出來，分叉處成九〇度直角，再轉向左側，還有一條靜脈伴隨它進入脾臟。這兩條血管就順著胰臟上緣走到尾端，從胰臟尾部到脾臟門脈大概有五公分，為了進入脾臟，這兩條血管得先進入名為脾臟腳的皺褶組織。除了這短短的五公分，下面三分之一的血管都埋在胰臟尾部。簡言之，胰臟尾部和脾臟門脈就是靠著脾臟腳間的血管相連。

圖 1-1　腹腔圖

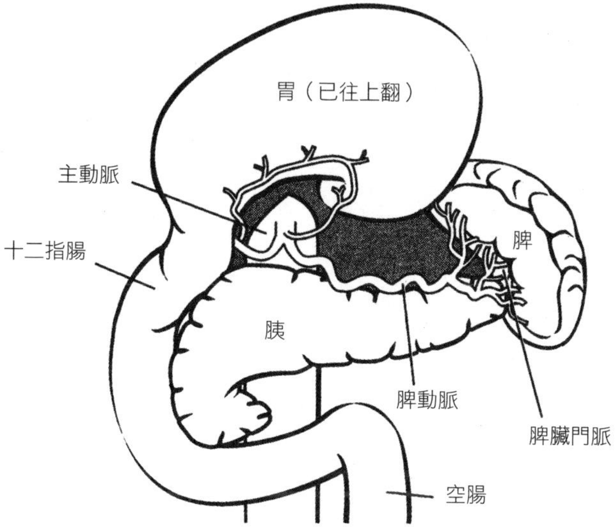

我壓迫主動脈，除了來自胸腔的旁枝血管，整個腹腔的血流都控制住了。接著，出血大為減少，我才知道出血處是在胰臟尾部和脾臟門脈附近。然而由於旁枝血管的滲血，還無法明確找到出血點。對付這種局部出血，我就用大塊紗布來壓迫止血。

由於脾臟附近迅速積滿了血，可見這個脆弱的器官可能有裂傷。我想問題就在脾臟！

此時病人正處於死亡邊緣，因此保持大動脈的血壓，可以為麻醉科醫師的輸血爭取一些時間，趕上失血的量。我用手指緊緊地壓住這些大血管，同時也為病人輸了半加侖的血，使血壓慢慢回升至一一〇，至少穩住情勢。這麼一來，我就有十分鐘左右的時間，可從容不迫地告訴小組接下來該怎麼做。直到這時，對話不外乎是小組成員的簡短評論，我還對跑進來支援的實習醫生下指令。

我問病人的排尿量如何。病人的膀胱在急診時就已插入導尿管。但護理師告訴我，尿袋空無一滴。沒有排尿表示病人體內循環的血液已少到無法到達腎臟，過濾不了廢物，這可是非常危急的訊號。

在等待輸血時，我向助手解釋手術步驟，並且分派工作給他們。我說，不成功便成仁，有一點差錯，病人就救不回來了。第二助手站在我的左邊，靠近病人的頭部，接著我把自己的右手放在他的手上，引導他小心接近主動脈，讓他取代我的左手繼續壓住主動脈，保持病人的血壓。現在我的十隻手指可以自由運作了。我大膽假設破裂的部位是靠近脾臟門脈區域，我計畫靠著第一助手的幫忙，分開器官後面的組織，看到出血的部位。完成之後，我再把脾臟門脈區域和靠近胰臟尾巴的血管一一綁住，然後移除器官。這幾項動作一定要快，不然一移開壓迫紗布，血液很快就冒成一個血池，我就看不清楚出血部位，無法繼續動作。如果沒有拿出來，就不可能找到出血部位。所有協調動作必須非常快速而且順序全對，需要所有人的努力配合。

我告訴刷手護理師我需要哪些器械，交遞的次序如何。確定抽吸管沒有血塊阻塞後，我就問資深麻醉醫師，病人是否可以忍受幾項快速的手術動作，因為這麼一來可能會加速失血，特別是先前翻來覆去，脾臟可能已受到極大的傷害。他說，脈搏已經逐漸從一五〇降到一〇〇。我瞄了一眼他背後的監視器，決定是否可以進行下一步。他點點頭，說了幾句鼓勵的話，好比在滿壘的情況下，叫捕手好好擔負起這個重責大任，開刀房的版本是：「就上吧，寶貝。讓他們上路。」接著我直直看進小組每個手術成員的眼睛，確認他們是否都準備好了。然後試著若無其事地抬高聲量，讓房間所有人都聽得到我的聲音：「我們上吧。」

我左手飛快地深入脾臟的上後方，把脾臟往前方下面移動，使它遠離橫隔膜。我叫第一助手用手中的長剪刀輕輕剪開器官下面的附著組織，然後我把右手食指伸到他剪開的縫隙，快速地上下撐開，用力剝除器官四周的固定組織。這種快速且盲目的動作實在不甚高雅，不過在情況緊急的時候也滿管用的。我像飛行在死亡之境，多年來百餘次一絲不苟的手術經驗通通都用在這一時。

雖然無法看清我所剝開的組織，我仍知道如何下手。不消幾秒鐘，我已經分開附著組織，並且把脾臟握在手中，只剩血管還連結在胰臟末端。壓迫紗布暫時移開後，整個區域仍然快速滲血，我還找不到持續出血的正確位置。往上移動脾臟，血管就比較清楚了。這時我才看清楚不是脾臟本身出血，原來出血點在脾臟動脈，距離脾臟十公分之處，而且部分血管還埋在胰臟尾端之下。我叫第二助手暫時減輕加在主動脈上的壓力，血液馬上從血管上〇．三公分的破洞噴出。兩個助手連忙將湧出的血吸除，這時我才看清這個之前只在書上看過的病灶。事實上，我這些年來從來沒看過，今晚還是第一次。

管壁上的破洞裂得參差不齊，很明顯這個病理組織幾乎使病人喪命。直到這一刻，所有的手術成員才真正了解原因何在。病人的脾臟動脈上長了血管瘤，管壁因此變薄、膨出，像一個囊狀的泡泡，破裂之後，血液伴隨著每一次心跳從破洞噴到腹腔中。藉著壓迫主動脈，我們雖暫時減低出血量，但其他血液還是經由互連的小血管不斷地從傷口冒出。

之後就簡單多了，只要用絲線把破洞縫起來，再請第一助手把血管綁緊，所有的出血就立刻停止。我叫第二助手放開主動脈時，整個部位沒有出血、乾乾淨淨。開刀房裡的大家如釋重負，好像聽得到鬆一口氣的聲音。

轉眼之間，開刀房的氣氛已經大為改觀。之前的緊張消散了，動作變得輕鬆，也開起幾個無傷大雅的玩笑來了。我還記得其中一個住院醫師說起，洗衣房如何慎重其事地清洗醫師內褲云云。曼迪斯和佛利也開始油腔滑調，幾乎胡言亂語了，原因大家當然都很清楚。接著，我們還有工作要做，一看情況穩定，兩位婦產科醫師就先行離去，在踏出開刀房之際還不忘向我們恭喜。我請佛利醫師經過家屬休息室時，向瑪格麗特的家人解釋目前手術檯上的情況。

六號房仍洋溢著救回病人的狂喜。千鈞一髮的一刻已經不再，取而代之的是談笑風生，甚至連麻醉小組也說起俏皮話來了。我們繼續做一些繁瑣的工作，分開胰臟尾部下方的血管，使脾臟可輕易地提上來。我們慢工出細活，分離那有破洞的血管，接著就可輕易切除它。我用幾條絲線綁在血管瘤和主動脈之間的部位，然後乾淨俐落地切下整個血管瘤。在我交給護理師的一大塊標本當中，有脾臟、縫過的血管瘤、脾臟血管，以及胰臟末端的部分組織。

為了避免胰臟內的蛋白酶滲漏到腹腔中，造成腹膜炎，我用一排細絲線將胰臟切口縫合。最後，為防止這些有腐蝕性的消化液傷害到其他組織，我用附近的一塊脂肪墊縫在切口外面，包住胰臟。這些步驟都相當耗時，但是我們有時間從容應對。顯然，手術後仍有感染的可能，特別是方才為了救命，打破了許多無菌消毒原則，為了安全起見，我盡量清洗乾淨所有的組織，避免蓄積血液、組織液，以及任何殘存的破碎組織。

基於這種考量，我在左側腰部皮膚切開一個小洞，並且裝置一條口徑約一．三公分的塑膠管，再接上低壓吸引器，以便日後得以吸出組織破片和多餘的體液。清除體內所有的紗布，取下兩個腹壁撐開器之後，我用聚丙烯縫線將傷口縫合。為了減少傷口本身的感染，我在病人的脂肪層中放了幾條乳膠引流管，再用較細的縫線把表皮縫齊。

這時，我才問起病人的姓名。之前在手術的當中，我根本不想知道她是誰。在不知病人身分的情況下，眼前看到的只是器官和組織，如此得以在情感上保持一段距離，免除私人念頭的入侵，秉持理性完成這趟危險之旅。手術的時候，我並不知道她還有五個孩子，最小的湯姆才五歲，而她的先生、四個兄弟及其他親友，不是在家屬等候室就在醫院的教堂禱告，她那八十歲的老父親也哭腫了眼。由於先前不曉得這種種，我才能心無旁鶩地完成任務，手術時我抱著只許成功不許失敗的決心，完全沒有僥倖心態。基於醫療和情感上的考量，手術時會盡可能蓋住不是傷口的部分，而病人那張沉睡的臉也在鋪單之下。這不是單單為了預防感染，更為了隔離醫師與病人糾結的情緒。危險愈大，愈需要保持一定的距離，特別是在性命交關之際。

這次手術，瑪格麗特總共用了十四單位血液、兩單位血漿，以及兩單位幫助凝血的血小板。大部分的血液都在手術的第一個小時輸完，還給她相當多的靜脈輸液。術後，她開始排尿了。傷口包紮好時，麻醉科醫師宣布她的血壓已達一四〇。

我從手術檯上退下，往後走時差點被長方形的金屬腳凳絆倒。方才佛利醫師就站在上面，從我肩膀上方觀看手術進行的過程。這時，我才發現手術檯邊有好幾張腳凳，原來剛才有一群旁觀者輪流站上去，觀看在某個陌生女子肚子上開演的好戲。有幾個堪稱能幹的血庫技術員，他們當然可以留下來看一下，還有幾個則是混進來看熱鬧的。在二個多小時的手術中，醫院上上下下都知道，開刀房正在上演一場與死神搏鬥的精采戲碼，不少住院醫師和技術員都向同事借手術服，也溜進來瞧一瞧。當然，他們都知道開刀房的規則，因此不會干擾到手術小組，而我們全神貫注，忘了他們的存在。手術完畢，他們就全部鳥獸散，回到自己的工作崗位。只留下四散在房間各處的腳凳。

我用腳踢了幾下，把佛利醫師那張腳凳踢到牆邊，接著轉過身來，背順著牆面慢慢滑下，然後頹坐在上面。此時的我已筋疲力竭，無精打采地剝下沾滿血液的手套，拉下手術帽和口罩，然後對著身上手術袍那一整片暗紅、發亮的血漬發呆。縫到最後幾針時，我才覺得有點累，整個身體都陷入倦怠之中，但我的心卻因完成任務而狂喜。現在雖然曲終人散，我還是想重新品嘗那種難以消散的興奮，好比大夢一場，醒來後還無法忘懷夢中的冒險。我的內心深處想要高歌、大叫、狂舞、做愛，向全世界宣布我的勝利——我從死神手裡拉回一個女人，今晚的傳奇我將永誌不忘。然而我的精力已完全耗盡，天馬行空的思緒似乎和我那槁木死灰般的身體連不起來。我靠在手術室藍綠色的牆邊，像個木頭人一動也不動。

我無法再讓自己陷入完全疲憊，還有幾件事要做。刷手護理師那張年輕、漂亮的臉龐，給我一個關切的眼神，她大概只有一百五十公分高，腳踏厚底手術鞋，踩過我前面的腳凳，伸出纖細的小手拉我一把。當我被她拉起來時，我才想到方才兩小時，同樣是這雙專業的纖纖玉手，不斷迅速確實地把每一樣器械放在我的掌心，我幾乎不必開口。如果沒有這些人的專業技術，這間手術房什麼任務都無法完成。這雙才華洋溢的小手在劇裡最後一個台前動作，就是幫助我站起來，還有什麼比這更合適的呢？

我向手術小組的每一位成員致謝，感謝他們無懈可擊的表現，還用力往第一助手的背部一拍表示讚賞。這位積極的外科住院醫師一聽說我接手了，就立刻衝過來，取代婦科住院醫師的位置。討論了術後第一天要開的藥後，我隨即小心翼翼脫下那因血塊凝固而變硬的手術袍。我不希望病人家屬看到這件血腥的袍子，於是到更衣室換上乾淨的一件。我發現自己的日常服依舊原樣丟在地上，就跟我脫下來時一樣。

聽說在法庭時，被告只要看一下陪審長的臉色就知道判決結果。在開刀房外面等待的家屬也是，他們焦急地想從醫師的臉上得知消息，尤其是困難大手術時。除了傑克（他看起來真像維京人），大概有十幾個人在我踏進等候室時跳了起來。不只傑克跟瑪莉都在，瑪格麗特的兄弟和父親也在這裡，還有她的妯娌跟幾個較大的孩子。我想我必定要咧著嘴笑，這裡的氣氛才會有一百八十度的轉變，頓時熱鬧、歡欣起來。

我簡明扼要地表示：「她很好，沒問題。再過十天左右就可以回家，保證健健康康的。」

這時我實在沒有辦法洩露內心的憂慮，例如可能的併發症、胰臟末端切口是否沒綁緊、大量輸血的後遺症，無暇顧及無菌原則是否會有問題等。我只是想讓病人家屬知道，她剛熬過嚴厲的考驗，現在可以送進恢復室了。護理師推走了瑪格麗特，我就坐在沙發椅上，向四周圍成一圈的家屬解釋手術的經過。我三言兩語就交代清楚了，我想這聽來一定有如陳腔濫調，然而這些家屬臉上卻帶著莊嚴、肅穆的神情，也許是被我見證的事蹟影響。

我還記得自己說道：「真正救她一命的是她的求生意志。」在這句話之後的都可以省略，但還有話語意猶未盡地在我心中翻騰：「……我們絕不放棄這場求生之戰。」我喚起自己和小組其他成員心中的力量——一股神奇得令人無法理解的力量，告訴自己我們永不屈服，絕不讓病人死在手術檯上。人類之所以獨特，就是因為在危急時，能以一種無人理解的方式激發出心中的潛能。瑪格麗特的獲救，就是憑藉她的求生意志，和手術小組成員絕不讓生命從手裡溜走的決心。

一個小時後，瑪格麗特已完全回復知覺，但還無法集中精神傾聽手術經過。我想，明天早上幫其他病人開完刀後，我們才有交談的可能。接近凌晨兩點，我才從她的病榻離開，慢慢開車回家。在不到十五分鐘的車程裡，我還在沉思、回味手術檯上的一切和前後事件，包括自己正巧在聖拉斐爾醫院現身等。

我幾乎都在耶魯新港醫院（Yale-New Haven Hospital）執業、照顧病人，有時好幾個禮拜也不會到這家聖拉斐爾醫院開刀。此外，除了急診呼叫，我幾乎不曾晚上七點半後還在醫院，我總是在七點以前就完成晚間查房。瑪格麗特送進急診那天晚上家裡宴客，而且我在聖拉斐爾醫院只剩兩個住院病人，他們的病情都較輕微。因此延遲到八點半左右，我才從家裡去醫院巡房。原先打算先去聖拉斐爾醫院，然後再溜到新港醫院的病房和X光科。那天一踏入急診室就聽到呼叫，實在是一大巧合。

除此之外還有更巧的。所有可能在那個時刻出現在醫院的外科醫師中，為何是我來做這台手術？剛好是這個外科醫師在關心總機的呼叫聲，他在新港醫院養成十多年脾臟手術經驗，出於興趣鑽研更多器官知識，他還知道得比這個醫學社群裡的人都多？在一九六九年還有接下來三年，在耶魯放射治療跟腫瘤學單位的霍奇金氏病（Hodgkin's disease）病人，事實上都是由我來施行脾臟切除術。我曾經發表七篇專談這病症的學術論文，並在許多醫學團體中發表演講。這巧合切切實實存在，紛至沓來，就像內戰時期的軍事指揮家納森・貝德福德・佛羅斯特（Nathan Bedford Forrest）所說：「一到就全到。」（Fustest with the mostest.），這個念頭不斷撩撥著我，讓原本就為此煩惱的我更加困惑，這種感覺應該叫作天意。

我就這麼一直胡思亂想，連把車開進巷子、停進車道都有困難。打開前門之際，我還在想如何跟太太莎拉描述今晚的遭遇，我的喜悅幾乎要從體內迸出，就在爬到樓上的臥室時，更是興奮難耐。莎拉已經睡了，我站在床邊，定定地看著她，好像她也是今晚的傳奇之一。顯然，她知道我回來了，於是睜開雙眼。事後她對我描述當刻的我：

你身上好像充滿著某種能量，散發出光和熱，高興得飄飄然的。事實上，那晚喚醒我的，就是你身上散發出來的能量。你就站在那裡，像往常那樣雙手叉腰，但手指快要握成拳頭。你的臉有如在聚光燈下那般明亮，還微笑著對我說：「妳絕不相信剛才發生的事。」

這件事並不常發生。事實上，在我們共度的日子中很少有過這樣的情形。然後你說如何從死神的手中搶救下某個人，但更深刻的是你救回了某個人的命。

接著我坐在床緣，鉅細靡遺地告訴她今晚的傳奇。說完後，我們都不能成眠，於是我繼續說下去，並不時停頓，回答莎拉的問題，或是回應她的想法，因為她想知道更多，我就繼續述說下去，有如在說故事，我講到病人的血管和血管瘤的形成，脾臟、胰臟和其功能，心血管系統對大量出血的代償作用，血塊和傷口的癒合……最後我告訴她，我相信在人類生物學這個領域，仍有無人探知之奧祕，如此才能對病人的求生意志和醫師救人的能力有個解釋。在接下來的章節中，我會完整敘述今夜說過的所有事，還有更多細節。

Chapter 2

The Constant Sea within Maintains the Constancy within

體內世界

瑪格麗特的獲救再次印證我曾多次目睹的生命奇蹟，也就是身體在性命交關時自行因應的方式。

科學家是以「回應」（responsiveness）或「適應」（adaptability），總括身體結構因應內、外變化的種種方式。這無數的方式只有一個目的：增加生存的機率。即使是對人類本質抱持著最悲觀看法的德國哲學家叔本華（Arthur Schopenhauer），也曾千真萬確地表示，求生意志就是人類從大自然中找出那唯一的上帝。今天最為冷靜理性的科學研究人員也相信，就生物而言，最主要或許也可說是唯一的驅力，就是保護自己的DNA，並設法繁衍下一代。

儘管很難挑剔我們嚴苛用語中的實務觀點，但就連最沒有想像力的研究者也確信，生命不僅僅是生物化學而已。光輝燦爛的自然，讓許多動植物的逐步演化超越了原先的任務，發展出更多複雜能力。考慮到人類，能力（ability）一詞不足以傳達，也許力量（power）或者天賦（talent）更恰當，或甚至是《詩篇》中的奇觀（wonder）和奇蹟（marvel）也符合。

原初生命歷經萬年發展，起初生成了專為生存和繁衍的器官，後來發展出特化功能，當中還有感受和享用的感知能力。不只是可以感受到快樂，為此能夠預測和反思，也是我們物種獨一無二的特質。至今我們已經超越基本自我保護（self-protective）和繁殖（propagating）的驅力，具備驚嘆和驚奇的抽象思考能力。同時也具備個人和群體的必要生存資本，能建造和保存高度組織化的文明。還有某種程度的利他主義，排除純粹本能的自保行為，有時轉而與之相抗，繼之變成一種社會理想的範例——為他人犧牲。或許最重要的是，美感和精神性。毫無疑問，所有特質都超越散播DNA的基本需求。它們是如此卓越，事實上，它們似乎是堅持不懈的獎勵——我們給予自己或者被贈予這份禮物，得以用自然餽贈我們的禮物，繼而造出超凡脫俗的大腦。

也許還有些爭議，但我們追尋美的感官活動，可能就是源自保存DNA的原始驅力。喜悅是服從身體求生本能使喚的最終獎品，喜悅讓生命有價值和值得延續。要提到人類發現和創造喜悅的各種形式，就不能不充分考慮生物適應性的脈絡和人類身體組織的相關知識。也就是說，只論及美感思考和其力量，無法解釋它為何是維持生命的根據。

我之所以特別用「結構」（fabric）這個字眼，是來自偉大的解剖學家維薩留斯（Andreas Vesalius）在一五四三年出版的經典之作——《論人體結構》（*On the Fabric of Human Body*）。

維薩留斯所謂的「結構」並不是很明確，在文藝復興時期它帶有某種筋肉感官（kinetic sense）的動感和生命意味，不只是指人體這個處所，指在人體內發生的一切。我深信，人類的精神就是我們從身體這個結構創造出來的。

威脅到瑪格麗特身體結構的正是脾臟動脈壁的缺陷——血管瘤（aneurysm）。此字是從希臘文的「膨脹」（aneurysma）而來。

沒有哪個身體結構是可以用三言兩語道盡的。以動脈為例，不只是一條被動的導管，專司運送含有氧氣及養分的血液，還有其他複雜的功用——很驚人但不嚇人，很複雜但沒有那麼難理解。分開它三層同心圓結構，可以看出動脈血管壁是自然形成的，原先作為被動導管（passive conduit），後來被賦予了更多責任。

有些部位涉及「回應」的系統。它們部分要維持身體恆定，藉著保持內在恆定，不斷維繫著生命過程——要屬一種截然有序的穩定，也就是生物學家說的體內平衡（homeostasis），起先由兩個希臘字結合而成，意謂著「永保如一」。這個名詞是由一九二〇年代的生理學家坎農（Walter B. Cannon）所提出的，他說：「一般而言，當體內環境受到威脅時，生物體自然會出現保護因子，使之回復平衡。」而體內平衡端賴各個組織的通力合作，也就是血管系統（vascular system），而這些組織又需要血管、免疫、內分泌和神經等系統的連繫、整合。

若要組織正常運作，每個細胞的周遭環境都得保持恆定。維持恆定就是血管系統的責任，隨時供應組織所需要的養分，並負責帶走廢物。在這種環境之下，細胞才能發揮最佳功能。

近世才發現，要徹底了解生命的過程，研究細胞環境最有成效。因為環境是細胞生存的關鍵因素，亦即細胞和生物體外的世界要保持連繫。部分原因在於關注細胞環境而非細胞內在，還算是比較實際可行的方法。但過去四、五十年來，新型分析科技和儀器的發明，允許研究者轉向細胞內進程（intracellular processes）和構造，包括大分子的許多細胞工作。一項新的科學學門就此誕生。

這門新生的研究領域始自一九三八年，「分子生物學」（molecular biology）一詞出現時，一開始普遍接受程度並不高，直到X光和電子顯微鏡的科技問世後，才突飛猛進，成為生化學、基因學和結構化學研究不可或缺的知識。

許久之前人們就知道，蛋白質裡的微小差異，就是造成物種差異的原因。這些差異顯然具化學基礎，也成為分子化學家據以闡釋的規則。透過大部分蛋白質研究，也就是分子生命研究，許多細胞功能的報告成果因此成為科學知識。細胞，成就遠大於它的鄰居，現在是生物研究的中心點。但在接近一百年前的細胞研究領域中，並無法取得這些研究成果。

然而早在十九世紀中葉，法國生理學家貝爾納（Claude Bernard）已造出「內在環境」（milieu interieur）這個新的詞彙，描述允許生命維持恆定和獨立於外在環境的狀態，不管外界發生什麼事，又或者這隻生物在外部行動中自己找到了什麼。貝爾納指出每個多細胞生物都處於兩種環境，外在環境如空氣或是水，而內在環境則是體內每一個細胞浸潤其中的液體。他寫道：「複雜生物應該視為簡單生物的集合，且住在液狀內在環境中。」

這種液體與海水的化學成分相似，一直是今天的複雜動物和他們三十五億年前的單細胞海洋祖先能夠持續發展至今的資源。到了今天，細胞仍舊需要類似的遠古環境才能維持生存。藉著維持內在環境穩定，動物讓自己獨立於外界，不管皮膚外面的世界發生什麼事情，他們在細胞裡都正常運作。我們的細胞不活在動物穿行的空氣之中，而是浸泡在內部的液體裡。我們體內的原生質與外在環境隔著一層皮革般的皮膚，外層由死掉組織組成。在體內，我們充滿水分。身體內部的溼潤給了我們生命。除非與鄰近部位（除了腦部跟脊髓）相接觸，不然每個細胞就待在內在環境的營養液體中。

內在環境由血漿、營養液體組成了細胞循環系統。它能夠在我們之外跟我們之內形成一種聯繫，儘管是種緩衝，也不那麼直接，在細胞維持周遭恆定時，同一時間又可以提供保護。內在環境不斷自動修復的動態平衡，就變得非常必要，身體內的多種器官和組織要能做出各種即時回應，畢竟我們總是時時刻刻暴露在體內體外的世界裡。多種細胞、組織和器官負責維持內在環境的恆定，反過來說這就是細胞能繼續運作的原因。可見，生命就是一個不斷互相補償的系統，每個組織和器官的協調，都在長久維持內在環境的恆定。十七世紀的英國詩人考利（Abrham Cowley）的詩作，精確地捕捉住我們體內世界的神髓：

那變幻莫測的海洋，為了保持恆定，不得不瞬息萬變。

貝爾納寫道：「正因內在環境的恆定，才有自由而獨立的生命。不管生命的機制有多少種，目的只有一個，那就是使體內的生命環境保持一定狀態。」如果叔本華是生物學家，必然會加上一句——他在大自然中找到的上帝，泰半是於內在環境展現神蹟。

貝爾納往前跳了聰明的一大步，接下來幾代的科學用了上千種方式來證明其說服力。體內平衡（homoeostasis）的可靠與穩定讓我們得以存活。動、靜脈的結構與作用方式，正是它們在內在環境保持恆定的關鍵。它們就是主要的輸送系統，為我們帶來養分，也攜帶廢物。

這整個體系不只是血管，還有心臟，正式名稱是心血管系統（cardiovascular system），但目前的討論先以血管為主。奇怪的是，從動脈（artery）的字源來看，它在希臘文中的意思是「充滿空氣的導管」，因古代先人認為血管中的不是血液，而是如氣體般的「元氣」（pneuma），隨著每一次呼吸傳送到肺部，再從那兒輸送到心臟左部，然後再進入動脈。希臘人很清楚動脈切斷後會流血，為了自圓其說，就提出一連串的假說，來解釋動脈和充滿血液的靜脈之間的關連。他們異想天開地表示，動脈一受傷，血液就衝到那裡。直到公元第二世紀的希臘名醫蓋倫（Galen of Pergamon）實驗證明，以上錯誤的概念才得以改正。在那遙遠的古代，arteria（動脈）這個字已在醫學語彙中根深柢固了。

就動脈而言，它的管壁具有彈性，可以收縮或擴張，因應組織的需要。管壁包含內、中、外三層同心圓結構，內緣由一層扁平的內皮細胞所組成，是謂血管內膜（intima），血管中層（media）則富含肌肉和彈性纖維組織。因這些肌肉纖維的收縮是不受意志控制的，所以被稱為不隨意肌，且在顯微鏡下每個細胞皆呈平順的梭狀，所以又稱為平滑肌，這些肌肉和我們意志可控制的橫紋肌（骨骼肌及心肌）有所不同。平滑肌通常會有一部分的細胞在收縮，以保持一定的張力，這種收縮不能由意志控制。而橫紋肌可隨意志控制收縮或放鬆，因此又稱隨意肌。由於身體隨時都有不同的需要，自主神經系統就會傳遞訊息給管壁的平滑肌細胞，改變它們的張力及管壁大小，調節血壓，保持恆定。

身體內最大的動脈就是主動脈（aorta），這條血管的口徑有如男人拇指般粗。主動脈從左心室離開強力搏動的心臟後就往上，一百八十度轉彎向下至身體左側，然後前往腹部。在彎曲處，有分支通往頭部和兩隻手臂，下行時則是靠著脊柱的前面，穿過橫隔膜的後面，再進入腹腔。這一點也就是我藉此切斷瑪格麗特下半身循環之處，用手壓迫在橫隔膜之下、脊椎旁邊的主動脈。

主動脈進入腹腔後，其中又分支出去，如同倒Y一樣，穿過骨盆，然後下行至雙腳和腳趾。整條主動脈和其往下走的兩條分支，兩側都還有許多的小分支。因此主動脈就像高速公路，還有其他公路和它相連，以通往各個器官、組織，提供血液給這些部位。

更適切的比喻是，主動脈有如大樹粗大的樹幹，再分出許多愈來愈細的枝幹。因此，這個體系又稱為動脈樹（arterial tree）。

最小的動脈叫作小動脈（arteriole），藉由管壁平滑肌的收縮或擴張，就可控制血液進入微血管（或稱毛細血管）的量。其實，小動脈是在扮演守門員的角色，精準盡責地限制全身只有十分之一的血液，流到連結起來有好幾哩長的微血管中。這整個系統也允許血液從一個組織流到另一個，一個部位到另一個，亦即輪流供應所有器官需求的血液。

除了在腦部和脊柱，微血管壁的結構和小動脈壁類似，只是一層多孔的扁平細胞。在這些細胞之間，氧氣、二氧化碳、營養物質和細胞活動產生的廢物都可自由進出。這些物質在細胞附近的液體中進入，使細胞同時進行滋養和清潔的工作。這種雙向傳輸的平衡即為身體「內在環境」保持恆定的主因，也就是所謂體內平衡的維繫之道。

微血管雖然細微，卻是整個心臟和動脈體系所仰賴的。只有靠著微血管，血液的內含物才能到達細胞，維持體內平衡，使細胞作用正常。微血管極小，口徑大概只有六微米（micron），亦即〇．〇〇〇六公分，而且布滿全身每一個組織，組成細密的網狀結構，位於細胞和細胞群之間，有如細胞社區間的小巷弄。

只有局部的細胞、組織需要時，血液才會進到這個部分的微血管，這種調節可謂動物生物學的一大奇觀。而到底哪些區域需要血液，哪些不用，這個訊號就由荷爾蒙和神經衝動來傳導，因此能時時刻刻照顧到體內各個結構的需求。藉由不斷的溝通，身體知道該做何種幅度的調節、確切地點在哪兒，而且如何精準地達成其需要。因此，如果突然碰上大出血的緊急情況，如前面提到的瑪格麗特，身體為了維持血壓，就會有更多的溝通、運作。

就在主動脈離開心臟之處，管壁有一些細小的組織是主動脈體（aortic bodies）。這些就是小小的感應器，也可說是受器，當主動脈血液的質量一改變，它們就會立刻知道。主動脈體中受壓力影響的部位是謂壓力受器（baroreceptor，和氣壓計類似），其作用正如同受到氧氣、二氧化碳濃度改變影響的化學受器（chemoreceptors）。從主動脈往上分支出去的內頸動脈（carotids）內也有一些壓力受器。內頸動脈的原文源自希臘文中的karotikos，意謂「使人昏迷」，因為如果緊捏這兩條供應腦部和頸部血管的動脈，人就會失去知覺。

就一般情況而言，壓力受器會密切注意血管內血流的壓力。如果張力上升，一連串的衝動訊號，會由自主神經纖維傳送到大腦中的延腦（medulla）。而延腦主要功能之一就是調節心臟血管系統。

若是嚴重出血，主動脈壁的壓力則會低落，壓力受器所感受到的脈動強度就會減弱。如此傳到大腦的衝動訊號就比較少，而位於大腦的下視丘便會刻不容緩地命令遍布全身的自主神經纖維，把警訊傳送到心臟和所有血管，俾使血壓回復正常。

這些警訊傳達出去後，各個器官就以不同的方式來達成任務。心臟的回應就是加速跳動，而且跳得更為猛烈，由此增加到主動脈和內頸動脈的血流量。動脈則是收縮，特別是小動脈，以減少至微血管的血液，此即限制微血管間的總血流量。管壁具有一些平滑肌的靜脈也會收縮，此舉可謂一箭雙鵰：收縮促使靜脈床的容量縮減，所需血流也跟著減少。同時，收縮也會更有效率地把血擠回心臟，加速循環，再次把血液帶到組織。在這種種策略運用之下，血管和剩下的血液就可把功能發揮到極致。藉由補償作用，我們的身體明智地使體內壓力保持平衡——這就是生物學家口中的「回應作用」。

然而，這麼做也有代價。小動脈一收縮，微血管和仰賴它們供應養分的組織就得自求多福，將就使用已呈不足的血液。除了心臟、大腦和肺臟，其他器官都可以忍受暫時缺血。就肺而言，雖然稍微少一點血也尚可維持，大抵而言，這三種主要器官，特別是大腦，時時需要高濃度的含氧血，才不會衰竭而死。同樣地，這也是身體智慧的表現——挹注心、肺、腦這些重要器官的小動脈，而非跟著其他的小動脈一樣收縮，仍然敞開管壁，讓腦細胞和心、肺細胞得到足夠的血液，其他組織如生殖器官、骨骼和肌肉系統、腎臟、腸胃等，就得暫時犧牲一下了。

腎臟自然是所有器官中犧牲最大的，因為通往腎臟的小動脈最先收縮，以減少血流通往這個處理廢物的器官，這也就是瑪格麗特在手術中為何沒有排尿，一直到出血控制住、血壓回升之後，才又恢復排尿的功能。因此，排尿量是醫師衡量病人休克狀態的重要指標。在失血的時候，不只是小動脈，周邊動脈也會跟著收縮，使得所需血流減少。這也就是為何人在失血、休克後，全身蒼白冰冷的原因。

在瑪格麗特出血時，由於血量減少和動脈攣縮，脈搏幾乎量不到。但她的心臟因回應壓力受器的監測結果，在血壓量不到的情況下，心跳速率高達一七〇。若偵測得到心血管的輸出功率，數值一定高得驚人，這也就是心臟快速狂猛跳動的結果，亦即血液循環更加迅速，以較少的血做更多的事。

這種機制是由壓力受器的作用觸發的，然而這並非身體對抗失血的唯一方式。身體的「內在環境」也會開始調整：微血管的血流減少，血管內和細胞間隙的液體（亦即所謂的組織液）就會產生壓力的變化。這時為了維繫體內平衡，組織液就會滲入微血管內，使得循環系統內的水分回升。雖然此舉會稀釋血液，但總容積的確變多了。以體重約七十公斤的人為例，可回收的組織液就高達十公斤左右，因此不可小覷組織液的潛力。只要少量的組織液進到微血管，就可以給循環系統的血量帶來巨大的影響。即使稀釋過的一品特血液，都還有快五百公克重。

以上種種現象主要是神經脈衝、電流傳導和壓力改變的結果，然而化學反應也扮演著重要的角色，如產生荷爾蒙，傳送訊息給其他細胞，維持體內的平衡。

「荷爾蒙」（hormone）一詞是在一九〇二年由倫敦大學學院（University College）兩位研究人員命名的，以歸類他們在小腸發現的「某種化學物質」。這種物質是由腸壁上的某一種細胞所分泌，會在胰臟作用，使之分泌消化液，於是他們稱之為促胰液素（secretin）。之後，這兩位有連襟關係的科學家白禮斯（William Bayliss）和史達林（Ernest Starling），決定將這種物質正式命名為荷爾蒙，此字源於希臘動詞「hormain」，意為「使……興奮」或「促使發生作用」。從此，荷爾蒙即指某些組織或器官中產生的化學物質，經由血液或體液流到完全不同的組織、器官，以控制或調節遠處細胞的活動。眾所周知的例子就是甲狀腺素，這種荷爾蒙可以調整體內新陳代謝的速率。胰島素（insulin）也是很好的例子，這是由深藏在胰臟裡的一些細胞所產生的，然後輸送到全身各個部位，控制醣類和脂肪的運用。荷爾蒙多達數十種，科學家還不時發現新的荷爾蒙。荷爾蒙機制能整合身體某部位傳出的訊息，再傳送到另一個部位去。

荷爾蒙的製造主要在遍布全身的腺體和器官中的一些特定細胞，如在消化道、肝臟、胰臟、腎臟、卵巢、睪丸和孕婦的胎盤等。腺體則包括腦下垂體、甲狀腺、甲狀旁腺、腎上腺、松果體和胸腺等——這種種腺體和細胞總稱為內分泌系統，源自兩個希臘字，意思為「在內部的」（internal）、「分開的」（separate），原先是要指出它們位於隱密的內部（進入血管而非像是腸道這樣的腔室）以及是一種掌控身體功能的不同方式。

起先，大家都認為荷爾蒙是單獨作用的，之後研究才糾正這個謬誤。我們現在知道，神經系統和某些在局部傳達訊號的分子，會共同擔負起協調的工作，影響體內荷爾蒙分泌。以腦部下方小小的下視丘為例，這個結構對腦下垂體有著重大的影響。腦下垂體和下視丘之間交互影響的內分泌功能，可以用一種維持血壓恆定的荷爾蒙——血管加壓素（vasopressin）來闡釋。

血管加壓素的原文很容易使人想到血管的「擠壓」（press），或者「收縮」（constrict）。正如先前所述，壓力受器把訊號傳到神經纖維，再傳輸至延腦和下視丘。血壓一降，下視丘就開始反應，開始一連串應變作業。此外，下視丘還會把訊號發送至腦下垂體的後葉，使之釋放血管加壓素到血流當中，讓小動脈收縮，血壓上升。

從腦下垂體的結構也可看出神經和內分泌這兩個系統的盤根錯節。腦下垂體的後葉和前葉不同，並非內分泌腺體，而有許多神經纖維和來自上方的下視丘神經細胞末梢。因此，血管加壓素不是由內分泌腺產生的，而是來自大腦的一部分——下視丘。

血管加壓素還有一個名稱，那就是抗利尿激素（antidiuretic hormone）。因為這種荷爾蒙也會把腎臟分泌管內的水分回收到血中，增加血液量，因此尿量減少。瑪格麗特在失血時幾乎沒有尿液，這也是個原因。這就是大自然維持我們體內平衡的種種方式。

若瑪格麗特的輸血量夠，可使她的血壓上升，但還不足以回復正常紅血球的數量，這時就需要另外一種荷爾蒙的作用了。紅血球生成（erythropoiesis，來自希臘語，意思是我製造出來的紅色產物）是發生在我們脊髓當中的活動，而生成的速率主要是看血液中的氧氣濃度。血液中的氧是由紅血球中一種攜帶鐵質的蛋白質分子——血紅素（hemoglobin）來負責。失血時因紅血球減少，氧氣濃度就跟著降低，也就刺激腎臟的某些細胞分泌紅血球生成激素（erythropoietin），這種荷爾蒙的作用就在進入血流，指示骨髓製造更多的紅血球。

除了紅血球生成，全身的代償機制在血壓一往下掉時就會立刻動作。這一套裝備的目的就在確保腦部和心臟不致因缺乏養分和氧氣而衰竭。除非因失血過多，代償機制根本來不及反應，這套裝備的運作一般來說都相當精良。瑪格麗特從麻醉醒來後，她的心、肺功能都沒有受損，一旦體內的血液充分，腎臟的作用也回復正常了。這個樂天、幽默的女人又和往日一樣機敏，藍色的眼珠閃耀著光芒。在手術完畢的恢復期和日後，一點都看不出她曾如此貼近死神。

上面還提到一種能在局部發出訊號的分子，也就是體內特定組織中的細胞會分泌化學物質，使附近的區域做必要的應變，對刺激做出反應，或助長某一「事件」——如發生在組織的局部增長。前列腺素（prostaglandins）就是一個很好的例子，這種化學物質會因應周遭組織需求的氧氣和養分多寡，來使血管收縮或擴張，這種應變的著眼點仍是體內平衡。不管如何，所謂的生命就是保持恆定的舉動。

瑪格麗特心血管系統的立即反應，讓我們看見無數建造在我們身體裡的其他自我控制機制。儘管大失血非常危急，需要及時行動，身體組織仍有許多監視和校正問題的方式。在每個地方，細胞製造化學副產物。當這些副產物進入內在環境，這些影響會改變循環中血液特性，就會催起維持體內恆定的反應。比如在平滑肌細胞裡的組織液，可以減少氧氣量或者增加二氧化碳和酸性物質，或者增加血液，帶來更多氧氣，或者帶走二氧化碳和酸性物質。循環的化學物質比如腎上腺素或者多種壓力調節荷爾蒙，只要身體組織需要便會時時調整，直到達成平衡。我們的細胞只要活著，就會不時改變需求，這些資訊是透過組織液、血液和神經脈衝訊號傳到其他細胞去，身體才知道如何反應。自身的改變引起整個機制的動作，隨後回歸到體內平衡。這一連串連續不絕的資訊和經過微調的答案，就是生物生命的總體樣貌。

關於瑪格麗特描述的疼痛，必須在這兒討論一下。瑪格麗特記憶猶新的是左肩像子彈射中一樣，而且一仰臥就痛苦難耐，因此無法躺下，只好筆直坐著被抬上救護車。為何腹部受傷的人會覺得肩膀疼痛？為什麼躺下反倒更嚴重？答案就在神經系統：橫隔膜上傳達感覺的神經和肩膀上的感覺神經，均源於脊柱的同一個斷面。因此瑪格麗特一躺下，在腹腔中竄流的血液刺激到橫隔膜，然後把痛覺經由脊椎傳到腦部，瑪格麗特才有疼痛的意識。然而橫隔膜和肩膀的痛覺神經纖維在脊柱中緊密相靠，大腦皮質無法區分痛覺是來自肩膀或腹部，因此瑪格麗特的肩膀也覺得很痛，這種現象就叫作「轉移性疼痛」（referred pain）。心肌梗塞的病人常會合併左手上臂疼痛，也是這個道理。這種疼痛就是醫學生學習診斷的第一課。

我們從瑪格麗特身上取下的脾動脈切片、脾臟及一小塊胰臟等標本送到病理科。動脈破裂之處經過染色之後，接著膠封於玻片上。在顯微鏡下看來，就是病理學醫師口中的「好發於後生殖年齡婦女體內的退化性改變」。這次瑪格麗特所患的疾病，可說是女人殺手。這種特殊的動脈瘤最常見於多產的女性，比如有過五次或更多完整孕期者，這恰恰就是瑪格麗特所處的情境——在那個讓人忘記不了的晚上，她就是因為如此才躺在急診室的手術床。

導致瑪格麗特脾動脈破裂的是一種纖維生成異常（fibrodysplasia）。造成異常的也許是因懷孕時荷爾蒙的變化，或是胎兒變大導致流入脾臟的血流增多，脾動脈血管中層變薄。這種血管中層肌肉的薄化也可說肇因於彈性纖維的破裂。事實上，懷孕時產生的兩種荷爾蒙彈力素（elastin）和鬆弛素（relaxin）可以使肌肉韌帶放鬆，以便適應子宮脹大和生產所需的情況。但這兩種荷爾蒙也會使血管變薄，如瑪格麗特罹患的血管瘤或常見的妊娠靜脈曲張等。

身體的運作也不是萬無一失的，這就是反叛之例。荷爾蒙往往要回應某些特殊情境，隨之而來的副作用便不太吸引人，但這與它們的特質相關。在荷爾蒙應變特殊狀況之時，也會有些副作用。彈力素和鬆弛素使得懷孕婦女關節中的纖維組織和彈性組織放鬆、變薄，特別是骨盆，因其必須容納膨脹的子宮，且在生產時也需要擴大出一條路來讓胎兒娩出，但是這兩種荷爾蒙也會使血管壁變薄，這就是脾臟動脈變得脆弱的原因。一再地懷孕之後，血管壁就愈來愈脆弱，在某些地方造成膨出，導致血管瘤的生成。在收縮壓的衝擊之下，很可能突然爆裂開來。當血壓升高到一百二十時，只有少數幸運女人能免於讓體內窩藏的小囊袋爆開。

瑪格麗特能從八月周日中午感到身體不適時跑開，真的非常幸運。她感覺到：「我體內的爆炸……就像……轟！」她能從第一次病發中活下來，是由於身體習慣圍住病灶，這個幸運的血管瘤先被包住。要是沿著胰臟往上，就能在腹部背面一處相對小而封閉的地方找到它——我們稱之為小囊（lesser sac）。小囊就像一個攤平的皮包，正面在胃部後面。當動脈瘤爆開，血液快速填滿小囊。一開始很難把血擠出來，大失血就遭小囊壓力止住。移除手術後一看，裡面有個非常大的血塊。

在瑪格麗特小囊中的壓力，就是她連六周腹痛到倒下的原因。小囊裡面持續緩慢注滿血液，直到小囊再也無法容納，就在這時，大出血流向腹腔，如果不做些什麼，患者很快就會死去。臨床醫師稱之為「二度破裂現象」，一般而言，脾臟血管瘤破裂的患者中只有四分之一有這種二度破裂的現象。

這種情況非常罕見，大概只有一％的後生殖年齡婦女會有脾臟血管瘤。這些病例當中只有不到五分之一的病患剛開始除了疼痛，別無其他症狀，而只有不到二％的脾臟血管瘤病例會有破裂的現象，故大約每一萬人當中，只有二個會遭遇脾動脈血管瘤破裂。一般而言，女性罹病率為男性的四倍，而且多發生於多胎經產婦身上。難怪這種晴天霹靂的大難會找上瑪格麗特，也只有靠著大自然賜與我們的體內平衡機制，人才得以放手一搏，扳回一城。瑪格麗特就是最典型的實例。

Chapter 3

Of Nymphs, Lymph and Courage in the Face of Cancer

淋巴系統

靜脈不只是把血液帶回心臟的導管。遠自希臘的黃金時代，醫學之父希波克拉底就已發現到，體內錯縱複雜的管道中會流出一種乳白色液體，他認為這是脂肪經過消化的結果。他的想法沒錯，但經過了兩千多年，我們才得以認清這些流回血管的細小管道的功用，而這些管道只是整個網絡的一部分——淋巴系統。

過去已知淋巴系統很複雜，不只是輸送腸內脂肪消化過後的產物。這些長達好幾公里互相連結的管道，主要目的在於把細胞間多餘的體液回收到循環系統當中。此液體和濃稠的血液相比，顯得較為清澈、透明，是為淋巴。

「我唯一的摯愛，妳那明淨的雙眸正如土耳其玉，藍得亮麗。」有多少壞情詩要承受好詩加諸的負擔？在這句情詩中，「明淨」這個字眼的英文「limpid」可溯自拉丁文「lympha」，這個拉丁字又來自希臘文，指出現在林間、水畔的仙女寧芙

（nymph）。古代醫師在靜脈中發現這種澄清、純淨的液體時，就稱之為「lymph」，中文音譯為「淋巴」（此乃受日文外來語的影響），主要是指滲回到血流中的組織液。

我在前一章提到，物質可在微血管的管壁進出，讓養分得以進入間質組織，而廢物也可排泄出來，由微血管帶回。而決定傳送速率的關鍵，在於管壁內外物質的濃度或壓力差別，壓力高的一方就往低的一邊傳送。在微血管床靠近小動脈的一端壓力較高，因此就向微血管外和壓力較低的小靜脈那邊輸送，反之亦然。這些液體的進進出出，主要就在維持我們體內的平衡。然而化學物質和液體不同，其傳輸主要是看在管壁內外的相對濃度，也就是高濃度的地方傳送到低濃度之處，以達成兩邊分子數量的平衡。

一般而言，從微血管床滲出的液體比較多，回收的比較少，因有一些已留在間質組織當中。為了彌補這種不均，和靜脈並行的淋巴系統開始作用。淋巴系統也有如微血管般的細微管道，就是細淋巴管，再逐漸會合成為淋巴管，最後再合成淋巴總管，進入鎖骨下靜脈（subclavian vein），也就是在頸部左邊鎖骨下，之後才進入心臟。因此，淋巴系統的主要功能就在排除間質組織過多的液體，並收集從微血管壁漏出的蛋白質。

每一條細淋巴管的末梢分支會互相重疊，但是並沒有連接在一起，因此若組織間的壓力大於管腔內部，液體則被推入其內，如通過單向瓣膜，之後就不會再滲出了，即使淋巴管內的壓力較大，管內的液體也不會再回流。這種機制使得一些較大的物質，如蛋白質分子從微血管進入到淋巴管後，就不會再回去了。由於細小淋巴管通透性較佳，蛋白質分子就很容易進入管內，成為淋巴的一部分。當然，管內壓力較小也是把物質吸引入內的一大原因。血壓在血液從小動脈流到微血管床時會逐漸減弱，原因很簡單。液體推進到動脈末端的微血管時，那裡血壓比較高，然後重新順流進入靜脈，血壓就會比較低。

一旦進入淋巴管，液體就和其內含物混合，成為淋巴液。腸壁也有一些特別的細淋巴管是為乳糜管（lacteal），可把消化後的養分蒐集起來攜入血流中，這也就是希波克拉底觀察到的物質。

較大的淋巴管壁有三層結構，和靜脈類似，最後的目的地就是鎖骨下靜脈，就此回流到血液，也就是說淋巴液會從全身各處如四肢、軀幹、頭頸等，回到心血管系統當中。淋巴管不像血管，沒有心臟壓縮產生的壓力帶回液體，而是憑藉肌肉收縮和器官運動，把淋巴液從身體周邊帶回到靜脈。在這條路徑上，時常會碰上一個個像是海棉般、核桃狀的結點，這個有如車站的地方就是淋巴結，可過濾廢物，也可做臨時倉庫，暫時存放物質。

一般淋巴結直徑都在一公分以下，由一個纖維囊包裹著多個海棉般的小房間，有如過濾器般，淋巴就從一頭滲透至另一端，再繼續這一趟旅程。這個小小的結構因此和淋巴系統的另一項重要工作有關，亦即預防疾病和對抗病魔。

小小的淋巴管除了運送大的分子如蛋白質，還有組織殘片、細菌、病毒和腫瘤細胞等。淋巴循環系統出現病菌時，通常可成功反擊，將之殲滅。然一旦全面失守，後果就難以想像，反倒成為微生物或癌細胞加速蔓延的途徑。因此，面臨癌症威脅時，淋巴系統的角色就有點曖昧，最前線的尖兵也有可能倒向敵軍，成為受其利用的工具。脾動脈瘤就是其中一個例子。

惡性腫瘤和其他組織最大的不同，在於可擴散到遠處，不像正常細胞只會一個緊挨著一個滋生。這種擴散就叫作轉移（metastasis，出自希臘文，意思是從某處搬到某處），這也是癌細胞之所以能攻陷全身的原因。無可諱言的，循環或淋巴系統就是轉移的最佳管道，癌細胞可藉此找到新家。

癌症的發生是由於細胞中的DNA受到致癌原（carcinogen）的影響而生變，導致細胞產生不正常的增生。在最早期，也就是DNA被改變之始，若可以遏止住，就能挽救大局。其實，我們身體的免疫能力和其他機制，如抑止癌細胞複製的基因發揮作用等，都可以避免惡勢力的擴大。

即使不能防微杜漸，癌細胞順利在體內生成，身體也不會輕易宣告放棄。先是加以圍堵，限制惡性細胞的成長。即使癌細胞已大舉入侵心血管或淋巴管的細管，也只有少數能到達其他器官。這些侵犯者不一定能打敗器官本身的抵抗力，成功地進行轉移。

不少因素可以決定多少細胞能進入心血管或者淋巴管，但最重要的或許是原發腫瘤生長的速度，它們生長得比細胞快。大抵而言，九〇%以上進入血管的癌細胞都在肝和肺部的微血管床中被捕捉、殲滅。而癌細胞也會激起我們體內免疫系統的反應，免疫系統於是製造名為抗體（antibody）的蛋白質分子來摧毀癌細胞，和其擊敗細菌或病毒的方式相似。免疫系統同時也會動員淋巴結中的T細胞，使它們和入侵的癌細胞作戰。

而免疫系統的主要持色是區分什麼屬於我們體內、什麼是外來的入侵者，也就是能分辨敵我。一旦辨認出非我族類的外來者，便會群起消滅之。正因許多惡性細胞的成分並不屬於身體，因此近年來重要的癌症研究方向之一，就是加強免疫系統的監督和應變能力。

在癌症中，淋巴管和淋巴結所扮演的角色尤以乳癌的轉移最為典型。癌細胞隨著腫瘤的生長，慢慢滲透到細淋巴管或其他的部位。有一些會為淋巴液所攫獲，帶到附近的淋巴結內，對大多數的乳癌患者而言，就是在腋窩淋巴結。這些淋巴結有如過濾器，篩除從乳房而來的腫瘤細胞，此外腫瘤也會刺激淋巴結內的免疫細胞起而抗敵。

腫瘤會在遙遠不相干的淋巴結上造成類似的結果，也會在脾臟處生長。在這則病例中，該處遭入侵的淋巴結有數種能對抗大規模惡性細胞的策略。不幸的是，這些策略並不總是有效，有時不少癌細胞能毫髮無傷地通過淋巴結，進入淋巴通道，可能就會留在那裡。它們也可能跟著淋巴液進入血流，從那裡再跟著進到心臟或者肝臟、肺臟和骨骼。

總括來說：大量癌細胞進到血液就會被殺死，特別是在微血管，就像上述提到的那樣。但如果癌細胞散布在循環系統裡，有些腫塊和獨立細胞就可以安全進入遠處器官的微血管床。如此一來就算遭到身體的強力反擊，進入循環的癌細胞還是有〇．〇〇一％可以在化學攻擊和先天免疫系統防禦下存活。甚至，還能在這趟危險旅程中找到先機，不過還是無法確知，少數倖存者最後會在哪裡找到新家。就像播種，它們最終存活與否，都要看土壤和氣候的狀況。如果新的器官適合繁衍，微血管會為寄居的癌細胞帶來營養，接著它們就會開始倍數成長。

若是腋窩下的淋巴結已遭癌細胞入侵，而且已在那兒繁衍，就是淋巴結轉移。雖然有些淋巴液會流往胸骨下或鎖骨下的淋巴結，但絕大部分的乳房淋巴液還是流向腋窩下的淋巴結。如果我們體內的自然防衛體系無法消滅這些惡性細胞，它們就會開始在腋窩淋巴結中增生。

多年前，一般認為乳癌及其他癌症是癌細胞從器官直接擴散到淋巴結的。由這個假設看來，以外科手術移除整個遭到癌細胞侵犯的組織，包括淋巴結的區域，應該頗具療效。一八八三年起，霍斯泰德醫師（William Halsted）等人開始進行這種乳房全切除術（Radical mastectomy），治癒率的確大幅提高，但還是沒有如預期般高。多年之後，醫學界才發現，腋窩淋巴結有癌細胞存在，不只代表癌細胞已離開乳房，到達淋巴結，更已蔓延全身。由於血管和淋巴管相連，我們不能說淋巴結是癌細胞的終點，而只是「到此一遊」的證據，其實癌細胞可能已經跑到遠方組織了。

由於這個認知，手術的方向改變了。現在我們只切除腫瘤的原始部位，也就是癌細胞的發源地。此外，外科醫師還會移除足夠的腋窩淋巴結放在顯微鏡下觀察，推算一下癌細胞轉移的情形。下一步就是化學治療，以殺死血液和淋巴液中的癌細胞，在癌細胞轉移之前就徹底殲滅。基於這個原則，手術的部位則縮小至腫瘤和鄰近的一圈組織，特別是腫瘤還很小時，這就是所謂的乳房腫塊摘除術（lumpectomy）。至於剩下的乳房組織，還需施予放射線治療。

後來，有許多患有乳癌的婦女都接受了這種乳房腫塊摘除術，發現效果更佳，當然腫瘤不可大於五公分，否則就不能達到預期的成效，超過五公分的話，還是得移除整個乳房組織。自從一九七〇年代起，乳癌的治療開始因應不同的需要而給患者不同的選擇，由手術、化學治療和放射線治療互相搭配，決定的關鍵則在於腫瘤大小、淋巴結轉移的數目、顯微鏡下的惡性組織型態和荷爾蒙的研究，如腫瘤上是否有荷爾蒙受器等。

對乳癌的移轉了解愈深，患者所能得到的幫助就愈大。由於早期診斷就能早期治療，許多婦女就不必犧牲整個乳房，而乳癌的治癒率也日漸提高。即使沒有完全治癒，之後的生活品質和健康情況也不錯。

十幾年前，我曾照顧過一個歷經乳癌摧殘的婦女——夏倫·費雪（Sharon Fisher）。這例子充分描繪出淋巴管和淋巴結在乳癌演變歷程中的關係。但不只是這樣，她的故事以自己的方式體現了一連串癌症與身體的箇中關聯，以及身體怎麼試著消滅癌症。

打從第一次見面，輕言細語、溫柔親切的她，就給我相當深刻的印象。她眼裡所看到別人的和善，也許都是自己的善意透過他人眸子反射出來的——她就是這麼善良。她的樂觀，其出發點就在於一種純粹的期許態度。有些人同樣會去期待好事發生，我真心相信事情發生時，這些人也能一直都這樣想，但並不是每次都能如此。

我們的外科檢查室只是個簡陋的小房間，設備只有幾個櫃子、一個長長的架子和一個洗手檯，當中則是一張狹窄、有著鋪墊的檢查檯，重要的肢體接觸和情感交流都發生在這裡。

檢查檯上有一盞可移動的手術燈，有如巨眼巨人那永不眨眼、冷酷的獨眼，燈光沒有生命地閃動著，狹小圓圈的光源侵入病人衣物之下的身體，預備要做侵入式檢查。在四處梭巡的眼睛和手指檢查之下，所有事情無所遁形。但沒有劇中全體人物的相互合作，整個空間就彌漫著潔淨的冷清。

然而主要的角色醫師和病人一來到，整個場景就活了起來。他們在這兒第一次碰面，病人是個乳房上有腫塊的女性，在她眼裡的醫師通常是身穿白衣，以聽診器做裝飾而具有威儀的男性。憂心而又不自在的她，發現自己難以面對醫師的凝視，她強烈感受到醫生的每個動作，還會試著在話語之間尋找重大資訊——即使是一開始的問候語。她覺得醫師身影好像巨大得可以占滿整個檢查室。

醫師心中的感受則不然，真正淹沒這個檢查室的是病人——她的憂鬱和需要。一開始，一切渾沌未明。氣氛有點沉重，醫師心知在離去之前非得有個決斷不可，這些決定會影響這兩人未來的每次會面，以及可能會改變其中一個人的未來。醫生敏感地察覺到，他的專業就是要在有新病人的時候，表現得不那麼具威脅性。他試著降低存在感，不要影響到他真正想傳達的意思，並順利讓眼前這位把性命交付給他的女人知道。他所要表現的，與其說是醫學這門科學，不如說是醫學的藝術——將心比心地替病人設想。有些人做得很好，但有些人從來不在乎。

夏倫高高地坐在檢查檯上，等我檢查。她拿到了一件拋棄式檢查服，但沒有人知道要怎麼穿，然後她穿好後就不太自在地坐著。那天是一九八五年，五月二日。

日後她對我說起這一刻，她說，雖有點擔心，但看到我，還是有一種安全感。也許轉診醫師沒有告訴她，她之所以需要來找外科醫師看診，就是因為她左胸的腫大需要做個簡單檢查，以便確認他的判斷沒有任何問題？無論如何，她的確該像平日一樣樂觀、開朗，畢竟她目前已懷孕二十幾周，正沉浸於再為人母的幸福，打算給三歲大女兒——美麗的潔西卡，再添一個弟弟或妹妹。她告訴自己，檢查完畢，她就可以和先生柯特開車回家，回復安詳、平靜的日常生活。她坦承之前實在不想接受檢查：「我本想忘了。我才不想看什麼外科醫師，做什麼切片檢查。反正忘了就算了，不會那麼倒楣的。」

把夏倫帶來門診的原因也很不尋常。事實上，這個醫療程序就像是要我來跟這個女人保證她胸部沒有新腫塊，儘管有點不尋常，但看不出來跟普通懷孕的差異，也不足以進一步檢驗。通常，甚至連取個檢體都不用。然而有一天夏倫運動過後，左胸上方有點疼痛，她在一周後例行產檢中跟助產士提起，對方建議做檢查，後來當婦產科醫師出現時，一通電話就打到我的辦公室。

我看門診有個原則，就是不管多麼忙碌，還是盡快幫有乳房問題的病人檢查。對女性來說，發現乳房腫塊鐵定是一大打擊，因此我不願她們因不必要的等待而憂心如焚，希望早點給她們明朗的答案，無論是沒有什麼大礙的良性腫瘤，或是已可進行確切的診斷和治療。

助產士和婦產科醫師都沒有想到是癌症，特別是我現在有孕在身。但是為了安全起見，他們還是希望我讓外科醫師檢查一下。我雖緊張而害怕，但心想懷孕的我應該不會得到癌症吧。更何況，我還年輕，就我所知得到癌症的婦女多半是比較年長的女性，而且我的家人也沒有癌症病史。因此雖然有點忐忑不安，我還是說服自己，一定不會有事的。

我也認為如此，但過了十分鐘之後，我的想法改變了。翻開夏倫的病歷，一開始我還放心，因為她在這兩次懷孕之間患過囊狀乳腺炎，因此婦產科醫師曾給她藥物治療，消除了疼痛。我也一度因夏倫的情況而不疑有他——目前懷孕、現年三十五歲，而且無惡性腫瘤家族病史。乳房疼痛不一定就是罹患癌症。然而我心中仍然不敢忘記，自己信誓旦旦地教導醫學生和住院醫師的：

對女人來說，自己的乳房讓人觸摸、檢查絕非輕鬆自在的事。只有醫師斬釘截鐵地告訴她「沒問題」，她那恐怖的想像才能停止。現在的女性已從書中或別人的經驗得知很多相關知識，因此不可能心情平和地接受檢查。不管她是否聽過這個駭人的統計數字——「每十個美國婦女當中，就有一個罹患乳癌」，她還是知道這種疾病的普遍與威力，害怕手術，並因疤痕和治療的痛苦而怯步。病人的焦慮會日益嚴重，胡思亂想，擔心自己失去自尊、愛情，甚或生命。

任外科醫師也不會想到，最尋常的胸部檢查會激起如此曲折的心理波瀾。不管是年度檢查、職前體檢或者乳房手術檢查，從病人觀點來看，沒有什麼檢查是不恐怖的。無論如何，這種檢查有如高風險賭注，不可因輕忽、匆忙，只看表面，落個全盤皆輸。

即使為夏倫檢查的醫師忘記不能只看表面，還是不得不注意到她左胸上方的小突起。那長約七公分、寬約五公分左右的區域，在我手指輕輕觸摸之下，可感受到有一些顆粒，事實上，這些顆粒已又粗又硬。

另一個更引人注目的特點是，夏倫的乳頭皮膚已經硬化、變厚，上半部有不規則的皺褶，和另一邊的細緻完全不同，而且那皺褶似乎已超過乳暈的邊界。除了發炎的粉紅色澤，這個部位的皮膚就像柳丁皮。這種隆起相當典型，恐怕不妙，通常是癌細胞已阻塞乳房的淋巴細管。我在自己寫的教科書上提到這樣的案例時，描述如下：「有時候會見到不尋常的腫塊，在組織下呈大塊隆起，但從它的厚度跟水腫程度來看，大到只可能是大型腫瘤。」

面對這種情境，我不得不收起看門診時的撲克臉，露出溫柔的神情。我一邊跟她聊天，一邊完成乳房和腋窩的檢查，小心觸摸她那隆起的腹部和頸部淋巴結，希望這些地方不要有腫瘤成長的蹤跡。至少在這時候還沒有徵兆，我們後來檢查才知道病人的腫塊已不限於胸部。

下一步要做的相當簡單而直接，也就是用空針抽吸活組織檢查。在皮膚做局部麻醉後，就將粗針插入腫塊，吸取其中的液體和組織放到玻片上，再由病理科醫師拿到顯微鏡下查看。

告訴夏倫我準備怎麼做之後，她的信心在此時開始動搖，「我希望檢查結果沒有異常，但我還是有不祥的預感。我知道身體一定有不對勁的地方。」

夏倫的預感沒錯。據病理科醫師的報告，她的玻片歸類在第四級，也就是「有惡性的可能」，而第五級就是千真萬確的惡性了。我們還需要進一步的證據，在診斷百分之百確定後，才能開始痛苦的癌症療程。

由於夏倫有孕在身，我決定以手術做切片檢查。兩天後，柯特帶夏倫來到門診，我為夏倫局部麻醉後，從她身上的腫塊切下一片組織。我一下刀，指尖立刻感知腫塊如砂礫般的粗糙，這個惡性腫瘤完全顯露猙獰的面目。病理科醫師立刻將標本冷凍、檢查，結果一出來，立刻回報給我。腫瘤不只已經惡化，乳房淋巴管也有癌細胞的行蹤，它們正準備大舉入侵下一個目標——腋窩淋巴結。

我走到外面的恢復室，夏倫已穿好衣服，和她先生坐在木椅上，正要聆聽宣判。她心裡已有最壞的打算。雖然我刻意保持充滿希望的語調，她聽了之後還是悲不可抑。

我真想掩耳不聽，一顆心直往下沉。第一個念頭想到孩子，因為目前懷孕，我很擔心寶寶的狀況。我知道醫師不想讓我受折磨，我必須立刻決斷。我不想放棄肚子裡六個月的寶寶。日後我將會如何？經驗告訴我難逃一死。但是，我想我的生命不會這麼快就結束的。我必須撐下去，不管如何，一定有活下去的辦法。想到乳房全切除，我的心就涼了半截，但我一心一意想活下去。我聽到結果是惡性的那一刻，忍不住哭出來。先前我完全沒有掉一顆淚珠。

我告訴夏倫和柯特這對夫妻，由於腫瘤太大，不能只做部分摘除，同時盡量對腋窩淋巴結的狀況表示樂觀。我說，再三觸診之後，發現沒有淋巴結腫大或硬化的現象，這該是個好消息。然而，我還是據實以告，表示有四分之一的乳癌病人在術前的檢查下，仍無法發現淋巴結已遭癌細胞入侵。我之所以這麼說，是希望他們心裡還是有一點準備，免得日後果真轉移到淋巴結時，沒有辦法接受打擊。此時已不必再給他們一記悶棍，告訴他們，夏倫的淋巴管已出現癌細胞，所以轉移到淋巴結的機率已高過二五%。我希望夏倫能挺住，畢竟翌日她就得進手術房了，我在統計數據上尋找能使我跟我們暫時安心的依據。看起來這對我們都好。

第二天一早，夏倫就辦好住院，再過幾個小時就得接受手術。夏倫說：「那天，我的神經緊繃，坐立不安。我在病房哭了又哭，心中滿是憂慮，不只擔心自己的病情，更害怕肚子裡的寶寶會受到影響。」

我們移除了夏倫的乳房和所有的腋窩淋巴結，盡量保持她胸腔壁肌肉組織的完整。病理科醫師檢查這些標本切片後，確認在三十七個淋巴結標本中，有兩個成團的癌細胞，這些細胞就是由淋巴管來的。進行這種全切除手術的婦女，五年後的存活率約為四七%，因此還是有一大半難逃癌症的魔手。

在我告知夏倫淋巴結有癌細胞那天，我已當了二十多年的外科醫師。然而這二十多年來，我發現自己對於這種消息還是難以啟齒，許多醫師或許也有這樣的感受。我們之所以進入醫療這個領域，是希望能幫助人、救人一命。雖然疾病有時會打敗我們，讓我們飽受挫折，我們還是得有堅定的信念，相信我們的意志和專業技能終會獲得最後勝利。雖然診斷方法和治療法推陳出新，我們在面對新的疾病挑釁時，卻益發束手無策，先前的信心不得不開始動搖，在未知的考驗中載浮載沉。因此壞消息從我們口中溜出時，我們心裡真的很難過。不僅為病人，也為自己的無能。在眼見一敗塗地的某個關頭，我們必須與前來求助的男女分享目前所知，給予支持顯得愈來愈重要。當醫生說出壞消息時，當中總是有病人的憂慮和我們的憂傷，還有無法做得更好的挫敗。不知有多少次我告訴病人或家屬，病情不像預期樂觀的時候，我總是覺得自己讓他們失望了。

壞消息總令人難以啟口，特別是面對這樣的病人——年方三十五，已懷孕六個月的孕婦。我怎忍心破壞這迎接新生命的喜悅之情？我想在這個時候，醫師的誠懇和輕言細語非常重要——這不只是善待病人的方式，也可讓自己內心免於粗暴。直接看進另一個人眼底並且共同承擔，這種安慰有著不可思議的效果。有時候，握住病人的手要比一句「我很難過」來得有用，畢竟醫師和病人還須攜手共赴艱苦的療程。

聽到我的淋巴結中有癌細胞，我真是恐懼萬分，還好為數不多。我一直告訴自己，一定有辦法活下去。我根本沒有時間生病，沒有時間面對死亡。我下定決心，再苦也要撐過去。

這時，我和夏倫尚不知道更可怕的還在後頭。乳癌婦女不斷透過荷爾蒙療法，測試自己的腫瘤對女性荷爾蒙如動情素和黃體素的反應。總之，未來就要看這種測試的結果是正、是負。我們在研究夏倫的乳房腫瘤時發現，找不到有這種反應的證據。不過，我很懷疑這個負的結果，因為懷孕時荷爾蒙濃度的升高會有影響。

病理科醫師證實這個腫瘤之大，直徑長達七、八公分，而且在顯微鏡下看來，已入侵到乳腺管以上的部位。細看這腫瘤的各個面向，可見癌細胞已長驅直入淋巴管。

此時，樂觀已難以為繼。腫瘤是如此之大，已入侵淋巴管、擴散到淋巴結，且荷爾蒙反應為負，也就是面臨惡性腫瘤的威脅時，荷爾蒙也沒有作用，這些都是壞消息。有以上特徵的患者，大多在術後兩年內會再發病，五年後的存活率則降至二五％，但從淋巴結中只有兩個成團癌細胞的情況來看無法預知。我寫了一封信給夏倫的婦產科醫師：「從腫瘤擴散的程度和臨床表現看來，預後長期看來恐怕不佳。這麼說或許有錯誤的可能——但願，我真的錯了。」

這個願望沒有實現，夏倫不得不接受治療。我和夏倫、柯特討論了化學療法，並安排他們和腫瘤科醫師相談。腫瘤科醫師擔心這六個月大的胎兒會在療程中受到傷害，因此建議產後再進行治療。

夏倫夫婦決定了之後，反倒暫時鬆了一口氣，於是和女兒前往俄勒岡州鱈魚角的度假小屋過了一周。他們在六月底回來新港醫院檢查。我看乳房全切除術的傷口癒合得很好，夏倫也神采奕奕，準備迎接下一回合的挑戰。柯特還是和往常一樣堅強，就像標準新英格蘭人：

他一直待在我身旁。雖然不大愛直接表露自己的感情，我想他必定痛徹心扉，但他還是表現得一樣平靜、讓人信賴。他總是對我說，一步步慢慢來，不要急。

八月二十二日，夏倫接受剖腹產，生下了將近四千公克的胖娃娃，取名維多莉亞・雷根・費雪（Victoria Reagan Fisher）。這名字特別是要感謝我，因為維多莉亞是我長女的名字，所以她也會被叫作多莉（Tori）或者多莉雅（Toria）。多莉是剖腹生的，跟三歲的姊姊潔西卡一樣。生產同時醫師為她做了輸卵管結紮。產後，夏倫做了一連串因懷孕而延遲至今的檢驗：胸部X光、骨骼掃瞄、右側乳房的X光乳房攝影檢查等，結果顯示沒有殘留或新生的癌細胞。兩個禮拜後，她開始接受化學治療。

夏倫的腫瘤科醫師為她選了三種藥物：環磷醯胺（cyclophosphamide）、滅殺除癌（methotrexate）和氟尿嘧啶二酮（fluorouracil）。這種組合大約在十年前已成標準療法，需持續施行六個月，對於癌症的控制頗具成效，而且較無難以忍受的副作用。環磷醯胺主要是由一些烷基化物組合而成，可改變癌細胞DNA上的訊息。癌細胞遭到這種藥物的破壞後，就無法再復原了。而滅殺除癌和氟尿嘧啶二酮，則可干擾癌細胞DNA合成，防止惡性細胞繼續滋生。

化學治療真是令人討厭——說討厭還真是恭維它了。我不像其他人反應那麼劇烈，但腫瘤科醫師要我有心理準備，因為頭髮可能會掉光，而且身體變得難受。我告訴他，我不會變成禿頭的，因為我的頭髮只有稀疏一點而已，並沒有掉光。

我倒是老覺得噁心想吐，往往一回家便爬到床上，想好好睡上一覺，直到最難挨的時刻過去。有時我覺得累得不得了，但這種噁心並不會比害喜嚴重。直到化學治療的最後，我才真的嘔吐出來。也許是快結束了，我才允許自己有生病的現象。

夏倫在一九八六年二月中完成化學治療，接著夏倫、我和她的腫瘤科醫師，開始準備長期抗戰。我和腫瘤科醫師一年中輪流診查幾次，確認是否有復發或新生的腫瘤。每一次她回來看門診，我們都可感覺到她和疾病對抗的意志力。打從當初診斷確定時，她和她的先生絲毫沒有退縮之意，決心打敗病魔，好好地活下去。

兩年過去了，夏倫好端端地回來門診，此時我對長期的預後才有信心。在這值得賀喜的兩周年，我第一次認為，或許夏倫的情況沒那麼糟。然而又過了一年，夏倫到我門診檢查，發現右側乳房有些微的凹陷時，我那新生的樂觀似乎又遭到威脅。那個硬塊和三年多前左乳房惡性腫瘤的位置如出一轍。皮膚看來還滿正常的，只是有點軟塌，看起來比醫學檢查的影像還要不明顯。要不是她的病史，我真要認為這是乳腺炎了。我建議三個星期後，也就是夏倫的月經周期結束後，再回來檢查。

再度回診時，凹陷依舊如此，並沒有出現可怕的腫塊——除了眼前的女子在三年前確診乳癌。我決定再等兩周。兩周後夏倫來就診，那個部位還是一樣。我想事不宜遲，建議他們做切片檢查。

他們再度回診的那天，幾乎和三年前接受判決時同一天。同樣地，我切下一塊乳房組織。

不同的是，這次的腫塊很小，小到我可以立即摘除。三十分鐘內，標本已冷凍好，送到顯微鏡下研究。結果裡面沒有癌細胞，只是單純的囊腫，和夏倫過去的良性發炎一樣。

十二年後，夏倫和柯特又回到我門診，討論日後的可能和目前的選項。我搜索著溫和的字眼來表達我的信念：雖是同一種疾病，但它對人體發動攻擊時，均有其獨特的方式，可說是因人而異。預後的好壞只是一種可能，而非事實。同樣的治療，每一個人的反應也不盡相同。統計數字和醫師的經驗只是大方向的導引而已。疾病的最後情況實在取決於我們體內那未知的因素，或許過了幾十年或幾百年，我們才得以了解。生物醫療科學的客觀化過程，帶領我們更靠近身體療癒的源頭，但我們還有很長一段路要走。

我想，這些看法已存在夏倫的直覺當中，我的解釋不過是證實她心中已知的。即使是在和乳癌作戰的初期，她已決心要復原、存活下去。近來，我問她是否曾求助於最近相當流行的另類療法。

我們主要依循醫師安排的既定療程，然而內在的力量也不容忽視。我們常聽人說：「萬一得了癌症，我真不曉得如何是好。」但我想，力量就在我們心中，端賴你如何運用。若是你不保持樂觀，就很容易自暴自棄。的確，有些非醫療的方式可以拉你一把，如冥想和智者的哲學等。如果水晶球能讓你有信心，這種訴諸神祕的作法亦未嘗不可。

我在接受化療時，我大女兒朋友的媽媽也和我一樣。她患的是霍奇金氏病，也就是一種惡性肉芽腫。以今天的醫療科技來看，對付這種病可說游刃有餘，但她就是認為自己沒有希望。她的藥物反應還不錯，但還是認為化學治療讓她病得很重，於是多次出入醫院。有一天，我想她該已經出院回家了，就打電話給她，不料她的家人告訴我，她因心臟病發而死。我想她一開始就認為這是癌症，再怎麼樣都活不了，因此大半時間都窩在床上，躲在棉被裡。真的，只要你認真地活下去，一定會一天天好轉的。我見過許多得過癌症，或者遇到更多壞事的人也是這樣。只要抱持樂觀的信念，縱使無法長壽，生命的品質還是不錯的。

我雖不是非常虔誠的教徒，但我想的確有某種更高層次的存在，在危急的時候，還是有一種我們可以依附的力量。我是被佛教徒帶大的，但我後來並沒有繼續信仰佛教，而是研讀聖經和學習書中的教誨。我們這些日子會去公理會教堂，但在癌症治療時並沒有加入任何教會。

放棄等於是一種自殺。家人需要我們、孩子不能失去我們，或許每個人生來都有某種目的，因此我們沒有自殺的權利。如果你說自己無法撐下去了，這是一種自私的想法。在接受化學治療時，我也曾非常難過，打算不再回去治療了。但繼而一想——我若放棄了，可能前功盡棄，我一定要活下去。我了悟到，自己的體內除了癌細胞，還有一種新生的力量日益形成。

夏倫述說的是人類對抗病魔的精神力量。但如果以為只要靠精神力就能戰勝疾病，那就大錯特錯。還是有人不放棄，最後還是死去——就像有人一開始就放棄了，但還是活了下來，跟錯誤態度也無關。我們往往會記住成果反映心態的例子，而忘記其他人的。夏倫述說了一個年輕女子因悲觀主義而付出代價的故事，而她在故事中求寄託。不管生命長短，她確信樂觀主義有助於生命的品質，樂觀對長壽的影響也不算罕見。只能說，我的醫學觀察帶給我許多相互矛盾的想法。

謹向每一位夏倫·費雪——永遠樂觀的女戰士致敬。

Chapter 4

Sympathy and the Nervous System

神經系統

在本書第一章最後，我坐在莎拉床邊，形容那夜發生之事是「夜晚的傳奇」。會用「傳奇」（saga）去形容瑪格麗特．韓森獲救的情況，算是我有意為之。這個詞可以追溯到印歐語系的字根，意思是「神聖異象的話語」。「神聖」（divine）一詞可以追溯到dei這個字根，其意為「明亮的太陽」或者「晴朗的天空」。對五千年前說著原始語言（ur-language）的人而言，一則傳奇便是一整組明亮太陽、晴朗天空這類具自然意象的話語或者故事。在「神聖」一詞的演進過程中，早期它可理解成「自然的」（natural），經過不斷轉換，後來才透露出「超自然」（super natural）的意思。在「傳奇」這個詞中，尋求某種一致性的我們也許可以從中得到省思，這詞畢竟涵蓋了性靈起源的不同觀點。對某些人而言，這是神賜，對其他人而言，這便是自然的本質。

我視瑪格麗特的案例為大自然的啟示。她之所以能順利存活，歸因於她體內的生物機制以及在她體內奮力搶救的一整個外科團隊，一經召喚便立刻精準運作。我視此為自然現象。比如腎上腺素與腦內啡就是直接生化反應，要是有人願意採集血液樣本和進一步分析，就能測量得出來。但礙於我們現在對人體認識有限，還無法研究透徹。當我們終於知道人體反應歸因於荷爾蒙與酵素時，可以想想不久之前，它還被當成個人蒙神恩寵的例子呢。我們多數人現在傾向用不同的眼光看待這些事情，但也有許多人看的是精神層面的事。它提供了一種合理解釋，科學基礎並不會讓這些事情變得不神聖。

在十九世紀中期，許多權威專家也不過就是普通人，他們相信活物是由一種未知能量形式組成，這讓人類不同於其他不具生命的物質。這股假設存在的能量通常稱為「生命力」（vital force），科學家和其他受教育人士相信它的存在，我們稱這些人為生機論者（vitalist）。生機論的概念跟宗教信仰無關，沒有什麼理論比它還要講究超自然或者理論解釋。某些生機論者開始上溯到西元前四世紀的亞里斯多德，他認定生命力是性靈的力量（無獨有偶地，他相信生命力發源於心臟），其他人認為它跟心智和靈魂都無關。顯然擁抱生機論的人沒有那麼愛好科學，因為他們相信未知事物和未知因素都是上天賜予的。

不少世俗生機論者因此被說服，認為生命力的起源並不能用一般物理和化學原則來解釋，但有些堅定的擁護者漸漸理解到，它受到尚未發現的自然法則所管轄。如果能夠證明這項特殊能量形式，他們就能推論生命力實驗室研究是可行的。

至少在科學家群體中，生機論已經在十九世紀下半葉失去了青睞，這時期的生物化學和生理學解釋逐漸出現在研究中，其實驗室成員數量不斷增加，範圍不限於歐洲，還有北美洲。這些所謂的機械論者，跟生機論者對立，尋求生命開展過程的物理化學解釋，贏了這場論爭也說服了所有人，除了少數死硬派以外。

即便生機論可能不再普遍，任何或者所有拒絕相信心智的人還是相信其存在，只是某些仍未經證實的能量形式，並沒有比當時解釋的一系列化學反應帶來更多生命現象。從狹隘的哲學觀點來看，生機論的普遍主張事實上才不管反對它的大量實證證據，它本質就是非物質的虛無，部分擁護者聲稱這就像神的存在是無可辯駁的一樣。

有些人還沒放棄某種形式的生機論，他們的同伴擴及到整個意識形態的層面，範圍從毫不質疑的信徒一直到最堅定的不信教者都有。在遙遠的光譜一端，可以發現某些層次較高的懷疑主義者，他們甚至質疑自己具懷疑態度的信念。他們對此抱持著開放的態度，生命體可以擁有某些非物質的特性，這是在非生命體中找不到的。他們是真正的懷疑主義者，準備接受什麼事都有可能，不管大量觀察的結果是否相反。

與生機論原則相悖的機械論，其證據數量壓倒性得多，不過只有二十世紀少數的科學家曾經質疑過這個問題。對現代科學而言，物理化學或者機械論的論點都變得不證自明。不管單一細胞生命體或者我們體內，我們稱作生命的條件特徵，都可操作成能經實驗證明的自然過程，其中不少在實驗室科技下都演示得出來。甚至食古不化的晚近生機論者都無法質疑基本生命機械論的基礎，每過幾十年就有更多證據出現。

除了化學和物理的交互作用外，科學思維的重點是要消除任何想要解釋自然運作的可能。研究者試著攫取自然的祕密，沒有什麼例子能比威廉・哈維（William Harvey）這位十七世紀發現血液循環的英國醫師還要清楚明白。哈維藉著近距離觀察，用一顆不斷探求答案的心，寫下機械論的肯定答案。他可沒有先入為主判斷，在一六五一年時他寫道：「自然她本身一定是我們的嚮導。」又說：「她用粉筆畫下的路徑就是我們的道路。只要我們與自己的眼睛商量，升高我們的眼界，從次要到重要，我們就能永遠加入她的祕密行列。」這個再簡單不過的片語詞彙「從次要到重要」，寫於三百五十年前，正如其所說，便是歸納法的直接定義，也就是科學研究的邏輯模式。

不管如何，我在此想說的是，人類尚未發現的事情，遠遠多過他們生物科學知識的總和。人類是以某種方式精心打造而成，這點比先天固有更重要——我們會從自然中收受稟賦以及用它製造出性靈，這也是我之所以用這個字的隱含意義。這樣一來，它被問起也是合理的，這樣的論證難道不是生機論的另一種形式？

事實上，生機論在此派不上用場。我的論證不需要任何「能量」，也不需要物質這類詞彙，更超出物理學或化學已經知道的事情。我要說人類身體就跟所有生命體一樣，每個構成要素都依循生物物理系統的優良研究原則，這使標準科學方法更容易使人接受。我不是要假設說，要了解人類身體組織的獨一無二，皆以發現新的自然法則、進而了解它為前提。我所說的性靈，視原則有沒有解釋清楚而定。在生機論者和機械論者的爭論中，我不偏不倚地站在機械論者這一邊。我的觀念不牽涉到非物質的材料。

我稱作性靈的特質，基於物理和化學現象的多樣性，就是其組織和整合的根本產物，這就是我們。它與人體各部位溝通的方式有關，並在另一個演化部位的控制之下協調一致，也就是人類的大腦。如此目標一致的複雜多細胞生物功能，便是多元資訊整合的結果，出於大自然的目的，這些功能僅僅是為了讓組織免於一死，或者至少要撐到它再生能力耗盡的一刻。

理性、認知和倫理跟身體本能不同，不像神經脈衝訊號的高速或者使動脈收縮的腎上腺素，後兩者是不可度量的特質。要理解我們生命中如此抽象和終究難以定義的因素，便須依賴它們在生物學甚礎的相似性。它們就是我們能幸運利用原生質的例子，天生內建的原生質可用來發展哲學體系，這已超越生存和繁衍的需求——不去限制規模，只限制直覺，或者僅僅維持細胞生命持續發展的必要性。

假使我聲稱性靈是人類生物學上的可能產物，這點如果是對的，接著探索的關鍵，就是開始盡可能學習現今我們身體的物理層面，從原子到器官層級都要理解明白。

對於相信生物學是命運之神的人而言，我們每個人就是細胞的總和，不多也不少。對於虔誠的簡化論者而言，我會回答生物學給了我們養分，但我們會榮耀它，並製造奇蹟。我們有潛力能走向各式各樣的分岔路口，或者也可能無處可去。經歷無數次實驗與賴以生存的少數原料，我們終究發明了人性。

在調整食譜的漸進過程中，生物學要做的法式燉菜就是人，直覺的醬料浸泡在動機和渴盼之中，那給人類生命帶來了滋味。我們這個不斷探索的物種，在試誤中回應長久以來周遭不斷變化的環境，我們就處於這個世界之中，我們緩慢地（慢到難以察覺）創造出今天的文明。

只有我們對人體生物學有所認識，才能了解自己。若我們要探索人性和性靈的奧祕，不妨從器官的組織和功能開始。在思索人類的本質時，除非我們握有精確、可觀察到的、能複製重現的證據，否則難以讓人信服。如果要闡明那難以捉摸的精神本質，則可從自然觀察入手——這就是亞里斯多德指引給我們的方向。他早在那本巨著《動物的器官》（*Parts of Animal*）道出對生命現象的著迷：「大自然中的一切，無處不讓人驚異。」

正如發現血液循環的哈維給我們的建議——以自然為師。依照自古以來科學家經由觀察得到的證據，生物的特質可分成下列各項：呼吸（Respiration）、血液循環（Circulation）、生理反應（Responsiveness）、適應能力（Adaptability）、消化（Digestion）、吸收（Absorption）、同化作用（Assimilation）、分泌作用（Excretion）、活動（Movement）、生長（Growth）、繁殖（Reproduction）。

這些特質都很重要，每一項都是生存所需。（血液循環算是例外，一般來說不會發生在單細胞生物上。）然而在性命危急之時，如呼吸衰竭或心臟病發作，以上順序就和急救的優先次序相關。若是面臨生命垂危的關卡，第一個考慮的就是維持呼吸道的通暢，其次是恢復正常的血液循環。其他賴以維生的機能，諸如消化、吸收、同化作用、分泌作用和活動等，都可暫時不管。當然，這些功能缺一不可，否則生命難以維繫。至於生長和繁殖，雖和死亡沒有直接的關係，卻是細胞繁衍、長存的關鍵。

儘管以下會談到所有生命的普遍特徵，我會特別限縮在你我身上，也就是脊索動物門、哺乳綱、靈長目、人科、人屬下的智人（*Homo sapiens*）。

呼吸即是生物從周遭獲得氧氣、使用氧氣再擺脫一系列過程中製造出來的副產物——二氧化碳。

血液循環的目的，多細胞生物像我們就會攜帶氧氣、養分和各種細胞和化學反應物質到組織和個別細胞，再移除細胞活動的廢棄物。在人類身上，以及在所有其他脊椎動物身上，血液循環是心臟跳動的推動力。

生理反應在早期被稱為應激性（irritability），其特質涉及生物能夠以某種方式接受環境的改變並依照外界刺激做出合宜反應。若有異物侵入皮膚，製造痛苦和紅腫，接著腫脹，身體藉著發炎反應要反擊，先孤立異物所在，接著破壞或者驅離它。在生物眾多傾向中，這算是一個簡單明瞭的例子。身體會感覺到環境改變，並結合其適應能力，使生命持續下去並妥善保護DNA，保證後代繁衍。談到適應能力，這份上天贈禮就複雜得多，它就像是我們利用後天成果去影響我們的本質。生理反應和適應能力的存在，就證明那些只在乎遺傳特徵的人是錯的，它不是影響行為和健康的唯一或者必要條件，更不用說我們打包帶走的一整組適應能力，其特質又受到無定性的生物智慧控制。

消化、吸收以及同化與另一個能力高度相關。在人類身上，消化會轉化食物，把食物變成小塊，讓薄薄的血管易於吸收，確保食物能進入胃部和腸道。血液循環接著帶小塊進到全身主掌同化作用的器官，如此細胞也能順利運作。這些運作的廢棄物必須回到血液循環，並帶到腎臟等著排出體外。某些副產物或者有害的循環化學物質會用其他方式處理掉，比如肝臟解毒。

人類活動不只牽涉到大量外在動作，比如走路或者伸手碰到飲料，同時也指自發性的體內運作，比如心跳、腸道蠕動。

要使身體變高變胖，就需要來談談生長，但生長這個特質不在於整個身體的變高變胖，它發生在需要回應外在環境改變的個別器官或者組織上。肝臟在它因受傷、生病時失去自己的許多組織時，便可以再生，淋巴組織腫大是為了要對抗某部位或者全身感染。

儘管繁殖並非維持我和你們的生命所需，這功能是為了所有生物的潛能而存在，對物種的延續至關重要。自我保護（self-presevation），即DNA為了下一代所做的防護措施，是生物的第一考量。製造下一代的能力，取決於任何一種前述遺傳特徵的高效運作與否，但這些功能就算各自運作得很好，整體加起來依舊無法製造後代。這裡有個但書。假如你或者我的細胞忽然失去分裂生殖的能力，我們馬上就會跟著死去。所有成長和修復取決於細胞分裂、從而才能複製他們自己。因此，至少在微觀的層次，繁殖具有強制性，對我們個體而言也是。在前一章有提到，有些生物學家說得直接了當：任何生物生來的唯一目的，便是傳遞DNA給下一代——自身就是所有生物的職責所在。在這裡，多細胞生物如我們，其繁殖的最低層次在於保存個體生命，最高層次則是保存我們的物種。

前幾頁列舉了所有生物基本功能的完美排序，並充分描述生物的特徵，但它不是要嘗試定義生命——這真是個深奧又極其複雜的字眼。甚至在我們講究實質的物理化學領域裡，它最富細節的機械論描述中都遺漏了某件事，就是生命的無邊無際。不只一位科學家，甚至就連活在現代的人，想到我們對於自己生理機能了解之少，就感到十分挫敗，此般運作協調的整合，讓我們在心靈上和實質上都像是個奇蹟，更不用提性靈的那一面，這不僅僅是生物分子的交互影響而已。

德國醫師和藥理學家勒韋（Otto Loewi）就是其中之一。勒韋發現，神經脈衝是由神經細胞上的纖維和化學物質來傳遞，而非一般以為的電流波。他和友人英國生理學家戴爾（Henry Dale），共同研究出乙醯膽鹼（acetylcholine）。由於這種化學物質，神經末梢和其刺激的肌肉間隙就可產生連結。他們因這個發現而在一九三六年榮獲諾貝爾獎，從此揭開神經傳導物質之面紗。幾千年來人們都假定心靈的現象是一個難解的謎團，但如今之後可能再也不會出現機械論實驗室的解釋了。

儘管有此重大發現，勒韋還是不願放棄他對神經的著迷，他的好奇心是無可抑止的。身為科學家的他，窮其畢生之力想要證明生命並非物理化學作用的總合，還有其他尚未解開的奧祕。這人的靈魂裡似有好多個調皮的精靈，比方說他有一次笑著對姪兒說：「布達佩斯弦樂四重奏（Budapest String Quartet）所呈現的絕美，絕非神經和肌肉間那一點乙醯膽鹼所能解釋。」一九六一年，他以八十八歲高齡辭世，之後這位姪兒提起他生前提過的信念：「生命科學中包含的精神價值，是無法用今日科學那種物質至上的態度說明清楚的。」

當然，並非所有的科學都是崇尚唯物論的，說來絕大多數的科學家都對生命的起源感到驚奇而敬畏。這並不算少見，這些畢生工作都在尋求唯物主義或者機械論答案的研究者，也最急於探索謎團背後的神祕起源。許多研究者的好奇心永無休止，正是對大自然驚奇無比讚嘆。韋勒並不孤單，有不少人像他畢生汲汲於生物化學或科學的基礎，對自然的敬畏卻絲毫未減。在某些方面，敬畏又更深了，事實上，當證明它不具魔法或者生命力時，就需要有人闡釋，或者找出另一個自然隱藏的秘密。龐大複雜的生物交互影響毫無破綻地運作，呈現出如此清晰可見的樣貌，有如人類思維，這就像驅動心跳的腦電活動一般使我感到刺激，事實上更刺激的是，我小時候還把這現象想成是受到神聖之力驅使（帶有超自然的意味）。隨著知識增長，我逐漸可以在實驗中控制變因——這個嘛，我後來更加著迷不已。

我發現其中最令人興奮之處，甚至不是現代科學使我們免於求助魔法。從懷疑論者如我的口中說出這種話，的確是有點矛盾，最終的興奮源自我的信念：整體好過於部分的總和。物理化學和基因也許提供我們整合心靈和肉體的基本能力，它們同時也給予我們先天適應能力，但講到我們怎麼使用適應能力，此一物種如何跨越當初只求生存的無數限制，這仍是個祕密。超越自己的基礎，需要充分發揮生物體分子層級的運作，但我們一直都是利用己身獨特的生物特性，持續拓展未來的道路。

我們腦內的複雜循環與生理學的荷爾蒙平衡，目前只能帶我們走到這裡，儘管它們提供的物理化學作用，意味著要我們走得更遠。百萬年又百萬年過去了，我相信智人日益強化預先思考的模式以及逐步形成現今文化，就是為了不再依賴我們的身體構造和生理學知識。考慮其他因素還算是必要的。

順帶一提，我們應用生來既有和後天發展完成的神經連結、化學訊號和大腦中心，一步步發現和形成體內的路徑和連結，製造出具備抽象思考的特徵，這也是我們此一物種的特點。這一發現的成就便是我們呀——逐漸打造成形、持續調整、不斷力爭——也就是我們從人屬到人性的旅程。

某種程度上這種能力超越其他任何動物，我們花費許多時間增加腦容積，協調對外在世界的反應。從環境裡諸多危險中提高我們的獨立程度，我們尤其也提高了享受獨立果實的機會。因為若只僅僅關注生存，上述都不是必要的，我們這一物種能自由改變注意力，注重生活品質和人際關係發展，在在都超出關注彼此安危的程度。

人類與所有脊椎動物以及一些低等動物相同，都能運用自身的構造和能力。這些構造和能力就好比中介一般，和意識與內在自主的功能（如血液循環和消化作用）產生交互作用。這個自主神經系統就是神經系統的分支，是一個巨大的、無遠弗屆的網絡，由神經細胞、迴路和化學物質所構成，主要的功能即在維持身體內部的恆定。這個系統不但密切監視身體內部的運作，也會依據外在環境改變作出反應。自主神經系統是意識（一方面也控制行為）和細胞活動的溝通橋梁。神經系統的所有其他部分都與周遭外界相關。

自主神經系統存在於低等動物形式中，時間早於意識控制（conscious control）存在之前——這是神經系統中最古老也最原始的一部分。只有演化晚期才有動物發展出能細緻感覺周遭環境的真實感知，就好比自願改變他們行為以及主動接收和充分理解外在世界的資訊。例如蟲子沒有腦子也沒有脊髓。大腦、脊髓和神經都出現在脊椎動物身上，在這生物層級之下的動物都沒有發展出這些東西。

在所有的脊椎動物當中，包含人類，神經系統可以一分為二。一是中樞神經系統，一是周邊神經系統。中樞神經系統包含大腦和脊髓，而周邊神經系統則是由神經構成，負責把訊息傳遞到大腦和脊髓，或從該處帶出訊息。這些訊息就在體內來回。周邊神經系統又涵蓋兩大系統，一是自主神經（autonomic nervous system），掌管無法由意志控制的功能，如血管的收縮與擴張、腺體分泌的多寡，和內在器官的活動（如腸胃平滑肌的縮張）。另一則是體神經（somatic nervous system，soma在希臘語中是「身體」的意思），包括皮膚、韌帶和隨意肌（或稱橫紋肌，如手臂的肌肉）。

整個周邊神經系統都可擷取來自身體內部和表面的訊息，然後利用神經，把這些訊息帶到大腦和脊髓。這種接受訊息的結構就位於皮膚、肌肉和各個內在器官之上，能感知內外環境的改變，再做出反應。而大腦和脊髓接受訊息後隨即處理，經由周邊神經系統把反應送回身體各處。

重新整理一下：周邊神經系統有兩個部分，一個是自主神經，另一個是體神經——傳送頭

圖 4-1　神經系統概況

- **中樞神經系統**
  - 大腦
  - 脊髓
- **周邊神經系統**
  - 自主神經系統
  - 體神經系統

部、軀幹和四肢的感知跟行動等訊息。體神經所傳送的信息都出於皮膚、肌腱和隨意肌。自主神經所傳送的訊息是不由意志控制的，比如血管、腺體和內部器官。

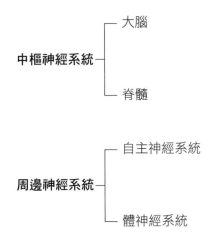

將神經系統各部位的關係繪製成圖如上：

自主神經系統與其他神經系統構造相互協調。事實上，部分跟著神經系統連動，或者在構造上算是在周邊神經系統裡面。不只如此，自主神經系統和體神經系統有些地方會共用同一個受器，共享中樞神經系統的處理中心。自主神經活動是受腦幹控制，特別是下視丘（hypothalamus）和延腦（medulla）。下視丘主要控制許多需要即時反應的身體機能，同時整合其他腦部區域的自主反應，包含認知及情緒。延腦處理更多例行公事，比如消化、呼吸和體內循環動態。

相對的，儘管自主活動多數地方都不同於其他神經系統，它銜接整體運作，好比腦部的深思熟慮和情緒，以及不須思考即能動作的化學反應，如細胞內的交互作用。在所有高等生物身上，身體會持續在不同部位間傳輸訊息，以便在細胞內部維持機能穩定，要能達成如此條件，自主神經系統是其中一個關鍵。因為它在思考和細胞之間提供一種連結形式，也因為智人思考活動量大且更為複雜，跟我們最親近的動物近親相比亦如此，對於要在其中探究何以成為人類的研究者來說，它奧妙的運作方式是了解不完的。

自主神經系統掌管不隨意肌、血管和腺體。感官信息經由神經組織和細胞的網絡來輸送，送到下視丘與延腦，再回傳合適指示，告知腸道肌肉要收縮還是放鬆，一條血管要收縮還是擴張，或者一個腺體要分泌多少或者乾脆不分泌。

正如前述，自主神經系統似乎是一個自行運作的系統，無法為意識所控制。這個系統包含兩種功能完全不同的神經和纖維，亦即交感神經系統（sympathetic system）和副交感神經系統（parasympathetic system）。之所以命名為「交感」，源自希波克拉底學派的傳承，是指體內器官的協調作用，若有一個遭受傷害，另一個就會有所反應，如同兄弟和姊妹之間的同氣連枝，子宮和乳房就是很好的例子，好比電影中能相互感應的科西嘉兄弟（姊妹）的原生質版本。經過幾百年，這詞指涉的是某個器官遭遇事件或接受療程時，身體其他地方也會受到影響。到了十七世紀，由於醫師對自主神經系統的解剖研究，因而了解自主神經系統的活動，且因職責的不同，將其細分為交感神經系統和副交感神經系統，而非如過去二千多年以「交感」一詞籠統概括。

圖 4-2　自主神經系統功能

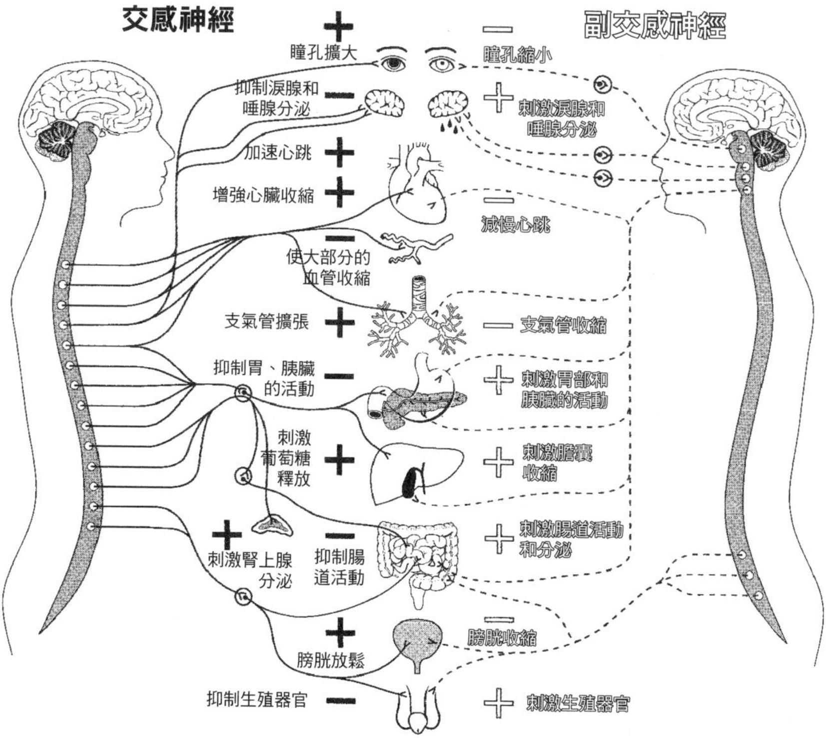
交感神經
副交感神經
瞳孔擴大
瞳孔縮小
抑制淚腺和
唾腺分泌
刺激淚腺和
唾腺分泌
加速心跳
增強心臟收縮
減慢心跳
使大部分的
血管收縮
支氣管擴張
支氣管收縮
抑制胃、胰臟
的活動
刺激胃部和
胰臟的活動
刺激
葡萄糖
釋放
刺激膽囊
收縮
刺激腎上腺
分泌
抑制腸
道活動
刺激腸道活動
和分泌
膀胱放鬆
膀胱收縮
抑制生殖器官
刺激生殖器官

交感神經系統和副交感神經系統的平衡和體內恆定息息相關。副交感神經系統的作用是使體內活動趨於緩慢、穩定，也就是負責一般的維生功能，如腸道的正常活動和規律的心跳等，由延腦裡面的控制中樞來發號施令。交感神經系統則在因應緊急或興奮的狀況，不管是決一雌雄或逃之夭夭（fight or flight），都屬於交感神經方面的活動，掌控的中樞則在下視丘。

這兩個神經系統是如何運作、進而達到平衡的呢？例如，交感神經可刺激瞳孔擴大，副交感神經則可使瞳孔縮小；交感神經減少腸胃蠕動，副交感神經則使之加快；交感神經會減少唾液分泌，副交感神經則令其增多。在某些情況下，這兩個系統則會共同作用，以便達成同一目的，如陰莖的勃起是靠副交感神經的刺激，而射精就是交感神經發揮作用的時候，順帶一提，其他動物的勃起跟射精就沒有那麼「自主」了。

總括而言，交感神經因應緊急或危險，使血管收縮、心臟跳動加速、支氣管擴張、把葡萄糖釋放到血流當中，欲加快能量的生成、瞳孔放大，部分血流會從腸道移到心臟和隨意肌——這種種都是危急當下、面對敵人、行動或脫逃的生理反應。副交感神經的作用則完全相反，使體內環境趨於穩定、平和，呈現「天下太平」的景象（由於這個神經系統掌管營養、生殖跟生長，跟植物共用這個概念，又稱為植物性機能〔vegetative functions〕）。它減緩心跳、增加蠕動以及腸壁肌肉彈性，或者刺激口水分泌和胃液分泌，還有膀胱收縮以便排尿。這兩個系統的合作，有助於保護我們性命和維持體內穩定。不管協同合作或者各自獨立運作，它們確保不管外界存在什麼對生命有害的事情，我們都能即時回應，或者持續不斷處理狀況。

這兩個系統還有一個顯著的不同：兩者神經末梢所釋放的神經傳導物質完全不同，因而對組織產生不同的影響。副交感神經纖維釋放出乙醯膽鹼的化學物質，也就是神經末梢和隨意肌間的神經傳導物質。而交感神經的神經傳導物質則是腎上腺素的一種，即正腎上腺素（noradrenaline），然而有幾個地方例外，如通往汗腺、血管和腎上腺的神經纖維便非如此。

所以腎上腺分泌在血流中的不只是神經傳導物質正腎上腺素，同時也有腎上腺素，兩種化合物高度密切、功能近似。當遭受到刺激時，在交感神經末端便分泌乙醯膽鹼，去刺激腎上腺，腎上腺才會分泌腎上腺素和正腎上腺素。顯然在內分泌和神經系統之間有相當多前後相連、接續不斷的變化。

自主神經系統和其他神經系統的連結如下：交感神經纖維沿著體神經前行，在胸腔和腹部之間離開脊髓；而副交感神經則沿著來自腦幹的顱神經（cranial nerve）和其他幾條體神經，在脊柱最下方，也就是薦椎（sacrum）之處，離開脊髓。最重要的副交感神經是迷走神經（vagus），此字源於拉丁文中的「迷失」，因為此神經自延腦後沿著頸部下行，隨即在胸腔和腹部各處遊走。迷走神經散布在心臟、肺臟和消化道中。

至於自主神經系統是如何影響組織和器官的呢？此即細胞內分子的交互作用。受影響部位的細胞膜上有著所謂的受器，可對乙醯膽鹼、正腎上腺素或腎上腺素加以反應。這些受器是高度分化的蛋白質分子，可以和神經傳導物質的分子相結合，進而刺激或抑制細胞的活動。舉例來說，正腎上腺素之間的交互作用，位於動脈管壁的某些肌肉細胞膜（要是這條血管很多肌肉就不在討論範圍內）的某些正腎上腺素受器會安排一連串化學反應去刺激肌肉收縮。它的收縮導致動脈收縮，連帶減少組織血流的供應，附近部位也會跟著收縮。

接下來這幾頁牽涉到的醫學知識不是那麼容易理解，也許我可以用一個發生在真實生活中的案例來說明。

當我想也不想地走到馬路上，就被一台直直踩下煞車、以免撞上我的車給嚇到了。我的危機意識瞬間啟動了一連串的事件。耳朵的聽覺神經發送神經脈衝訊號到位於腦部下方的聽覺中心——腦幹。下丘腦掌管交感神經活動，促使訊號輸出到交感神經，進而在末端釋放正腎上腺素到我腸道的血管壁。同一時間，交感神經到腎上腺輸送脈衝訊號，引起腎上腺素大量分泌，並直接進到血流，增強總體效果。正腎上腺素結合小動脈血管壁平滑肌的細胞膜受器，以及一系列細胞間化學反應導致肌肉細胞收縮，收縮血管壁並減少到腸道的血流，乃至於其他器官。部分懼怕反應從腸道帶走了為數不少的血量，那它們去哪裡了？

它直接到當下需要的地方，畢竟腿部肌肉可以助我跳離那條路。在我隨意肌血管壁裡的交感神經矛盾地釋放了乙醯膽鹼，懼怕反應讓血管擴張，這樣才能流過更多血液。本質上，我身上交感神經系統的立即回應，轉移腸道的血液到雙腿。當我想逃離一隻箭齒虎時，會需要每一滴可運用的血液，同時我也需要其他單位的立即回應，比如擴張的瞳孔可以讓更多光線進入眼睛，此外心臟跳動速率提升和用力收縮也是如此，呼吸道擴張更容易交換氧氣與二氧化碳，肝臟釋放多餘的葡萄糖——所有改變都是為了幫助我處理生活中遇到的威脅、逃離危險以至於能生下同樣反應快速的後代。

在同時間，我也做了幾件事，狹義來說是我自己要做的，或者至少看起來它們是這樣子，也就是說我的隨意肌讓這些事情發生。一旦腦幹的聽覺中心接收到訊息，出自耳朵的訊號不只會去下視丘，也會去別的地方。它們同時下衝到我的脊髓，穿越體神經到可以讓我跳起來的腿部和軀幹肌肉。其他傳訊網絡帶著我腦部給予的指令，通知能夠回應的部位。因此，腦部的上半區和下半區處理中心會回應那令人恐懼的緊急煞車聲。

到腦部上半區的訊息使我能夠識別聲音的意義，以及判斷情勢，如此才能採取下一步行動。事實上，我之所以能跳到安全地帶，比如我選的方向或者我著陸的地方都是後來決定的，一旦我的瞳孔看清楚以及懼怕反應啟動後，我就靈光一閃地達成目標。

只要最一開始的反應開始，我就會知道。不只是我觀察到自己所有反應，同時接著發生的自主神經訊號，也讓我清楚意識到某些交感神經反應起作用了。我感覺到胸口傳出怦怦的心跳，腸子有種緊縮的感覺。

所有這些反應——意識的（conscious）與無意識的（unconscious），出於意識的（willed）與本能反應的（flexile），腦部上半區以及下半區，中心與周邊，體神經與自主神經——多種部位集結眾力去維持狀態恆定及生命。當中界線非常模糊，沒有人知道分子和心智從何結合，又如何達到彼此的目的。

懼怕反應會從聽覺中心、脊髓、體神經一路傳到隨意肌，這稱為驚跳反射（startle

reflex），在生活中算是相對普遍的經驗，而且有著相當重要的求生價值。有意識但不需要控制整體意識，我們才能逃離車子迎面而來的路徑或者逃離即刻危機。

當然，在今日世界，我沒有完整跑完交感神經大爆發，因為我已經先行逃離傷害。但當我看到司機對著我咒罵並且用右手比中指時又開始發作了。想也沒想，我在盛怒和惱火中朝他揮拳，但他揚長而去，只留下一團汽車廢氣。這天每次我想起這混帳時，我的自主神經系統突然就會短暫躁動，不像我事發時來得多，但又足夠讓人注意到。

在有意識的腦部以及下視丘、延腦的運作中，也許當中某處，或者其他地方，在某些原因不明的處境下，意志的作用有時候會對自主神經系統施加影響。儘管目前對此只有最粗淺的了解，憑著過去經驗比如放鬆技巧、自我催眠，證實有時能改變交感神經和副交感神經的反應。冥想大師甚至知道如何發展這項看似自主運作的身體功能，比如控制心跳、血壓以及腸道蠕動。儘管還有一大段路要走，也許有一天我們能夠發現自主神經系統的各種可能，體內恆定和情緒穩定的運作方式跟人的思考也有關係。

先前對於懼怕反應的描述，就是生物特徵的唯一例子，這可能就是我們生存的關鍵：我們身體如何有條理地回應刺激，使生命能夠存在，並使生物壯大繁衍。從動物的尺度來看，反應的整合首見於單細胞生物，逐漸放大尺度並且形式漸趨複雜。人體每個部位具備協調極一致的相互依存性，這樣的人類身體和其他部位至少在象徵意義上，也許依賴著意識的運作，意識普遍分布在神經、內分泌及循環系統的運作下，可以看成是一種形式，或者另一種意識是存於每個細胞的接觸中。我們人類的許多生物特徵，無一不是存在於這個繁複交織的複雜訊號系統。

我在此描述的意識（awareness），有別於理性思考，後者指字面上有所覺察的狀態。我所提到的意識是結合直覺敏感度（instinctual sensibility）、潛意識感知（subconscious perception）以及幾乎已知研究都無從了解起（至少是現在還沒）的資訊傳遞，特別就它最深的層次而言。至少在這種意識的基礎上，我假定生物體的整合和協調是有可能的。

在我的構想中，這種意識會經連續變化（continuum），沿著這過程就可以找到知覺（sentience）的特質，從最簡單到複雜的部分都能無縫連結。我已確信發生在細胞層級的事件，連續漸變後會逐漸上升層次，直到它對外部事件再次加以詮譯，在體內留下了深刻影響，然後給予外部回應。我敢斷言，它就是通過這種方式運作，我們的生活甚至文化都受到了這樣的影響，在摧毀它以及建設它的力量之間，這樣的反響至今仍存在細胞的意識裡。在我們的細胞和我們日常實存中，我們在追求體內恆定時所利用的衝突和不穩定性，就是構成我們所有事物基礎的基本原則。

回應當下危險，再現了本能行為——我們能存活很大一部分是因為直覺。儘管哲學家大量援用某個字，但心理學研究者以及實驗室科學家可能都會同意辭典編撰者提供的基本字義。我的《韋伯字典》（*Webster's*）這樣說：本能（Instinct）：即具有其物種特徵的天生行為傾向；不學而得；回應外界刺激的自然模式；比如吸吮是哺乳類的本能。

這個字出自拉丁文，結合動詞「受慾望驅使」（instinguere，可想而知，這也是另一單字

instigate〔唆使〕的出處），搭配前綴字in-（有on的意思）以及stinguere（有招惹、刺激、刺或者戳的意思）。這個字顯然帶有不由自主、非自願的意思，特別是stinguere可追溯到它的印歐字根，也就是steig，意思是戳（prick）、尖的（pointed）以及尖銳的（sharp）。在十六世紀中期，本能這個字有了新義，即「本能的衝動」或者具有其物種特徵的天生行為傾向。神經系統和生物化學過程裡的互動，諸如通過調節全身荷爾蒙的本能，使人類得以在無所不在的危險中存活下來。

換句話說，我們可能或沒有留心到它們正在運作，本能行為是內在固有而且鍥而不捨的——意思可以更簡單，它們即是戳下去的結果。不管我們有意識要或不要，我們內在的驅動力對我們又刺又戳，要我們生存和繁衍下去。直覺以及意識要參與身體運作，便需要整合身體各部位的反應。任何神經系統中的特化細胞，各自有著接收、處理和傳訊的獨立功能，它們都是自然中生物化學和生理引擎的奇蹟。為了要完全了解身體的反應機制，接下來有必要知道這種細胞的運作方式。

至於神經細胞或稱神經元（neuron），則是神經系統發揮作用的基本單位。這種高度分化的細胞功能特殊，無法自行增生，若一個神經元完全壞死，則無新生的神經元可以取而代之，然而若部分結構受損，還是可以修復。

神經元的任務就在偵測環境的改變，接著傳遞出適應的訊息，促使身體行動。神經系統由

圖 4-3　神經細胞構造

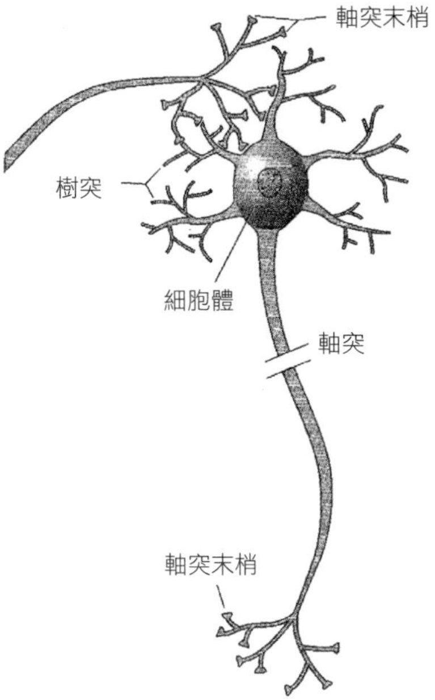

這許許多多的神經細胞構成一個超大型處理站，而且遍布全身網絡，影響可達細胞質深處。這個系統極為靈敏，可以接受、整合和協調遠端的情況。從某些角度來看，這種任務近似血液循環及內分泌系統，但其傳導的速度卻快上太多，為每秒〇・五公尺至一百公尺，平均每秒五十公尺。一般而言，較快的為反射動作，如疼痛，較慢的則如自主神經系統。而大腦的神經傳導約是每秒二十公尺。

神經元的種類繁多，但基本構造皆同，包含一個細胞體（cell body）和兩種不同的突出——樹突（dendrite）和軸突（axon）。樹突可接受來自鄰近組織或其他神經元的刺激，也可與皮膚、肌肉和內臟器官上的感覺受器相連。每一個神經細胞都有許多樹突，而每一個樹突又有許多樹狀分支，樹突一詞源於希臘文的「dendron」，意思就是樹。這些樹狀突出相當多，故可接受大量刺激。另一種突出則為軸突（源於希臘文的axle，是車軸的意思），是一條長長的突出，可以接受遠端細胞傳來的訊息，也可與其他神經細胞的軸突相接或與肌肉、腺體細胞相連。在軸突的末梢亦有許多分支，如同樹突可接受許多刺激。所有樹枝狀的構造旨在增加相互連結的數量，一個神經細胞可以包含神經系統的其他部分。一個神經細胞有數以百計的樹突，卻只有一條軸突。

神經衝動由一個神經元傳到另一個神經元的接頭，就叫作突觸（synapse），字源來自希臘文的「synapto」，帶有「我一起加入」的意思。即從軸突的末梢傳到另一個樹突的分枝或是直接傳到細胞。這種「軸突到樹突」的關係有如米開朗基羅（Michelangelo）在梵蒂岡的西斯汀教堂（Sistine Chapel）天花板上的畫作：上帝的手伸得長長的，指向亞當伸出的左手，但手指並未碰觸，中間還有一點間隙——這正是神經傳導物質經過之處。

米開朗基羅一定相信某些精神的神聖火花越過上帝和人的鴻溝，這差不多就是第一個關於神經刺激穿越突觸的念頭。這種假設看上去很有邏輯，卻不被晚近研究支持。當神經刺激抵達這小小的間隙，軸突會釋放一種神經傳導物質到接頭。就神經傳導物質而言，除了乙醯膽鹼和正腎上腺素，還有其他五十多種。神經傳導物質的分子就鑲嵌在樹突細胞或者細胞膜的受器分子上。這種聯繫改變了受器的形狀，換句話說就是打開了通道，在細胞膜內覆蓋受器分子。隨之而來的化學物質通過細胞膜，將神經刺激送到受器。神經傳導物質要活化還是抑制受器分子，端看它打開了什麼通道。特定的神經傳導物質只能兩種選一種執行，接著特殊情境會判斷哪一種通道會打開。

沒有神經細胞會單獨行動。單一神經細胞總是身在環境之中，某些事件的集體反應，牽涉到不只一個、而是大量神經細胞通過樹枝狀的樹突和軸突，傳送神經刺激到各種終端處理站。神經細胞的整個網絡循環，會使之中的一個與另一個神經細胞反應，數量可能少到只有兩個，也有可能牽動數百萬個，平均起來大概是上千個神經細胞，範圍遍及興奮型突觸或者抑制型突觸。因為軸突在群體中一起長程移動，也許之後會往不同方向分開或者暫停運轉一下子，這些訊息也許會被帶到極遠距離之外，也會在幾乎同一時間來到數個資訊處理中心。

神經細胞有個共通點，總是群聚在大腦或者脊髓的某個特定地點——我們稱之為神經核（nucleus，不要跟細胞核搞混了）。神經學家用神經核的概念形容神經細胞的聚合狀態，開始動作、調節或者跟其他單位傳遞資訊、謀求合作。一個神經核就是大腦的一個焦點，比如是髓質的呼吸中樞，或者是下視丘的呼吸調節中樞。

神經細胞可以大致分成三種層級：感覺神經元負責偵測，並將神經刺激訊號傳到脊髓及大腦；中間神經元位於脊椎和大腦，負責整合資訊——它們只在限定區域內傳輸訊息，本身的軸突很短；至於運動神經元負責傳訊到可隨之動作的細胞，比如肌肉或者腺體細胞。

我們稱之為神經脈衝、訊號或甚至訊息的東西，事實上是抬舉它了，這不過是一個小小電荷，在神經細胞或者神經纖維裡面發生化學或者物理變化時，才被創造出來回應刺激。電荷數量可以上看九十毫伏特（millivolt），它會沿著軸突加速，就像特快車飛馳在加大的軌道上。當它到達突觸，就會釋放化學傳導物質。必要時一個神經細胞可以每分鐘發訊五萬次。

這樣說的話，神經脈衝要起作用（至少在譬喻上是這樣），就像是從神經系統的某部分傳訊到另一部分。大面積的樹枝狀軸突和樹突，當中一個神經脈衝可以輸送得很遠，繼而進入整個系統的遠端。好比一次突如其來的煞車，便是體內的自主神經、反射神經和意識三者幾乎同時回應的結果，即使神經刺激起初是在一個很小的端點上。

煞車傳來的聲波畫過在我的鼓膜並震動。震動向內傳到由三根聽小骨組成的中耳。在中耳內部，與鼓膜相連的是第一根聽小骨，至於第三根聽小骨則連接到內耳門戶的卵圓窗（oval window）。聽小骨的震動會放大鼓膜震動，有時可放大二十倍，再把震動送到卵圓窗。接著，卵圓窗的震動傳到更深處的耳蝸（cochlea，源於希臘語的kochlias，意思是小螺旋狀的殼），一個蝸牛形狀的構造，其中包含的細胞能夠轉換震動（生物學家喜歡把這過程稱為轉導〔transducing〕），這股化學能量會變成神經脈衝訊號的形式。由此產生的神經脈衝訊號通過突觸進行化學傳遞，來到聽覺神經的末端，我腦中的聽覺中樞才算是聽到了聲音。一旦能識別突發聲響並判定危險，它就會沿著各個通道到其他中樞，導致前述的種種回應。

順帶一提，內耳有雙重功能。除了耳蝸，還有裡面充滿液體的三半規管，作為平衡受器，可以偵測人類頭部相對於地球重力的位置，再傳給大腦知道。因此三半規管也是人體姿勢平衡機制的一部分。

大量軸突在末梢神經系統裡運行，就像包在彌封起來的信封裡——我們稱這整個像電纜一樣的構造叫作神經。一個神經通常包含了上千個軸突。這些從末梢送信息到脊髓的軸突叫作感覺纖維。從脊髓或者大腦送信息到末梢的軸突叫作運動纖維。出於自律神經的節後纖維（autonomic fiber）在神經細胞裡移動。感覺纖維、運動纖維和另外一種纖維在主要神經幹（nerve trunk）中是各自為政的狀態。這三束纖維在刺激訊號的旅途終點或者感覺刺激的起點會分開。這意味著儘管主要神經幹包含這三種神經纖維，但三者是在各自的群組分開運作，在終點或者起點才會組織起來，依它們各自攜帶的特殊訊息的本質而定。離脊髓愈遠，每個主要神經幹的分支就愈分散。這種多用途纜線或者長途電話線的比喻是免不了的。

追溯主要神經幹從末梢到中樞的三種神經纖維，看起來可以分成兩個部分，或者在抵達脊髓之前有兩種路徑。其中一個叫作脊神經後根（dorsal root，或者背側路徑）進入身體背部的脊髓，同時另一種脊神經前根（ventral root）為了溝通朝身體前方去。脊神經後根包含感覺神經元的組成成分，攜帶訊號從肌膚、肌肉或者內部臟器去到脊髓。脊神經前根是運動神經元的組成成分，攜帶訊號離開原處，傳輸腺體或者肌肉的指令。

感覺訊號源於特化細胞或者身體中皮膚、肌肉或者內部組織的多細胞接收單位。這些受器有能力偵測刺激訊號，並轉導成一次神經脈衝。它們在樹枝狀神經系統中選擇訊號，再帶著訊號去細胞體內。耳蝸的特化細胞便是其中一例。

任何一種接收細胞或者受器只會回應一種特定刺激，不管它是慣性的（壓力或者聲波震動）、化學反應的、與熱相關的、痛感或者光反應等都不同。接收端是如此特化，例如觸覺等感官都有不同的感官受器，像是輕觸、粗魯碰一下還有壓力。一個舌頭上的獨立味覺受器只對甜苦酸有反應，不然就只對鹹味有反應。（儘管受到四種受器的限制，我們對食物的感覺還是非常多樣，因為腦部從廣泛多元的小型受器收到訊號後，會再協調統合。我們嘴裡食物真正的味道是腦部和口中兩種資訊混合的結果。這也是為什麼鼻塞會阻礙用餐的樂趣。）

轉導跟轉譯的概念很像。接收細胞或者受器選一種語言（生理機制的或者是化學的或者是其他不同種類），收到特定訊號會再轉換成另一種語言，也就是脈衝訊號。脈衝訊號放諸四海皆準，就像是神經傳輸的通用語（lingua france）。

任一特定的受體可以將一種刺激轉譯成通用語。想像美國有一群譯者，每個人分別只懂一種語言。他們每個人聽著一種語言，當這段話語從耳機傳出來時，其他人不會聽到別人的部分。他就只翻譯自己聽到的部分，並且把它翻成摩斯密碼。

一旦感官刺激從周邊神經系統經由神經的脊神經後根傳到脊髓，訊息的處理方式可能有以下兩種：經由連絡神經元的中介物質直接傳到脊髓中的運動神經元，再傳到其軸突，接著發生反射動作；另一個方式則是把訊息傳到大腦。其實這就是脊髓的兩大功能，一是擔任接收訊號和促使反射動作發生的中樞神經，另一則是周邊神經和大腦之間的中介。

當一個脈衝訊號從脊髓的感覺神經元上升到大腦，它會沿著軸突裡的特定路徑，跟其他軸突一起傳送相同的資訊。我們稱此上行性神經徑（ascending tract），每條都是由神經元裡負責特定感覺的無數軸突所組成。每個感覺絲狀體（sensory filament）運送單一類型的訊息，不論是痛覺、觸覺、熱感或者其他都算數。這表示觸感傳達有一條通至大腦的特殊路徑，壓力、痛苦或者溫度也是。每條特殊通道會將神經元資訊傳送到視丘（thalamus，大腦感覺區），位置約在腦部低一點的地方，就在下視丘的上面。資訊在視丘裡經過微調和轉譯，會再傳送到思考區域——大腦皮質。大腦皮質識別資訊後會再有所行動，與此同時，上行性神經徑藉著側枝傳訊到大腦下方的各部位，引發自主反應（autonomic response）和不隨意反應（involuntary response）。

在這些傳達路徑中，好比坐到圖釘上這種感覺，在透過脊神經後根傳到脊髓時，便會引發不同的發展。各種路徑幾乎同時發動各種反應，範圍從椅子上跳起（只能透過脊髓調節）、稍微加快心率或者輕微的「戰或逃」反應（由下視丘自主調節）到咒罵哪裡來的笨蛋把這該死的圖釘放在這極度愚蠢的地方（由大腦皮質負責調節）皆有。

其他身體反應都是同時啟動的，牽涉各種機制相互整合，協同保護坐到圖釘者免於傷害。一滴血從屁股患處滲出，接著立刻啟動凝血與發炎機制，限制傷口不再擴大，小動脈在該處急劇收縮，只有一滴血跑出身體，幾分鐘之內，小小血塊已經凝結，專司保護的白血球和血漿充滿蛋白質，找到傷口並開始癒合，它們輕鬆穿過微血管的管壁，且管壁提高滲透性以便物質穿透。在短短時間內，身體便召集了一組力量對抗突如其來的威脅。

這反應當中跟神經有關的部分，都是脈衝訊號沿著神經啟動的。儘管我們把它比做「資訊」，但脈衝訊號只是高速移動的電荷，最初刺激引發神經細胞膜的化學和物理變化時，電荷便會出發。在神經元裡的突觸，通過中間的神經核，發生了所有種類都在過濾、協調和整合的情形，但其基本機制便是要傳達原來的訊號——神經元裡的一般化學和物理變化，所以才會產生小小的電荷。

這裡有個小問題。如先前所說，一個單獨的脈衝訊號進入神經中樞系統的神經元會促發兩種結果的其中一種。要不是刺激就是抑制。打從神經元一接收到無數訊號，整體效應便看是要增加訊號，得到興奮效果，還是減少訊號，得到抑制效果。刺激若沒到達門檻，便不會順利發動。當無數神經元一起動作時，身體的整體感可能很微弱，也可能很強烈。沿著一大束軸突輸送訊號，其強度變化又會增添不同層次的可能反應。

雖然我們都能感受得到外來的刺激，如疼痛或溫度變化等，還有一些感覺則不太明顯，卻相當重要。本體感（proprioception）就是一例，藉此我們才能得知自己四肢、軀幹和頭部的位置。沒有失去，就不知道什麼是不幸。健康正常的我們，大都把本體感視為理所當然。一般而言，沒有人會刻意注意這種能力。從暮春到晚秋的每一個黃昏，我和妻子常在住家附近散步，閒話家常。我們總是聊得相當起勁，不曾注意到自己眨眼的動作，也很少一直留意每一步是不是走得穩當，更不會去分析在行走當中，身體肌肉是如何協調的。若有人要我閉上眼睛，描述一下自己手、腳或是指尖的位置，都不成問題。即使看不到，我們也能用手指碰觸自己的鼻尖。又如拳王阿里（Muhammad Ali）在場上飛躍或猛攻時，就是充分控制生理機制，確保了動作的完美精準，好給對手致命的一擊。之於身體的種種感覺，他最不會注意到的就是本體感。鋼琴大師霍洛維茲（Vladinir Horowitz）在卡內基廳（Carnegie Hall）的演奏，或是身為外科醫師的我在病人精密的胰臟組織上切割時，也是如此。

能夠知道自己的身體部位在哪裡、並且能夠使用它們，這種能力源於關節、肌腱和肌肉上無數細微的受器。刺激就從這些受器細胞中產生，經由感覺神經帶到脊神經後根，進入脊髓，再藉由化學傳導物質之助，經過突觸，接著形成反射弧（reflex arcs）。同時，也會經由另一些突觸，經由特殊路徑把訊息傳到延腦最下方的腦幹。接著訊息再越過中線、傳到視丘（這恰好解釋為何右腦處理左邊的刺激，反之亦然），之後再到感覺皮質。訊息經過這三者——延腦、視丘和皮質的處理、協調與整合後，再把運動刺激送到脊髓，使其統合肌肉和自主神經系統作出反應。這一連串反應是自然發生的，毋需經過深思熟慮。就因為一系列反應同時發生並順利同步執行，我們才能走路、彈鋼琴或者出於自由意志就往別人臉上出拳，想也不用想就確信任何事情都能如我們預期般發生。

在我的成長過程中，曾親眼目睹一個幾乎失去本體感的人。事實上，他就在我生活圈當中。這位麥克斯．泰勒（Max Tailor）先生，姑且叫他老麥吧，就像小時候我周遭的中年猶太人：二十世紀初從貧苦的東歐脫逃，想在美國追尋一番新天地的移民。對他而言，好日子的腳步顯然異常緩慢，不知是否真有到來的一天。他的祖先世代以裁縫為業，因此來到美國時，他決定放棄拗口的意第緒—斯拉夫姓氏，將其改成意為「裁縫」（tailor）的姓氏泰勒，希望自己的名字聽來更像美國人。雖然他並未繼承衣缽，成為出色的裁縫，還是很高興自己能在紐約的成衣工廠覓得一職。泰勒家就在紐約布朗克斯區（Bronx）一間出租公寓的五樓——我們家也在這一棟。老麥所賺的錢，勉強可以維持一家溫飽。在他三十幾歲開始發病前，兩個兒子也還小的時候，這一家的生活倒還馬馬虎虎。

這種神經病症雖然進展緩慢，卻能毫不留情地摧殘一個人。老麥的病足足拖了一、二十年，日趨惡化。他真是死得不明不白，在他有生之年，沒有哪位醫師替他找出病因，到他進墳墓時，還得不到一個臨床診斷。當然，症狀是不少，看著老麥和他的家人一步步陷入焦慮、挫折和絕望，我們不僅深感同情，更是痛心。他們家的氣氛異常凝重，每個人皆不解人生為何如此悲慘。老麥的兩個兒子有時尋求身體以外的原因，責怪父親沒有意志力等。和我年紀相仿的赫柏不只一次忿恨不平地對我抱怨，老爸自暴自棄，不願拉自己一把。雖然那個時代還不知道所謂的身心症（psychosomatic），但即使不用言語，我還是感受得到他內心的悲苦。赫柏一方面對父親那莫名其妙的病生氣，另一方面也氣自己只能眼睜睜地看他日漸惡化。

然而這一家四口還是設法撐下去。老麥和太太芬妮是來追尋美國夢的，不久即和其他移民一樣，發現這個夢想只有寄託在兒女的身上。儘管在這塊新大陸住了幾十年，他們仍然對周遭感到陌生，赫柏和弟弟喬伊正是帶領自己的父母走出混亂、不安的人。在這個為悲劇摧殘的小家庭中，有一種不言而喻的生存原則——若是人還健康，就沒有偷懶的一天，努力和教育必能克服一切障礙。果真如此，這兩兄弟日後都有傲人的成就。由於人生太過晦暗，老麥變得尖酸刻薄，言語盡是冷嘲熱諷，但不失為一種冷酷的幽默。在有生之年看到兩個兒子都能出人頭地，老麥不禁發出自嘲的笑聲，說是「歹竹出好筍」：喬伊很會賺錢，父母一生卻很窮；赫柏是英國文學教授，他們兩老則不識幾個大字。

在老麥的病拖了又拖的這些年，他一直是紐約市政府的慈善援助病人，因此不用擔心醫藥費。隨著病情日趨嚴重，他進出醫院的次數也愈發頻繁。老麥家人對醫師的細心照顧更是銘感五內，在他嚥下最後一口氣時，兩個兒子同意神經科醫師的要求，進行遺體解剖，但有一個條件，報告必須寄一份給他們家的老朋友——一位在新港執業的外科醫師。這個人對他們父親的一生瞭若指掌，可以為他們解讀這份報告。那位醫師就是我。

就我記憶所及，我大概在八、九歲時就注意到老麥走路的姿態有點怪異。早年他好像就有平衡方面的問題，每走一步總是小心翼翼，不敢邁開大步。之後，我只能用「連滾帶爬」來形容，不時跌得四腳朝天。他走路總是死盯著地面，好像在監視這兩隻腳是不是按照心意前進。

在我十五歲那年，深深體會到在他們家吃飯真是一大酷刑。老麥的手不但抖個不停，而且不聽使喚，難以拿著湯匙好好把食物送到嘴裡。過了許久我才恍然大悟：老麥根本不知道自己手的位置，除非一直盯著它看。一般正常人不用思索，即可把杯子或叉子送到嘴邊，但老麥好像得一再盤算，才知道以何種角度出手。即使他已經極度小心，菜湯和食物還是掉到腿上或破舊的地毯之上。

好不容易達成目標後，他似乎也不能控制咀嚼食物的動作。他的唇邊總跑出咬到一半的東西。他想用手抹去，卻每每撲空。溼黏的食物仍好端端地附在他的鬍渣上，閃閃發亮。我總是不敢正眼看他，怕看了會嘔吐出來。儘管兒子再三安慰，他必定有自知之明，深感自己讓兒子抬不起頭來。過了幾年，我再也不敢上他們家吃飯了。

其他症狀是赫柏描述給我聽的。每隔一、兩個禮拜，老麥的小腿會倍感劇痛，而且來得有如閃電，有時他會痛苦大叫，但沒幾分鐘就好了。他的肚子也會莫名其妙地痛起來，一痛就不可收拾。醫師診察了一番也只能聳聳肩，說道：「他只是發作了。」也不知到底是什麼病。日後在我的行醫生涯中，也難免碰上難以解釋的病症，為了緩和病人不必要的焦慮，這幾個字總是從我口中溜出：「嗯，我了解。」這時總令我想起老麥。

還有一個問題，那就是味道。老麥身上總有一股淡淡的尿騷味。聽了赫柏的解釋，我才恍然大悟。他老爸已經不能控制自己的膀胱了，因此總是尿溼褲子，然而還是不知道病因。有時，他則無法排尿，發生尿道感染——這也是最後把他推向死亡的原因之一。

在生命中最後十年，醫師告訴他好幾個可能的診斷，諸如多發性硬化症（multiple sclerosis），也就是脊柱多處遭到破壞，造成多個中樞神經系統方面的問題。但沒有一個診斷足以涵蓋老麥病症的全貌，直到他死後才真相大白。

老麥死後，病理科醫師把他的脊髓切片放在顯微鏡下檢查，發現脊神經後根（即感覺區）已明顯萎縮，背面的上昇神經束（感覺神經束）也遭殃了。這些部位都萎縮壞死，神經纖維退化後則為結痂組織取代。被毀掉的神經束正是負責把本體感刺激帶到大腦的神經，這些部位顯然發炎已久。就小腿和腹部疼痛而言，顯然也是脊神經後根毀損，而把亂七八糟的訊息送到大腦的結果。這也是老麥膀胱功能失調的主因。

我把這些結果告訴赫柏，從病理科化驗報告解讀他父親的每一種症狀給他聽。對於他的反應，我並不吃驚。他靜靜地哭了一會兒，最後終於開口了。他說自己滿心是悔恨和內疚，多年來他們一直責怪父親為「無中生有的病症」，硬生生拖累了一家人。他們不斷告訴父親，一切都是他自己憑空想像，希望他能有同情心和自制力，不要再折磨家人了。赫柏說，他一直大惑不解，為何老爸就是不能像常人一樣控制自己的身體。現在了悟，但為時已晚。

Chapter 5

The Fundamental Unit of Life: Cell

細胞

身體的知識並非平順累積的結果。首度知識飛躍是在希臘黃金時代，除了亞里斯多德的觀察和推想，醫師的臨床研究也多有貢獻，他們承襲了公元前五世紀興起的希波克拉底學派。第二世紀出生於小亞細亞的希臘名醫蓋倫（Galen of Pergamon），即是將此傳統發揚光大的人。他的研究讓人一探人類生物學的究竟，他的博學和權威更令人完全臣服。然而這麼令人振奮的醫學發現，在蓋倫之後就此沉寂了一千四百年。

一直要到文藝復興的晚期，解開知識的桎梏，蓋倫遺留下來的知識才又開始在人們之間發酵，引發另一波人體科學的研究熱潮。十六世紀以降，醫師和研究人員尚未能得到精密儀器之助，大抵只能靠著原始的五官，冷靜、不偏不倚地進行醫學研究。縱使當時有相當多的條件限制，但在一個世紀內，由於實驗方法和歸納思考蔚為風潮，科學研究才進入欣欣向榮的階段。臨床醫學也因而成為醫師利用日益擴展的知識版圖，來詮釋自己所見所聞的藝術。

十九世紀的三大發明——聽診器、顯微鏡和X光，促使醫學從技藝轉向客觀科學：一八一九年，聽診器問世，大大縮減醫師和病人間的距離，客觀上和象徵上都是如此。一八三〇年，新定義的光學定律使人們能夠校正鏡頭的像差（aberration），顯微鏡在十九世紀被發明出來之後，至此才成為實用的看診工具，醫師終能細看從病人身上取出的病理組織。還有，一八九五年德國物理學家倫琴（Wilhelm Konrad Roentgen）發現X射線，減少從病人身上採集檢體的需求，改用感光乳劑沖洗相片。

其中尤以顯微鏡的影響最為深遠，人類因而恍然大悟，原來生命的基本單位不是器官，也非組織，而是肉眼看不到的微細結構。兩百年來，這個令人深感好奇的小東西就叫作細胞（cell）。由於顯微鏡頭的進步，我們才得以一窺這個最小的生命單位，要是提供適當環境，它就能獨立存活。它不只是人體結構和功能的原點，更是性靈之始。

在以顯微鏡進行精確放大研究之前，人類早就知道細胞的存在了。一六六五年，博學多聞的虎克（Robert Hooke）出版的《顯微術》（*Micrographia*）一書，記錄了他用原始顯微鏡觀看到的動、植物型態。例如，他在看一片薄薄的木塞時，發現其中構造「像是由許多小格子組合而成」。他把這些小盒子叫作「孔洞」或「細胞」，出自拉丁文「cellulae」，意思就是小房間。虎克粗略地估量了一下說：「一平方吋的木塞約有十二億細胞。這個數字真是太驚人了，若不是顯微鏡，肉眼哪看得到。」這個新發現讓汲汲於新知的虎克非常振奮（並急於搶先出版），他寫道：

> 我隨即發現，我不但第一次見識到這些孔洞，在我之前，應該也沒有人見過吧。我不曾看任何作家描述過，也沒聽人提起過。我猜想，我從木塞觀察到的現象可能具有放諸四海皆準的真理。

虎克對後世的影響，比他自己認為的還要深遠。歷經幾近兩百年後我們才發現，雖然虎克觀察到的是死細胞，但這些小小的構造卻有如一磚一瓦，建構起生命體這個巨大的建築。過去在科學論文中，不斷有人提起細胞的存在，但並不清楚這些「小格子」有什麼用。由於一八三〇年的顯微鏡頭出現革命性的進展，才有一連串驚人的新發現，形成所謂的細胞理論。

關於細胞的闡述，第一份具有突破意義的報告，是由蘇格蘭植物學者布朗（Robert Brown）在一八三一年提出。他用新式顯微鏡細看每一個植物細胞後，發現每個細胞都有一個核心，因此命名為細胞核（nucleus），語出拉丁文「nucula」，意思是果核或者小核。七年後，由律師轉行的德國植物學家史來登（Matthias Schleiden）發表了一篇畫時代的論文，宣稱任何植物組織都是由細胞構成的，無一例外。距此不到一年，史來登的密友史旺（Theodor Schwann）把這一套植物細胞理論，推衍到動物組織及其他生物。

雖然史旺提出許多直接證據，但在當代人的眼裡他的理論不只是革命，更是異端。身為虔誠天主教徒的他，不願違反所屬教區的教規，出版之前還把論文呈遞給大主教審閱。這篇專題論文可謂生物學歷史上最重要的一篇。像我這個一百多年後的醫學生，仍乖乖依照教授的要求，隻字不差地將其德文原題背誦出來——《顯微鏡下所見：論動植物結構及生長的相似處》（*Mikroskopishce Untersuchungen uber die Ubereinstimmung in der Struktur und dem Washshum der Thiere und Pflanzen*）。

由於史旺的專書，細胞理論的基礎因此確立。問題只在：這些細胞是如何生成？不出十五年，顯微鏡這個研究利器又戳破了迷團。答案揭曉於一八五五年，就在烏茲堡大學（University of Wurzburg）病理學教授維蕭（Roudolf Virshow）提出的一個響亮的拉丁片語裡。他可說是那個時代最偉大的醫學研究者，那句拉丁文更成為醫學史上的經典名言：「所有的細胞均來自於先存的細胞。」（omnis cellula e cellula）這個有所根據的發現可謂橫掃千軍，破除了數十種生物體存在的隨機發生假說，或者破解無形體、無機物質中也可以長出生物的想法。過了幾年，法國科學家巴斯德（Louis Pasteur）在科學期刊上連續發表多篇論文，為自然發生說（spontaneous generation）撰寫悼文。自此，生命的發展歷程一切端看細胞內的繁殖活動。發展的關鍵在於一個親細胞可分裂成兩個子細胞。依此途徑，毫不休止地複製它最小的組成單位，此個體與生俱來便能獨立存活。細胞生命這一概念的建立，後來證實是整個生物學領域最重要的概念。

之後的一個世紀，生理學研究的重點在於細胞和環境保持恆定的關係。在法國生理學家貝爾納以及好幾代科學家孜孜不倦研究之下，終於產生一套複雜的「內環境論」（milieu intérieur），我們才得以了解細胞生存的局部環境，以及組織、器官如何運作得宜。近年來，由於生物化學和電子顯微鏡的問世，細胞自身又再次成為焦點，更直白的說就是人們注意力的中心，細胞研究可謂一日千里，讓人瞠目其後。日漸深奧的知識領域，則讓大多數不打算成為某個領域或者某個神祕研究分支專家的普通市民紛紛走避。

以下段落便是嘗試說明細胞生理學的核心基礎知識。我盡量避免闡述太多複雜語彙，不干擾閱讀。可能會變得太深奧，不過我們都先從以下這點開始。

人體細胞多達七十五兆，每個細胞直徑約只有〇．〇〇〇二至〇．〇〇〇八吋，占其重量的三分之二左右。結構皆分成三部分：外圍有一層包裹的膜，是為細胞膜，以區分內外；攜帶DNA的細胞核，以及細胞核除外的細胞內含物質——細胞質（cytoplasm）。

細胞膜這個極薄的屏障，可以選擇進出的物質。一般來說，所謂的屏障應該都是堅固的結構，然而細胞膜這層屏障既不是液體，也非固體，而是介於兩者之間的半透膜。細胞膜雖是連續不斷的一層，卻不是平滑的——可說型態、功能各異。因為每種特化細胞膜表面為了追求效率最大化，有些還有內褶或外翻的特性。如在腸內或膽囊等專司吸收的細胞，細胞膜便有一根根如手指狀的突起。

圖 5-1　細胞膜構造

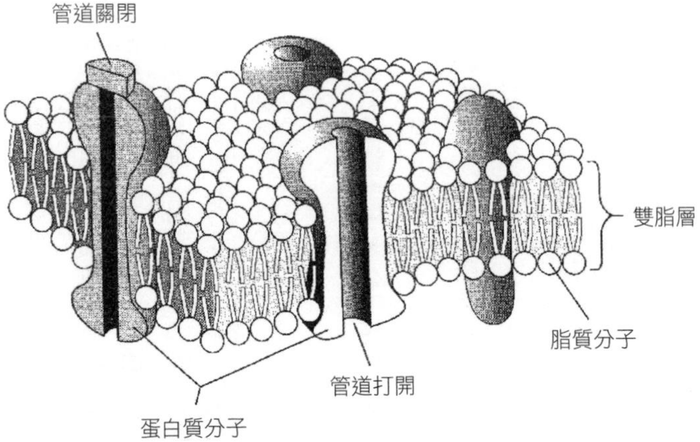

不管細胞膜的外觀如何互異，總是由兩層有彈性的脂質分子構成，其脂肪組成可以跟工業用輕油相比，在這之中嵌有許許多多的蛋白質分子。有些突出膜外，有些則縮進去，還有一些則橫切過整個膜，厚度約〇．〇〇〇〇〇二英吋，所以分子的一段是縮進去，另一段就會凸出來。這些蛋白質分子都有獨特的任務，例如調節物質的進出以管理進出速率、吸引其他分子前來、充當受器從鄰近的細胞或組織液中接受訊號，乃至具有酶的功能以加快化學反應，還有一些則成為細胞間的橋梁。

一般而言，分子通透細胞膜的方式有兩種：被動和主動。如細胞膜內外兩邊的壓力不等時，就會進行被動的擴散或滲透。也有不管壓力或濃度大小，細胞命令運送或移出某些物質，這種主動傳輸的能力，就靠著嵌入其中的蛋白質管道。當然，這麼做比較費力，細胞必得消耗能量。這種能量是從細胞本身含有高度能量的分子分裂之化學反應而來。這種主動傳輸大約會消耗細胞所有能量的四〇%。

此外，還有其他機制來掌控物質的進出。最普遍的兩種，一是吞噬，也就是生物學家所謂的「內吞」（endocytosis），如吞食細菌或者接收其他大型分子等，另一種則是排除，把水泡般的東西從細胞膜推出。

以上種種便是細胞掌控物質進出的方式，如吸收營養、排出水分和其他有害物質等。這是一種選擇性的通透，膜上有受器以密切監控細胞內不斷變化的活動，並適時作出反應。也就是說，每個細胞膜都是重要的參與者，在整個生物體的一系列操作中，持續在變動中調節，你和我被它們所圍繞，也身在它們之中。

再來說到細胞核。所謂的核便是核心，也就是最精華的部分。早在一八三一年，布朗就發現了細胞核，且斷定這是細胞最重要的結構。然而，他還不知道這也是掌管細胞一切活動的中樞。細胞核的實質重要性在於其中物質可調節細胞功能和決定遺傳。這種化學物質就叫作DNA，也就是去氧核醣核酸。難怪生物學家說細胞時，會說它是「細胞核的勢力範圍」。

細胞核包裹在雙層膜內，孔洞隔著一定間距排列，許多小孔可讓物質進出。構成細胞核的物質主要是一些鬆散纏繞的線狀纖維，此即染色質（chromatin），這些染色質在複製的過程中會旋轉得更加緊密而成為染色體（chromosome）。以人類而言，共有四十六條染色體。每一條染色體都有一個DNA分子，以及大約和DNA等量的蛋白質物質，這些蛋白質就有如支架。

每個DNA分子都有相當長的一串基因，因為DNA是核酸化合物，一旦與蛋白質結合就會產生纖維，此即核蛋白（nucleoprotein）。

正常狀況下的細胞核，DNA不會完全展開，而是千折萬折縮成一個包裹。若在標準顯微鏡下觀察染色體，實際上會看到的是折疊起來的DNA還有它的蛋白質支架。在DNA裡的就是所有人類細胞的四十六條染色體，當它延長展開時，完全拉直約有一．八公尺。

對任何想要介紹基因概念的人來說，這是個很好的切入點。基因包含著能夠傳給下一代的生物資訊。我們每個人體內約有五萬到十萬個基因。基因是遺傳物質，是DNA的片段。每個基因在DNA分子有固定位置。只有細胞的DNA的一小部分是由基因組成，也許低於百分之十。因此，從表面上看，一個基因不過就是DNA分子上的一個化學結構。如果你認為沒有什麼比生命更重要，那你就可以準備來看下面文章了。

DNA分子到底是何方神聖？

任何核酸都是由無數個核苷酸（nucleotide）構成的長鏈，還有些核酸，例如DNA，這兩條螺旋上各有好幾百萬個核酸，櫛比鱗次地一個挨著一個。某些核酸（DNA就是其中一種）不只是一條而是兩條纏繞在一起（偶爾會講得太晦澀，科學家要減少冗詞，便稱之為雙螺旋〔double helix〕），如在蛇杖上兩條一模一樣的蛇交纏著。

DNA螺旋上的每個核酸都由三種分子組成，再結合成一個單位：核糖脫去一個氧分子的去氧核糖（deoxyribose）、含氮鹼基，以及含磷也含氧的分子叫作磷酸鹽（phosphate）。有四種不同種類的鹼基，分別是鳥糞嘌呤（guanine）、胞嘧啶（cytosine）、胸腺嘧啶（thymine）和腺嘌呤（adenine），同時也有四種相對應的核苷酸。

ＤＮＡ的兩股都是長長一串核苷酸，鹼基向內作為兩股的連結，整個骨架看起來就像是螺旋梯。科學家稱這種組合原則為鹼基對（base pairing），核苷酸基質的組對必須按照一定的方式，比方說鳥糞嘌呤（guanine）只能和胞嘧啶（cytosine）一組，胸腺嘧啶（thymine）只能與腺嘌呤（adenine）一組。如果有人想要知道雙螺旋的長度，可以發現這些核苷酸的數目龐大且排列次序不同，因而會有個體差異。一個細胞內的ＤＮＡ就多達三十多億個組對，而在人體四十六條染色體中，任何一條都有一億個組對——你可以想見這個數目有多驚人。

所有動植物的ＤＮＡ都一樣，之所以造成這麼多不同的種類，在於組對次序的不同，不同的遺傳訊息便因之而生。說來，人類和黑猩猩的核苷酸排列順序極為相似，只有一％不同！難怪兩者成為動物王國裡的近親。

組對的順序有時會發生變異，這就是所謂的基因突變（mutation）。突變的發生可能是為了因應更險惡的自然環境。愈能忍受下去的愈可占優勢——這就是物競天擇的祕密，也是演化的原則、生命得以在這座星球生生不息的奧祕。

若要了解ＤＮＡ分子複製的過程（編注：原文用duplicate，有備份的意思，但作者補充科學家偏好用replicate，含有照著某個程序重新複製一次的意味），請想像兩條交纏在一起的螺旋長鏈開始分離，然後分成兩條各有數百萬核苷酸的長鏈。不管是鳥糞嘌呤、胞嘧啶、胸腺

圖 5-2　DNA 複製過程

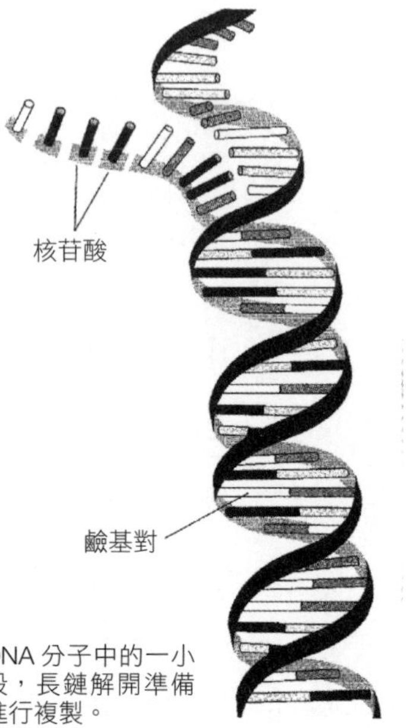

DNA 分子中的一小段，長鏈解開準備進行複製。

嘧啶或腺嘌呤，每一個鹼基都突出在長鏈之上，有如梳子般，整個看來就像從中分成左右兩半的梯子。這時有許多的核苷酸就飄浮在細胞核中，而突出的鹼基就開始尋找和它們配對的另一半。由於鳥糞嘌呤只能和胞嘧啶一對，胸腺嘧啶也只能與腺嘌呤一雙，如此雙雙對對組成和原來一樣交纏在一起的兩條長鏈。結果就產生另一組新的雙螺旋，就跟先前還沒分離的那組一樣。

這整個過程是由細胞核中的DNA聚合酶（DNA Polymeras）主導。酶是種可加速化學反應的蛋白質，如此便可節省細胞能量的消耗。有時，沒有酶的介入還真無法行動。酶是我們體內的催化劑，約有一千多種，每一個皆主導特殊的化學反應。

酶不只會在DNA複製過程（包含解開長鍊、重組和除錯）中起作用，也會修復遭到化學毒害和輻射傷害的DNA。成群的酶總是沿著無數DNA的長鍊移動，巡視有沒有地方遭破壞或者異常，一發現便要立即修復。其中幾種是專門修復DNA，酶會切除有問題的地方，使細胞免於立即傷害。在細胞內部，這些機制不過就是整個人體維持恆定的其中一例。

所有酶和其他蛋白質都是細胞構成的一部分，依循ＤＮＡ內部的化學訊息而動。訊息的特性取決於極長分子中核苷酸排列的優先次序和類型。未免讀者受挫，我要提醒大家：ＤＮＡ分子就是由成雙成對的核苷酸組合而成的長鏈；基因就是這些核苷酸特殊的排列方式，但基因只是ＤＮＡ分子中的一段。此外，並非所有的ＤＮＡ都是由基因組成的，事實上，大部分都不是——基因只是在ＤＮＡ分子長鏈上間斷出現的一段。大多數基因的功能主導蛋白質的合成。

科學家口中的「基因密碼」（genetic code），就是ＤＮＡ中的核苷酸排列順序和蛋白質分子中胺基酸（animo acid）間的關係，最終的蛋白質合成會用到ＤＮＡ中的這些資訊，換句話說，製造蛋白質的過程是由基因決定。

蛋白質是所有生物分子中最多樣的，它們能夠執行各種任務。有催化劑功能的蛋白質就是酶，也有的蛋白質是結構蛋白，能夠生成肌肉和骨頭，調節蛋白就是荷爾蒙，還有許多蛋白質能調節基因活動，通道蛋白就像孔洞或者導管能使分子在細胞內外進出，受器蛋白可以接收訊號，免疫蛋白就是抗體，可以防禦身體免於外界物質侵入。

就蛋白質分子而言，是由一個或好幾個多胜鏈（polypeptide chain）所組成，而一個多胜鏈又是由三個或三個以上的胺基酸構成的。因此，每一個基因（也就是每一小段的ＤＮＡ）都攜帶著某種多胜鏈的組合密碼。它必須用這樣的方式解碼和傳遞訊息，告訴細胞如何製造基因的特殊蛋白質。這裡必須說明，ＤＮＡ全長中只有一小段構成了基因。事實上，ＤＮＡ上能夠製造蛋白質的部分應該有數千個鹼基對之多。

如果知道核苷酸的排列順序為何，因而會產生哪一種多胜鍵，由此生成何種蛋白質，基因的密碼就破解了。難怪科學家無不熱中於基因複製，可預見未來十年將有愈演愈烈的趨勢。我們接著就能夠專注在我們身上各個基因，接著就能識別出它在個體生命延續和繁殖中所扮演的角色。

基因製造多胜鍵這個任務，就像大多數的生化途徑是間接的，必須仰賴一種名叫RNA的核醣核酸。因此，RNA可視為DNA的翻譯者。RNA就像DNA，是由鏈狀的核苷酸所組成，差別在不是一長串，而是一小股，而且是利用核醣而非去氧核醣。此外就基質而言，RNA是以尿嘧啶（uracil）來取代DNA的胸腺嘧啶，因此尿嘧啶和胸腺嘧啶一樣，會和腺嘌呤成雙成對。

RNA的合成和DNA的複製有點類似。DNA中的某一段會先行解開，之後包含核醣和尿嘧啶的核苷酸就會在酶的指示下開始組對，成為RNA分子。然後，DNA把這一小股的RNA釋放出來，隨即長鏈又再合上。因此，DNA可說是製造RNA的模板——這個過程就叫作轉錄（transcription）。之所以用轉錄這個名詞，是因RNA即將按照這個方式成為另一個製造多胜鍵的模板。也就是說，某一特別的訊息以密碼記錄在一段DNA分子（基因）上，再轉錄到RNA，而RNA隨即將之翻譯成某種多胜鍵，這種多胜鍵又將成為某一種蛋白質分子的部分組合。發現DNA雙層螺旋結構的生物物理學家和遺傳學家的克里克（Francis Crick），說得再清楚不過了：「一言以蔽之，DNA製造RNA，RNA又製造蛋白質。」

細胞質裡的特殊氨基酸接觸RNA分子並在適當位子就定位，接著製造多胜鍵，這個過程就叫作轉譯。這發生在細胞質，RNA會透過細胞膜的孔洞從細胞核出來。

回頭來看蛋白質的合成，可以清楚看到哪幾個步驟是必要的：要有資訊來源，即是DNA裡的核苷酸序列（基因）。要有解讀訊息的適當形式，即是RNA的轉錄。要有解碼再製造新蛋白質的能力，就是RNA作為製造多胜鍵的模板，又稱轉譯。整個工作都在酶的監管之下，它們自己製造蛋白質的方式也一樣。催化劑大大加速生物體內的化學反應，每種酶都參與特定反應。酶同時也參與細胞所需四種分子的製造和新陳代謝：蛋白質、脂肪、醣類和核酸。製造酶和蛋白質是DNA的基本功能，這些都是細胞獨立運作所需。

由此可以得知，DNA分子某一小部分的畸變將會造成生成的蛋白質異常。即便只是遺傳基因一個小小的缺憾，卻會造成嚴重的後果，如導致紅血球生成異常的鐮狀細胞症（sickle-cell disease）。

這種可怕的貧血症較少發生於沙烏地阿拉伯、印度和地中海盆地一帶，而好發於非洲黑人的後裔。在美國，幾乎都發生在黑人身上，約有七萬五千名美國黑人飽受此病之苦。這是源於父母雙方的隱性基因（recessive gene）。若異常基因只來自父母其中的一方，則不會發病，只帶有鐮狀細胞性狀（sickle-cell trait）而已。

以鐮狀細胞症的成因而言，關鍵就在一個有缺陷的基因，因而在合成紅血球分子的多胜鍵時出了差錯，導致異常紅血球的生成。也就是說，基因把錯誤的胺基酸放到多胜鍵中。在某些情況之下，如血中的氧氣濃度低時，異常的血紅素分子將集聚在紅血球內，形成晶體般的結構、拉扯細胞膜，進而使整個血球細胞扭曲、呈現鐮刀狀。若因脫水造成血液濃度太高，或是因嚴重感染導致酸性增加等，鐮狀細胞症將更形嚴重。

這種畸型的紅血球在擠過微血管時，常會嚴重折損，因此數量大減，造成嚴重貧血。由於細胞膜形狀扭曲而呈不規則狀，很容易堆積在一起造成團塊，微血管因而滯流不通。運送氧氣的血流量一減少，組織缺氧便會引發嚴重的疼痛，甚至痛到生不如死的地步。痛到最高點時就是所謂的鐮狀細胞危機（sickle-cell crisis）。若是非常多的微血管阻塞了，組織便會遭到破壞，如骨頭壞死、皮膚潰爛等局部問題，整個器官更可能就此報銷。最可憐的器官莫過於脾臟，經過幾年的折磨慢慢失血之後，最後變成一個沒有用的小瘤。通常病人到了青春期，脾臟只有一顆梅子大。脾臟失去功能對免疫系統影響很大，患者更容易受到感染。

身為外科醫師的我，雖沒有直接診治過這種病患，卻有好幾次必須挺身而出，幫忙處理併發症。比方說，這些病人常需要切除膽囊，因其紅血球遭到破壞後，會釋放出一些物質而聚集成結石。眼見這麼一個小小的基因缺陷居然可以毀了一個人的一生，實在深感驚奇。我於是請血液科的同事安排我和這樣的病人認識。阿奇是個三十五歲的黑人，個人病史大概囊括了鐮狀細胞症所有可能併發的症狀，一度還受邀向一群醫學生解說自身病史。在得知阿奇的故事之前，我實在無從想像一個小到不能再小的基因錯誤，竟會造成這麼大的悲劇。

對大多數罹患鐮狀細胞症的病人而言，必須面臨永無止境的折磨，每一個小時的生存都會遭受威脅，分分秒秒都可能爆發痛徹心肺的劇痛。任何一種併發症、炎熱的夏日或是過度用力，都有可能折磨上好幾天，只得仰賴大量的止痛劑，更可怕的是劑量愈用愈重。阿奇因為疼痛不堪來到耶魯新港醫院急診室，說來已有好幾百次了，住院的時日更是數都數不清，他早就不再計數到底在病房忍受過多少個噩夢般的日子。就以併發肺炎住院為例，少說也有二十次。

即使沒有遭到病痛的攻擊，貧血的狀況也是非常嚴重。他的血球容積比為二四%，鐮狀細胞作怪時更會掉到一八%。相形之下，正常人的血球容積比則為四二%。也就是說，他的組織早已缺氧，一點用力的「本錢」都沒有。可預期的是，組織及細胞內氧氣濃度低，將會導致生長障礙。瘦瘦小小的他，正如教科書上形容的「一身是痛」，還有一個典型的特質：過去十二年來，他止痛藥成癮。

我問阿奇，他的童年和一、二十歲的少年時期是怎麼過的。

患上這種鐮狀細胞症的孩子當然與眾不同——為何唯獨我有這種缺陷。我不能和其他孩子一樣活動，運動更是禁忌。因此盡量在不用花費力氣的項目求表現，比方說美勞。由於不能跟大家一起跑跳嬉戲，我慢慢變得孤僻。

以前我發病過幾次，第一次非得求助於藥物是在十一歲那年。那種「藥到痛除」的感覺真是快樂似神仙。在那次之後，我衷心希望，每次打了針就不痛了，不用再忍受那麼久的折磨了。因此每次病發，我就衝到急診室，要求醫護人員為我打上一針。

很多人沒有聽過鐮狀細胞症，我說我就是這種病患時，他們立刻飛快地在胸前畫個十字，好像可怕的吸血鬼會就此消失，還有些人露出避之唯恐不及的神情，落荒而逃。有人問我，為何我的眼球常常黃黃的，那是因為紅血球破壞、分解後的物質沉積在血液，造成黃疸。一談起這些，我就覺得羞愧，為什麼我就是與眾不同，哪有人的眼珠像我這樣黃得可怕。上高中時，我病得很嚴重，課業都趕不上。骨瘦如柴的我，再怎麼吃都胖不起來。最後，我只好退縮到只屬於自己一人的世界。

對阿奇來說，最難熬的莫過於冬天，不是因為併發肺炎，就是因「寒氣鑽到關節裡去了」。當然，夏天也不好受，一流汗就會脫水。由於一再進出急診室教人不勝其擾，院方索性請他住院，一住就是幾天甚至幾個星期。阿奇和其他同病相憐的病友一樣，動不動就遭受感染，有一回下巴長了個大膿包，不得不在全身麻醉的情況下，切開一個大洞把膿汁引流出來。由於感染，皮膚和喉嚨下方的組織都腫大得厲害，只好再施行氣管切開術，做一個暫時的開口，以免窒息而死，至今他的喉嚨上仍有明顯的疤痕——這就是他走過鬼門關的印記。

阿奇發病時，雖然四肢較會疼痛，但最嚴重的部位還是在腹部。血液科主治醫師告訴我，這是因為供給脊椎前方和腹肌血液的血管，被畸型的紅血球團塊阻塞。接下來的數天，也會伴隨嚴重的肌肉痙攣。

這種感覺就好像有人一把抓住你的腸子，不斷地用力擠捏再放鬆，擠捏再放鬆，有如脈搏一樣規律。這種痛楚有時較緩和，有時則痛到令人無法忍受。我的痛苦如此劇烈，有時真恨不得請人拿槍斃了我。鐮狀細胞症能耍的把戲，我都看過了——我在二十出頭即經歷了膽囊手術、肺炎和下巴膿包等。我也得過B型肝炎，那是因為靜脈施打毒品所致。那時，我的病嚴重到醫師不得不告訴我父母，可以為我準備後事。我騙醫師說，我的B型肝炎是經由性接觸傳染。我不想讓他們知道我已經身陷毒窟而無法自拔。

阿奇在二十歲出頭那幾年，病痛的折磨尤烈。差不多有兩年半之久，平均一個月到急診室報到三次，每次發病都會持續三至四天。就在這個時期，他不但有膿包、肝炎，連肺炎都來「湊熱鬧」。但這些都不及以下這段就診經歷來得刻骨銘心。

我和父母同住。**（阿奇來自一個穩定勞工階級家庭。父親是卡車司機，母親斷斷續續作過各種工作，比如裁縫或者家庭主婦。姊姊嫁人了，育有兩個小孩。）**一天深夜，我突然遭到劇痛奇襲而醒來。起先只有肚子，不久之後，從頭到腳都淪陷了，完全為疼痛所占領，還發高燒到三十九．四度。我叫喊爸爸，他過來時，我已從床上滾到地上，且縮成一團，無法站起來。他立刻送我到急診。事實上，我早就是急診室的常客了，而且濫用藥品到惡名昭彰的地步。

當晚的值班醫師早就知道我的底細，因此絲毫不為所動，防止人們濫用醫療系統的資源。

在那個特別痛苦的夜晚，她漠不關心，只給我一丁點藥意思意思。她以為我在假裝。之前有時候我只是一點點痛也會來醫院，不過裝痛的次數可能還是比較多。

她只開給我一百五十毫克的止痛劑配西汀（Pethidine，俗稱Demerol）。以我這種體型的人來說，這樣的劑量已是一般人的兩倍多了，但是對我那劇烈的痛苦而言，卻猶如杯水車薪。她就這樣不理不睬，讓我在急診室活活折磨上三個小時，我在地上打滾，痛哭流涕，大聲哀嚎。父親也沮喪萬分。醫師見狀態度才軟化一點，她說：「好吧，我還是開多一點，大家耳根才能清淨。」她給我十毫克的嗎啡止痛，分成兩次肌肉注射，每次五毫克，間隔約十分鐘，直接打在我臀部上，然而連一點屁用都沒有。這時，實驗室的血液報告出來了——我的血球容積比實在低得可怕。那位鐵石心腸的醫師終於在十毫克嗎啡打完二十分鐘後，再給我十毫克靜脈注射。這時痛苦才消退一點，我得以坐起身來。之後，我住院達兩星期，每兩、三個小時就得消耗一百五十毫克的配西汀。

那時，阿奇已在疼痛難忍的情況下投入毒品的懷抱。然而，毒品仍不能讓他滿足，他還是常上急診佯裝發病，操控有惻隱之心的住院醫師開給他一個禮拜的強效止痛劑——這些配西汀和美沙酮（methadone）錠劑加起來足足有一大袋。就這樣，連續得逞好幾個月。有一天，好心的住院醫師在同事提醒下，才知道自己是婦人之仁，從此不再任阿奇予取予求。

在這段行騙期間，阿奇前腳才走出醫院，毒販後腳就跟來了。阿奇隨即以九百塊美金，約是市價九折，把這一大袋足足有兩百顆的強效藥賣給毒販。毒販之所以願意付這個價碼，是因為除了醫院外無處可得。接著，阿奇就用這筆錢來買古柯鹼，再加以純化，成為他渴求的、濃烈無比的「珍品」。一開始是吸食「原味的」，也就是未經提煉的原料，最近幾年愈來愈流行這種純化過的。

相較於讓阿奇形銷骨毀的鐮狀細胞症，古柯鹼可說是啃噬他靈魂的病魔。

這時，我的痛苦愈來愈劇烈，我把感覺說給醫師聽。但是到某一個程度，他們就不再相信了。於是，我得不到需要劑量，只好尋求其他管道——毒品就是最好的選擇。我的第一課是古柯鹼，而帶我入門的老師就是我舅舅。我曾合併服用幾種止痛劑，有一次我試了海洛因，結果嗆得我受不了，因而作罷。經過一段時間的嘗試後，終於發現純化古柯鹼是上上之選。之後的六、七年，這東西一直是我的最愛。以前我也曾把古柯鹼摻水用針筒注射，十次有九次沒有消毒。

就古柯鹼的真正純化過程而言，必須使用乙醚和氨等化學物質。我沒有那麼專業，只是混合蘇打粉再加水煮沸，冷卻後便凝結出一顆顆像油球的古柯鹼。這時就可放進煙斗抽，一抽就會發出啪啪聲。

為了這個奢侈的癮頭，阿奇不得不下海販毒。「說來，毒品買賣也是一種階級象徵——我因此搖身一變成為有錢人。像我這種人，再有錢也會揮霍光，於是把一些錢寄放在親戚那裡，等哪天我洗手不幹了，再取回『老本』。其實，我一直有改邪歸正的念頭。」然而，他還是愈陷愈深。

阿奇這個苟延殘喘的傢伙，從一九九一年到九五年這四年的光景，都以骯髒的巷道和廢棄的房子為家，還捲入幫派的械鬥，曾開槍打人也曾中彈，還搶劫下班離開醫院的護理師。他的生活圈完全脫離不了新港毒品交易最熱絡的那三、四條街。他的前額有道長長的疤，那是在古柯鹼作用下，逞凶鬥狠卻被三個彪形大漢痛毆到不省人事。還有一次在盛怒之下，一刀畫破女友的咽喉——還好割得不深，沒有致命。現在的他，形容那時的自己為「典型的壞胚子」。同時還一再發病，一個危機緊跟著一個，只好乖乖回到急診室或住院。

在這段自暴自棄時期，他自知若不脫離毒品，只有死路一條。墮落到這般地步，連家人都拒他於千里之外，根本不想再見到他。他的母親悲痛萬分地說：「如果妖魔離去，本來的你又回來了，我自然會認你這個兒子。」

一九九五年二月，阿奇的父親罹患嚴重的心臟病。阿奇的媽媽好不容易找到他，跟他說這個壞消息時，他正好嗑藥嗑得飄飄欲仙。直到今天，他仍然為這件事遺憾萬分，他說若不是當時神智不清，他早就衝到醫院探望父親了。

一開始，他父親看來還挺得住，但他知道自己時日無幾，終於把阿奇找來病榻前，看看能不能喚醒他最後一點責任感。這個奄奄一息的父親說：「阿奇，要好好照顧媽媽。」兩個星期後，死神帶走他的父親。此時，也是阿奇生命的轉捩點。

阿奇之所以一頭栽進古柯鹼，主要是由於舅舅的「啟蒙」。這個活力十足、口才極佳又對女人很有一套的舅舅，一直是阿奇崇拜的偶像，他的反應似乎也很靈敏，看到苗頭不對，立刻見風轉舵，然而他也有其限制。有一天，他自覺自己走到盡頭，於是決心回頭。就在他參加姊夫葬禮那天，距他和古柯鹼一刀兩斷已屆一年，且這些日子以來一直住在康乃迪克州的戒毒之家。他也邀請阿奇前來，共覓新生。因此，阿奇的再造恩人正是差點毀掉他的人。

我第一次與阿奇碰面那天，正是他父親的一周年忌日。那時他已脫離毒品整整五個月，他之所以能成功，不是因為治療有效，或接受了心理輔導，也不是戒毒所的功勞——完全是意志力的勝利！

這麼做實在是太值得了。神奇的是，阿奇從此很少再遭到鐮狀細胞症的威脅，或許是他比較知道如何照顧自己，避免危險因子，如脫水、畏寒、肺炎、古柯鹼和體力的過度消耗。在我和他長談後的第二天，他還準備去一家汽車經銷商應徵業務代表呢。他滿懷壯志地說：「我將伸手摘月，若是失敗，將仍與星辰同在。」以前我可能還會懷疑，未來他是否仍會設下圈套，欺騙經驗不足的住院醫師。但是根據他過去一年來的表現，這句話聽來就像盟誓。

我問阿奇，十年後他想成為什麼樣的人。「我想當醫生」，他脫口而出。年屆三十五、只有高中學歷，加上鐮狀細胞症的威脅，人生又如此苦短，這個目標還真是遙不可及。然而，且看這個毅然決然從長達十二年毒癮走出來，同時勇敢和鐮狀細胞症相搏的人——對他來說，天下沒有不可能的事。即使失敗了，仍然可與日月爭輝。

顯然基因和蛋白質，也就是化學合成物決定了我們的本質。不管它們有多複雜，它們就只是分子，而分子就只是一群原子藉著化學鍵能（bond of energy）連在一起。分子這個字源於拉丁語的「小質量」（small mass），意思清楚明瞭，指的就是一群原子的質量。製造出我們的原子，便是宇宙中構成多數初階生物和非生物的物質。而我有自己的論點，人類生命的富庶和多樣是我們的分子和細胞自己的產物。

岩石分析顯示它已存在三億六千年之久，早於生命存在之前，這表示岩石之中已包含那些構成生命的所有原子。相對應來說，似乎今日人類的基礎元素在很早的時候就可見端倪，不只是在地球構造中，在大氣中也是一樣。創造生命所需的一切，就是一股能量將原子凝聚成一團簡單分子，接著簡單分子再逐漸增加複雜性。有科學證據指出事情就是這樣發生的。

有一場實驗用多種方法重複無數次，確實作到了「生命創生」的模擬，一九五三年的米勒（Stanley Miller）是芝加哥大學研究生，他從尋常氣體中創造了氨基酸，想必它本來就存於地球早期的大氣中。他的指導教授烏瑞（Harold Urey）發現了重氫（heavy hydrogen，即氘〔deuterium〕），並於一九三四年獲得諾貝爾化學獎。烏瑞的氘研究和往後放射型原子研究使他關注起太陽系的星球大氣和起源。研究發現地球早期大氣跟現在木星很相似，都是水蒸氣和簡單氣體的混合狀態，包含氫、甲烷和氨，這幾種氣體的組成都不超過四個原子。水和其他氣體只包含碳、氧、氫或者氨等元素。

米勒在一個玻璃室裡做實驗，並連續施以電流，製造閃電。在一周之後，針對玻璃室內混合物的分析顯示當中帶有由生物製造出來的一些複雜化合物，包含氨基酸。

米勒的發現開啟了研究新分支，叫作非生物化學（abiotic chemistry，亦即無生命），主要研究三十五億年前生命是從什麼樣的事件中突現。只要提供足夠能量和條件符合的環境，由非生物化學家演示，生物製造的許多複雜分子，也可以由原子以及簡單的氣體化合物製造出來。從原始實驗一路往下發展，米勒和他在加州大學聖地牙哥分校的同僚，已經從二十種氨基酸中「創造」出其中十三種。非生物化學實驗不只製造出氨基酸、糖類和脂類（lipid），甚至還有DNA和RNA的組成成分，如核苷酸。

過去幾年米勒的團隊和其他人已展開實驗，並能合理解釋這類物質的製造起源。某些化學家對米勒的實驗設計和實驗結果的詮釋固然有所保留，無法像他說的那樣，將結果視作決定性證據，因此也有其他替代理論出現。但這些人的理論——除了一個人假設早期有機分子是隨彗星、隕石和星際塵粒抵達地球——其他人假定地球生命的演進是以一種或者其他方式，從惰性無機物質中形成早期有機分子。

給予千百萬年的時間，使無數原子得以隨機生成的適當物質條件，還有足夠充沛的能量才能將原子團變成從未有過的複雜形式，這不是奇蹟是什麼？原先有機物質中的相對少數幾種原子會結合，結合數量發展到一定程度時，根據機會法則，大量分子的生成就無可避免。一旦通過這個關鍵時點，就只要在漫長時間中等待DNA的出現，再來就是生命了。生命的舞台已經準備完成，只有這些存活下來的突現形式最能適應地球大氣。遵循這一條規則，最終智人就會緩步出場。人類終歸是會走路的大塊分子團，由原子中的碳（C）、氧（O）、氫（H）、氮（N）、硫（S）、磷（P）、鎂（Mg）、鉀（K）、鈣（Ca）、鐵（Fe）和其他組成。我高中時學到一句口訣就是由生物體內數種少量元素組起來的，叫作：「S．P．柯恩的魔法咖啡。」（S.P. COHN'S MgK CaFe.）過去人體內整堆的化學物質大概只值九十八美分，大概可以搭十九次從布朗克斯到貝特尼的紐約地鐵，還剩可以買三條口香糖的錢。

如果這是真的，就像大部分科學家所相信的那樣，地球上的生命之所以出現，原因就在於以下三點：(1)遵守熱力學定律的簡單化學反應，產出幾乎可說是不可避免的結果；(2)根據機會法則，眾多原子結合並隨之發展；(3)照著自然汰擇理論，新生命構造要能生存。某些生命形式難道不可能也正好存於宇宙某處，一連串大氣和能量的演進變化難道不可能存在嗎？這只是猜測有可能，還是根據資料是有可能的？也許不只是根據資料有可能，在實情上也真的有可能發生？

我們這個時代最前瞻的思想家都提過這些問題。我在此想要引用一九七四年諾貝爾醫學獎得主諾維（Christian de Duve）的談話。諾維是研究細胞構造和功能的比利時裔生物化學家，在講到非生物過程中製造出活細胞的充分條件時寫道：

在地球前生物期（生命出現之前）的條件下，演化必定會發生。甚至只要類似條件也都具備，就可能會發生在任何地方、任何時期……

所有條件使我作出這樣的結論，生命是物質必定會如此發展的具體表現，可能誕生在任何條件適合的地方……應該有無數發生地點，也許每個星系就有一百萬個之多……生命是宇宙的首要之事。宇宙充滿生命。

諾維的觀點反映出非生物起源科學圈子裡共享的一個假說。他們指出，這也許不是一般意義下的碰巧，才匯聚起多樣的分子形式，進而變成複雜結構，可以製造蛋白質以及帶動生命現象。十幾億年前地球的化學和物理狀態，也許使生命的開端勢不可免。基於特殊原子和特殊能量來源的特徵，具體結果早就由物理和化學定理預先決定了。這個概念被思想家（特別是科學哲學家）稱為決定論（determinism）。決定論指涉在確切條件下，觀測結果就是唯一的可能。任何現象當然都無法證明此一主張。

物理、化學、能量、機會、機率等不容質疑的定理，甚至是自然汰擇的存在，真的就是在說現有條件都是預先決定好的，同時也是注定如此嗎？

注定（predestined）這個大字應該使人停下來想想，是否在此要排除上帝。我不是不可知論者，不會只因為現在不知道的事情，就稱自己為無神論者，起碼要考慮一下我們至今對第一原理的全然無知吧（即使這個時期的少數人還能談論大爆炸、超絃理論、量子跟夸克），還有自然法則到底是什麼、能量與物質的終極來源這些也付之闕如。我相信這些神祕終有一天能夠得到解答，也許藉著同樣的科學方法，假說、實驗和理性就曾讓我們學到非生物化學和其他科學領域的知識。人們永遠都會發現新的調查形式、新理論和新原理。儘管我相信科學是最終解釋所有事情的途徑，現階段的無知仍讓我內心空虛，和知識的空白恰成對照，空留一種人們稱之為靈魂的疾病。可能正因為此般空虛，人類才尋求療癒，要藉著一說再說探尋意義，尋求人生的肯定，進而擴展精神體系，諸般特質我又要再次稱之為性靈。

假使我們依循十七世紀哲學家和數學家萊布尼茲的陳述「沒有靈魂與形體分離」，也就是說，沒有精神是與細胞分離的。如今有必要再回頭討論這句話。到目前為止，只有討論細胞膜和細胞核，統稱細胞質。細胞（cell）一詞源於拉丁文，我們允文弄墨的祖先基於他們自己高深莫測的理由，轉從希臘文找一個字形容這個字的意思：kyto就是細胞，plasma就是一種成形之物，儘管細胞的意義不止如此。細胞裡有稱作細胞液的半流體，它能使細胞運作並提供能量。

細胞是由不特定形狀的各種蛋白質網絡所塑形，可叫它細胞骨架。在細胞液裡有許多胞器（organelle），就像細胞核包在細胞膜裡。每種胞器有自己的功能，比如消化和合成，修改蛋白質和其他物質，丟掉廢棄物還有提取能量以供各種細胞活動使用。因為接下來即將進入更深奧難解的生物學範圍，即便我無意把事情弄得更複雜，但如果不一一列出這些胞器的名字，就是我的失職。在沒有按照重要程度排序之下，當中比較重要的是高基氏體（Golgi body）、溶體（lysosome）、粒線體（mitochondron）、內質網（endoplasmic reticulum）、核醣體（ribosome）。事實上，細胞核就是一種胞器。

簡而言之，前面章節提到生命特徵的所有功能，只要我們活著的時候都在持續運作，當中不少運作都作用在胞器裡，或者跟胞器接觸。在任一時間，任一細胞，數百萬分子正在發生交互作用。整個過程並非安靜無聲，嘈雜狂亂的聲響無止盡地從細胞中心向外傳播監視、指令、行動方針，對某些耳朵聽力異常敏感的傳說生物來說應該會非常痛苦。身體其中一個器官製造出來的聲響可能就已經無法忍受，更別說整個人都處在這個情況下——這個嘛，他可能從鄰縣就聽得到。這股混亂的忙碌氛圍就類似於同間廠房裡高壓運轉的機器和相互吼叫的工人，身體連動的狂怒與動蕩不安，也都必須保證產物的狀態恆定，不管情況時刻都在變化。這個產物就是生命。

所有事情環節都想清楚時，細胞生理學的細節也不至於讓人這麼驚訝。美國思想家愛默生（Ralph Waldo Emerson）寫出以下這段話時，尚對纖毫之物如內質網、核糖體一無所知：「人一生中就有那麼一刻驚人得真實，比編的故事還光輝奪目。」廣大的細胞生物學知識只是徒增驚訝之感。跟熱情昂揚的聖詠合唱（chorale）相比，這生活中聞所未聞的嘈雜聲響簡直就是交響樂。

就像任何工業經營都要有動力來源，細胞功能的整體基礎便在於足夠可用的能量，能量定義就是可以運作的能力。一個原子之所以存在，就是因為它是個粒子都鍵結在一起的能量團

（包含電子、質子、中子）。簡單來說，細胞之所以存在，就是因為它是由原子組成的能量團。因此是能量維持著人類的整體。幾乎地球上所有能量都來自太陽。太陽能量為植物和動物吸收，再成為我們食物的一部分。太陽能量也包含在食物粒子鍵結的過程中。

照這樣來說，所有粒子都包含能量，但有些不只如此，因為鍵結的強大本質就是要保持粒子的結合狀態。腺苷三磷酸（Adenosine triphosphate，又稱ATP）就是生物體內最重要的能量傳遞分子。它需要很大的力氣才能防止其組成分解，甚至本身也不是非常穩固——不但容易分開，也會隨之釋放能量。

ATP功能是在細胞內部把能量帶到另一個地方，釋放能量需要各種化學反應。由於細胞持續不停在反應和相互起作用，顯然ATP的角色很關鍵。ATP中的能量由葡萄糖供應，細胞裡的葡萄糖（一種單醣分子）分解成二氧化碳和水時就會釋放出能量。接下來會發生：消化食物得來的葡萄糖會被腸壁血管吸收，進入全身血液中，進到身體每一個細胞裡。只要一到達細胞，就會分解成二氧化碳和水，在過程中釋放能量。能量會用來生成新的ATP分子，持續不斷造出新的ATP，功能就是要把所有分子都鍵結在一起。ATP在細胞裡輸送能量到起化學反應的地方，此時就會分解ATP。因此ATP的功能就是從葡萄糖轉化能量，再到細胞化學反應需要它的地方，這對身體正常運作來說不可或缺。ATP會不斷分解又重新生成。葡萄糖則是身體主要能量來源。總歸來說，葡萄糖往往來自我們吃的食物。

我們如此依賴細胞的ATP，其每天分解次數還高於我們的體重數字。因為我們不斷在吃也都有在呼吸，我們持續攝入能量，這表示會重建並且給ATP充飽能量。每個承載能量的分子就像小電池，一天要用完、重建數千次，有時是數百萬次。

所有一切都如此令人著迷，還有很多事情保持神祕，尚未揭露。但在原子、分子和能量交換中沒有什麼奇蹟可找。致力尋找者終究只是一場空。奇蹟不在我們的肉體凡軀，而在於我們怎麼使用它。在動物生命的最早期舞台，肉體和直覺花了很長時間找出方向，驅使生物去適應這種感覺，才能存活下來、並為他們的物種多做點事情。肉體和直覺發展出從所未有的複雜策略，因應環境變化，處理血液中持續變動的刺激訊號，而高等動物進一步演變，直到最後智人的出現。只不過，一切永遠起源於細胞。

Chapter 6

Biology, Destiny and Free Will

遺傳工程

具史觀的科學家依舊認為，細胞理論的三大原則為：細胞是所有生物體的基礎、所有的生物體都是由一個或一個以上的細胞構成、所有細胞均來自於先存的細胞。

細胞的複製就是遺傳之因。兩個後代中的任一個，亦即子代（daughter）的DNA和原來細胞的可說是一模一樣的複本，細胞質的結構亦完全相同。要讓這件事發生，就得先複製DNA，就像先前所說，細胞質如胞器、酶和RNA要在細胞裡以某種方法積聚、就定位，才能妥善分配給兩個子代細胞。

DNA複製的原理雖然相當簡單，但想像一下，每個細胞中都有多達三十億個組對，每個組對只能在細胞生命中的某個特定時刻絕對精準複製，說得更複雜些，DNA分散在四十六條染色體裡，在細胞分裂的過程中，許多部分必須在各種不同時間點上開始複製。科學家現在試著要去發現箇中深奧，這種發現很接近信仰千百年來給予我們的感受。況且當他們思考歸諸於上帝的奇蹟時，難道不會發現一切如此令人驚訝嗎？

科學也算是一個信仰系統。接受科學可能影響一個人對於上帝角色的想法，但不需要抹除這件事。一個人在這些事情上所作的決定，更近似他要打造個人奉獻和深切需求的基礎，而非關於這件事的事實，從這點來說不可知論者和信眾是一樣的。許多科學家選擇以熱力學安置他們的信仰，不過其他人只是重新整理自己的哲學思想，然後發現另一種新強化過的信念。

除了精細胞和卵細胞，人體其他所有的細胞都是雙套基因組（diploid，源自希臘文diploos，意思是雙重的），亦即它們有兩套完整的染色體，各來自父母。二十三條是來自父親，二十三條來自母親，加起來共四十六條。因為相同特性的基因存在染色體上相同的位置，這兩條成組的染色體就叫作同源染色體（homologus chromosome）。至於所謂的單套基因組（haploid，源自希臘文haploos，指單一的），則指只有二十三條染色體的精細胞或卵細胞。

每一個細胞中的DNA，則可表現這個物種的特徵。每條染色體上的DNA和基因的排列次序，就是我們所稱的基因組（genome）。物種遺傳的重要關鍵正是在基因組。科學家繪製所謂人類基因圖，就是找出每五萬到十萬個基因在二十三條染色體上的位置。基因組圖譜工程已在二〇〇五年時完成。如此我們就有一套基因目錄，猶如圖書館中查詢書名和藏書地點的檢索櫃一般。

一般體細胞所進行的分裂稱之為有絲分裂（mitosis），當有絲分裂開始的時候，細胞核中

圖 6-1　有絲分裂過程

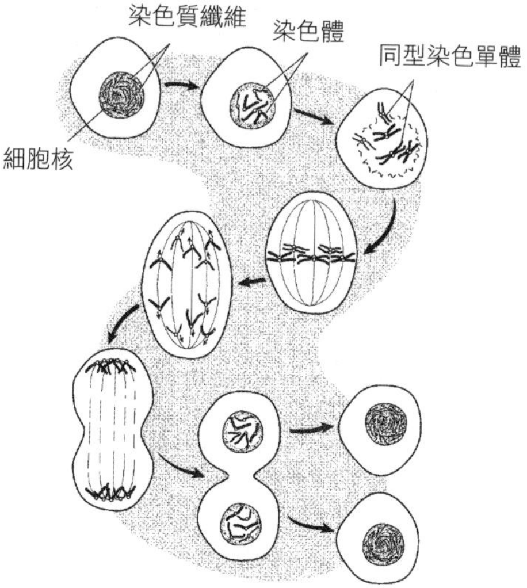

的染色質開始旋緊、纏繞、複製，形成我們知道的染色體。由於在顯微鏡下看來有許多絲狀線條，這就是有絲分裂的由來。在有絲分裂當中，兩個同型染色單體（sister chromatid）會互相靠近，再分離至細胞的兩端，接著細胞膜從中緊縮，兩個具有相同染色體及細胞質的新細胞於焉形成。

減數分裂（meiosis）則比較複雜，母細胞經過兩次分裂——第一期減數分裂（meiosis I）及第二期減數分裂（meiosis II），而形成具有單套基因組的子代細胞。這種現象發生在精細胞和卵細胞的形成階段，如果沒有減數分裂，人類的受精卵將會有九十二條染色體。

當減數分裂要開始時，細胞核中的染色單體會把自己壓縮成四十六對可辨識的染色體，從顯微鏡下看就像許多尺寸不一的絲狀物（希臘文描述絲線形狀就會用mitos這個字，才有減數分裂之說）。每對染色體上DNA的複製就如同第五章所說，同源二分體染色體暫時保持彼此相連，這型態稱作同型染色單體。往後同型染色單體分別來到細胞的兩極。包覆在細胞核周圍的細胞膜在此期間變得衰弱，允許同型染色單體進入細胞質。一旦染色體相互排列，細胞就會開始凹陷，好像細胞膜中間被針刺穿一般。凹陷持續加劇，直到細胞一分為二，各自都有自己的細胞質和所有親代的基因副本。

減數分裂某種程度來說更為複雜，因為它目的是要製造只有原先染色體數量一半的精原細胞和卵原細胞，過程中每個精細胞或者卵細胞（稱為配子，或者生殖細胞）需要當中一個生殖細胞的每對染色體。這需要兩次連續分裂，稱作第一期減數分裂跟第二期減數分裂。

在減數分裂期間會有連續數個步驟的變化，發生在二個配子各自二十三對染色體的少量DNA上，部分染色體會交換（cross over），導致基因重組，最終會創造出新的DNA，每個染色體都包含雙親基因。基因重組便是造成特徵差異的其中一個理由，小女孩和小男孩都是監管有方的長期預測結果。

當兩個新造的染色體配對自減數分裂中分開時，各自會到細胞的兩極去，事情不是母親那部分去其中一極，屬於父親的那一部分去另外一極。兩極各自有一組完整的二十三對染色體，隨機混合父母親的基因，當中每對染色體已經先交換過基因了。減數分裂後的細胞也就包含雙親各自不同程度的基因。隨機排序因素加上同源染色體之間的交換，表示每個精細胞和卵細胞要製造出我們之中任何一個，其父母基因的可能組合方式將會是八百四十萬分之一。當浪漫音樂和月光的催化與性愛活動一同發生時，經減數分裂的精子試著找到同樣減數分裂的卵子。要是其中有精子成功了，便會恢復雙套染色體數量，結果便是隨機混合了來自雙親無數代血脈的特徵。

在人類和其他動物身上，減數分裂過程中會發生一個小麻煩，但只會發生在女性身上。雙方的減數分裂中，其中一個子代細胞接收幾乎所有細胞質。這表示最終四個子代細胞中，其中一個非常大，另外三個會很小。只有大的那個子代細胞可以當卵子，其他三個細胞質不足，無法正常運作就活不下去。不意外這三個細胞會萎縮接著死亡。因此卵囊的減數分裂才會出現僅一個的卵子，而非四個相等的細胞。

蘊藏在卵子中的數百萬種可能組合，要與同樣變化多端的精子相遇時，發生變異的機會如此之高，以至於幾乎無法估量，尤其是我來看。一個群體（或者不同群體）中共處男女有著大型的基因變化庫，他們的後代可能引起遺傳特質變異。

遺傳如何決定後代特徵變化，不只是要看基因本身。包含在受精卵裡的基因組合，和表現在從受精卵一路發育長大的成人身上的就是個體基因型（genotype）。不過基因型只是個開始，僅會讓人知道單一個體出生時會是什麼樣子。這個人實際上會長成什麼樣，從裡至外的型態，則是取決於表現型（phenotype），這個詞源自希臘文「phaino」，意思是某物遭到揭示或者能夠觀察到的。表現型歸因於基因型和環境之間的交互影響，以及在環境下的反應。表現型會受基因周遭的環境影響，細胞周遭的環境以及人所處環境都算在內。同時也要考慮到表現型中的個別基因和其他基因相互作用。

後面這點可以用瞳孔顏色為例。瞳孔顏色由不只一個基因的累積效應決定，並影響黑色素的生成。一切端看數種基因交互作用並表現於外觀上，家長雙方都是藍眼睛，他們小孩的瞳孔顏色會是某種藍色。基因表現型還有其他促成因素，下一章會再提到。

用一個非常簡單的例子來說明純粹外力的影響——這邊指的是人周遭的環境——想想看兩個男孩有著截然不同的遺傳傾向（hereditary predisposition），長肌肉的方式也完全不同，先叫他們桑尼史壯（Sonny Strong）跟桑尼史汀（Sonny String）吧。要是史汀在史壯四處滋事時認真健身，他可能會長得比史壯還要壯，而且史壯也可能一直瘦巴巴的。一名年輕女孩就算有長高的基因，要是她營養不良就沒機會長高。在二十世紀早期，環境對基因的影響非常普遍，營養沒那麼好的第一代移民，其後代通常長得比父母高大許多。

基因型累加組合成表現型，內在環境扮演著更重要的角色。青春期男孩日漸低沉的聲音，便是基因在控制喉結的發展，這個部位長得就像聲帶上一個打開的盒子。想要成為表現型，基因需要最低限度的男性荷爾蒙睪固酮。要是血液中睪固酮數量減少，喉結就不會正常成熟，男孩的聲音就會比原先基因型預期來得高。

內在和外在環境共同影響表現型的另外一例，便是我要盡力避開的致癌因素。我的母親和兄弟都死於癌症，一個是大腸癌，另一個是結腸癌，我自己時常在思考基因型和表現型之間的關係。我的統計學家同事說，我死於癌症的機率跟沒有這類家族病史的人相比要高出兩倍。每年美國腸道腫瘤病例大約新增十萬例，這病約略殺死了五萬六千人，只比肺癌少。發覺自己是腸道癌症高危險群，真是讓我心驚膽顫。

數種基因異常的累積效應才會導致腸道癌症，而且至少需要數年時間。研究者認為致癌原因是多重的，包含染色體缺失和專門修復這種特殊缺陷的酶失能。癌症細胞開始在腸道增生，逐漸變成息肉，新的基因缺陷產生了。腸道裡的息肉長得就像短小精幹但枝葉茂密的樹。

十年前我的結腸裡有好幾塊息肉，其中有一個特別大，我有很好的理由去假設我帶有家族致癌基因的表現型，它看起來打算在我身上繼續壯大。（能夠製造癌症變異的基因就叫作致癌基因〔oncogene〕，源於希臘文onkos，意思是大塊的或者腫塊。）但過去表現不必然表示息肉和致癌基因會持續惡化。我有許多方法能減少這類事情發生的機率。

不少數據指出我們所處的外部環境影響了腸道癌症的好發機率，當中最重要的因素是飲食習慣。大規模研究顯示高油脂少纖維的飲食習慣提高了惡性腫瘤發生率。以肉為主食的已開發國家社會人士跟以蔬菜為主食、也沒那麼胖的人相比，前者罹癌機率是後者十倍以上。這種癌症的致病機制尚未完全釐清，但是學理上認為油脂會增加腸道的膽汁酸（bile acid）跟某些細菌，也就是說會創造其他化學產物，導致基因變異，促進腸道細胞增生。細胞快速增殖和堆積製造了息肉，再來就是癌症。

脂肪對基因表現的確切影響（或者改變基因行為，這就是它的作案手法）尚未明瞭，但我們如今可以確定，減少脂肪攝取就能降低基因遺傳傾向的開花結瘤。在確診長出息肉之後，我就少吃牛排、豬排以及其他肥厚鮮美的肉類食物。

避免我腸道的息肉發展成腫瘤，腸胃病理學家用大腸鏡（看起來是長長的蛇形管）移除了它。一年後複診，他又找到幾個新長的小息肉。一直到一九八九年複檢才沒有找到息肉。兩年前，我在疾病控制計畫中加了低劑量的阿斯匹靈，基於數個大型研究都指出阿斯匹靈某種程度上能夠進一步提高防禦力，幾乎可以肯定它跟修改基因表現有關。

減少脂肪攝取量後，我改變了身體的內部平衡，可能也改變了我體內腫瘤細胞的環境，因此極可能影響到我的基因遺傳傾向。結腸鏡檢查可以移除息肉，但也許依舊無法影響表現型，只能減少百分之九十的致癌機率，此報告根據紐約斯隆—凱特琳癌症中心（Memorial Sloan-Kettering Cancer Center）的國家息肉研究工作坊（National Polyp Study Workshop）。

在討論以上種種之後，生物學註定展現出新的意義。甚至再怎麼堅持的人，也不得不承認我們生物本能中似乎具備預先編程的能力——也就是說，我們的基因遺傳傾向不只受到改變，事實上也必須隨著環境變動而變化。對界線分明的生物學來說，具備認知能力和有意志的行為模式這兩點毋寧非常有殺傷力，僵固的生物學一敗塗地。

每個人的基因遺傳支配了人的一生。以韌性（pliability）來說，有些無比強勢，有些則容易受影響。在一個極端的可能案例中，這些生理和心理特質凌駕了預設環境模組——基因和內環境。基於這些特質，羅馬詩人賀拉斯（Horace）的格言所言不假：「你可以用長叉趕走自然，但她之後還是會回來。」另一個極端例子則反映了認知，甚至是潛意識下如何做出關乎生存的種種決定。早在現代科學從哲學母親處斷奶之前賭徒都這樣說：「這不只是你手上那副牌，同時也關乎你怎麼玩這副牌。」在十七世紀時用詞更加優美，而且經過神職人員的包裝後也顯得不那麼權威。英國國教神職人員泰勒（Jeremy Taylor）於一六五〇年稱之為「神聖的活物」，意思一樣但下面這句寫得更好：「我們處於世間就像男人圍在桌子前玩牌，機會不由我們決定，可是怎麼玩牌就看我們。」

事實上許多操作都超越意識控制的層級，不該模糊焦點，忽略環繞著我們的世界以及我們與世界的關係，外部影響內在，內部因素看似超出基因的運作。甚至環境也不是結果的重要因素，它們留下設備讓傳承給我們的基因作事，我們不能光憑它們原先目標就揣測這跟環境有關。最終產物就是一個有著獨一無二特質的孩子，不會只是生物學按比例混合和配對的結果。

二倍體生物（diploid organism）比如我們，每個性狀攜帶兩個基因，分別來自父母，有好一段時間科學家都認為，表現型只是這一對染色體中的其中一個呈顯性。如果此推論為真，我們每個人都應該是雙親全部性狀的混合體，但只要看看我們的小孩或者我們自己，就能發現事情並非如此。不管再怎麼相似，沒有人可以跟自己爸爸的鼻子長得一樣，其身體毛髮分布、臀部曲線、動脈硬化的傾向也不同，也沒有人能夠跟媽媽有一樣長的耳垂、大拇指形狀、寬腳掌以及高腰身材。這種情況之所以存在，就是因為我們假設基因對的其中一個總是外顯的（因為呈顯性），而另外一個則否（因為呈隱性）。然而會有各種不同的情形，基因對的其中一個呈顯性，凌駕它位於同源染色體的同伴。於是任何特定性狀的表現型往往不會跟父母其中一方一模一樣。還有另一個因素會讓孩子的表現型跟父母其中一方不完全相似，身體性狀需要不只一個基因的交互影響，才得以顯現各種表現型的加總結果，就如同前述的重新結合。瞳孔顏色就是其中一例。

但即使具備表現型的精確知識，也不保證可以預測整體結果，畢竟看似沒有轉圜之地的總體也不是從真空中誕生的。一旦出了子宮，降生到世界上，就得面對周遭事物和事件，這具身體必須適應所處之所。

這些外部因素之中，種種可能因素也許影響很大，或者影響非常有限。我們的腦部能力逐步發展成現在的樣貌，我們人類有大好機會能去改變周遭環境，我們將會怎麼回應也是值得一提。記憶、視野、無私以及理性的自由意志，所有特質在我們這個物種的繁衍過程中高度發展，在適當環境之下，這些資源也許能化生物限制為一多變的生命體，也就是人性。起先狀況好似不可逆轉，悲慘已註定，但是材料是有可塑性的，能夠塑造出希望和實現的生活真實。

不同的附加影響和效果，便是一個或多個基因突變（mutation）的可能性。突變這個字源於拉丁文「mutare」，意即移動或者轉換。在生物學中便指很小的遺傳變異，有時發生在DNA的個別基因上。這類變異屬於核苷酸的分子變化，可以有無數變化。典型的例子便是DNA複製過程中，發生在鹼基的不正確配對，或者DNA雙股的片段移動，跑到分子其他地方。此外，某些分子叫作致突變物（mutagen）可以改變鹼基。細胞的特化酶可以修復這類破壞，通常都會有效。有時還是會失敗。任何基因的突變率是一百萬次複製中出現一次，非常稀少。不過在任何物種中，仍有為數不少的生物無法修復突變，長時間加總起來也十分可觀。

突變很隨機，隨時都可能發生，可能跟外部或內部環境的某些因素有關係，比如輻射或者接觸化學藥劑。考慮到對生物的影響，DNA變異會有三種可能：可能幫助DNA生存或者繁衍，或者損害DNA，或者兩者皆非。

傷害往往會致人於死，或者使人無法繁衍後代。這些變異是中性的，對生存沒有影響，或者會生成新的蛋白質種類，對細胞來說相對不重要。也因為這些變異發生得相對晚，正常細胞會圍繞著這些變異細胞，抵銷其影響力。也因為變異不會改變蛋白質的功能。可傷害人體的變異，要是發生在成人體內的細胞，影響顯然比胚胎裡的變異小得多。

在有害突變與中性突變的寬廣中間地帶，事情有很多種可能。在這中間的突變可能對細胞有不利影響，但又不足以致死。當突變細胞數量夠多時，整個生物體或者人就會有身體缺陷，終生都是如此。當生病的胚胎發展成生病的胎兒，生下來的就是生病的小孩。有超過三千種人類疾病（大部分都非常罕見）是先天的，大多數患者的細胞都無法製造一種或者其他種酶。當中最為人所知的便是苯酮尿症（Phenylketonuria，PKU），屬遺傳性代謝缺陷，患者缺少某種特化酶，導致發展遲緩。不過藉著調整環境因素，苯酮尿症便能有所改善——意即維持低苯丙胺酸的飲食型態。

隨著時間過去，突變繼而會改善生物應對環境的能力。改變增加了可能性，植物或者動物將會大獲成功，在基本生存上更具競爭力，比如找食物和求偶都能贏過不具備這種優勢的生物形態。這時，新型態會占優勢，跟舊型態相比，會繁衍更多可存活的後代，增加此一型態的生存優勢。通常到最後，舊型態會死絕。這個過程稱為自然汰擇，也是解釋現代植物和動物如何從較少優勢者（或者低等形態）中脫穎而出的關鍵。

英國生物學家達爾文（Charles Darwin）對於自然最終結果非常樂觀。在《物種起源》（*The Origin of Species*）中倒數第二段，他寫道：「當自然汰擇獨立運作並追求每個個體的利益，所有有形的與無形的天資稟賦將會臻至完美。」

在講過基因組產生與原先預測完全不同的發展特徵，我們現在可以回到減數分裂跟一些還沒講完的事情上頭。除了發展階段的規範性影響，有些違反常規的事情偶爾還是會發生。不必多提減數分裂這種複雜過程處處都有風險，每一百個存活新生兒當中發生意外的次數也算是少的，但這不會令人太過驚訝。少數意外中有些狀況更為常見，往往都是新染色體配對的不正常分離，這個異常現象就叫作染色體不分離（nondisjunction）。當性細胞在減數分裂時發生染色體不分離時，其中一個精子或者卵子會留下兩個特別的染色體，但其實只應該留下一個，另外一個照理什麼都沒得到，所以消失不見。一個帶有二倍體染色體的卵子可能碰巧遇上一個正常的精子，變成受精卵（zygote這個字源於希臘文，意思是結合在一起），說的就是三染色體症（trisomy）。三染色體症是受精卵以及源自受精卵的胎兒所有細胞中，有一對染色體多出一條，這組會有三個而不是兩個染色體，總共加起來是四十七條染色體。

人體的二十三對染色體大小不一，前二十二對自最大的依序排到最小，但第二十一對染色體則例外，它比第二十二對還要小。還有一對沒有加入排序的則為性染色體，也就是決定胎兒性別的性染色體，我們稱之為X染色體或Y染色體。女性為兩條X染色體；男性則各有一條X染色體，一條Y染色體。第二十二對無性（nonsex）染色體叫作常染色體（autosomes）。

第二十一對三染色體症（trisomy 21）這種基因缺陷，是由於受精卵的第二十一對染色體有三條。由於十九世紀中期對醫學的無知，因此稱之為蒙古癡呆症（mongolian idiocy），之後根據英國醫師唐恩（John Langdon-Down）的描述，以唐恩的名字稱呼這種疾病，也就是唐氏症（Down syndrome）。唐氏症中多出的一條染色體，來自母親。（就染色體的異常而言，若是排序在前、比較大的染色體出現三染色體的異常，胚胎多半無法存活，因此較少發現類似病例。而排在後面的第二十一對染色體因為較小，即使有三染色體的異常，胎兒仍可存活。）

只要看看患有唐氏症的孩子，便能領會基因或者染色體異常小孩所處環境如何影響人的一生。

美國醫院或養護機構中的智能障礙病人，約有二〇%是唐氏症患者。而其中的九五%均肇因於分裂異常的第二十一對三染色體，其他五%的染色體異常則相當複雜。即便臨床診斷出唐氏症的原因，確定三染色體症在基因表現中失調，但原因尚待專家解釋。

在羊膜穿刺術（amniocentesis）尚未普遍之前，在美國每一千二百個胎兒中就有一個唐氏兒，每一年多達三千個唐氏兒。其中的四分之一，母親皆為四十歲以上的高齡產婦。雖然各個年齡層的婦女，都有可能生下唐氏兒，然而似乎產婦年齡愈大，愈有可能生下這種胎兒。數種理論嘗試解釋為何染色體不分離發生率會隨著婦女年齡增加而上升，但都只是揣測。

今天，產前診斷唐氏症的利器是羊膜穿刺術，即用一根針穿入母體子宮內抽取些許的羊水進行化驗，檢查項目包含顯微鏡檢查術（microcopy），要確定是否先天性異常，準確性高達九九．四％。家長對這項檢查趨之若鶩，畢竟孕期初期檢查出異常，便得以終止妊娠。

一般而言，患有唐氏症的兒童和成人智商大多在四十五左右，可謂中度智障。也可能併發其他疾病，如四〇％有先天性的心臟病，部分案例可能危及生存。也有一些患者有遺傳性的免疫功能不全，特別容易受到感染。此外，還有一些較為普遍的問題，如甲狀腺功能低下、聽力問題和白內障等。基於不明原因，肌張力也不足。唐氏症患者罹患阿茲海默症（Alzheimer）的機率，更是比一般人多上六倍到十倍，而且較早發病。在重重威脅之下，不到五〇％的患者可以活到三十歲，能存活至五十歲以上的更是不到三％。然而，若沒有先天性心臟病，則八〇％可活到三十歲。

不管唐恩醫生基於什麼理由稱他的病人為「蒙古兒」（mongol），這個名字提供了非常鮮明的意象，將唐氏症病人的外貌牢牢嵌在外科醫生的腦海裡。他歸納出了數種基本特徵，便是骨頭結構以及頭部和臉周皮膚的異常。頭部很短，前額很寬。面部平坦會直接影響上顎發展遲緩，以及鼻子過小且缺乏鼻梁。若要說最具「蒙古兒」的突出特質，便在於眼距過寬：眼角斜斜向上挑，並且瞼裂狹窄，瞼裂就是眼瞼間的裂縫，分成上瞼和下瞼，同時位於眼睛內角的鼻子平坦只有一條縫。事實上，看起來就會覺得哪裡不太對勁。亞洲人的眼摺會出現在上眼皮或者內雙，但唐氏症的眼睛內角有明顯皮膚褶皺。

從一個新生兒的外觀來看，小兒科醫師立刻可以診斷出是不是患有第二十一對三染色體症。若是有這種染色體異常的病症，特徵相當明顯，有蹼狀腳趾、斷掌、小耳、頸部皮膚增厚和肢體短小等。

我有幸認識一個罹患此症的年輕人，不但獨立自主，他的成就可說超凡入聖，打敗了生物學的宿命論。他名叫柯克・薛爾登（Kirk Selden），一九九五年還曾率領康乃狄克州田徑隊進軍特殊奧林匹克運動會（Special Olympic World Games），也就是為殘障選手舉辦的奧運。柯克此舉正是為了挑戰文獻上的唐氏症孱弱體格——柯克在特殊奧運的比賽項目正是舉重。

二十三歲的柯克可說完全扭轉了殘障者的宿命，從唐氏兒脫胎換骨成為超人。柯克能有這番成就，說來還是家庭的功勞。家人的態度，特別是他母親黛比，對他的一生有相當深遠的影響。不久前，我問黛比，他們夫婦對柯克和克里斯多福這一對兄弟有何期望。她只是說：「希望他們一生都能好好自愛。」弟弟克里斯多福是黛比和凡恩這對夫婦領養的孩子，健康、正常，沒有罹患唐氏症。

雖然只是簡單的一句話，卻道盡了天下父母心，不管孩子是健康或殘障，他們的奉獻和關愛都是毫無保留的。如果為人子女也有這種認知，自然會感受到自己的根深植於家的土壤，而勇敢茁壯、屹立不搖。

當家屋根植於情感，住在裡面的每個人都願意相互理解，甚至相互欣賞，屋裡成員好比孩子，就種在沃土之中，保留他們的情感根源，即使家庭內部長時期混亂無序，他的父母或者其他人仍渴望能夠了解孩子的想法。當破土而出的時間到來，被人了解的根是如此茁壯，深植於家庭之中，讓他們更有韌性，也有能力走得更遠。我們孩子能夠自信地走向遠方的終點站，在象徵意義上以及在實質上最根深蒂固的意象，就是他們從有著溫暖爐火的家裡離開。當他們與新認識的人在新地點生根落地，舊人並不會打擾他們。他們永遠不會斷了聯繫，也不會停止向下扎根。如果我們想要當好父母，每年應該增進我們孩子的能力，他們要得到家的支持與滋養。要尋求穩定性，最適合從尋求理解開始。

儘管千篇一律，但要了解另外一個人，就需要有設身處地、為人著想的能力，也就是透過他人的眼睛看世界。不同信仰或者不同哲學思想都曾提出過這類想法，幾乎可算是一條真理。不過還是有點小變化，後來的宗教用自己的版本改變了原義，倫理的基礎就在於想像自己能夠理解另一個人的情緒，這就跨越了同理。

把自己投射到另一個人身上，這概念是基督教的基礎，十七世紀時稱之待人處事的黃金定律，早在《馬太福音》（七：十二）與《路加福音》（六：三一）寫成的一百六十幾年前便廣為流傳。但孔子又比《新約聖經》的作者早五百年，亞里斯多德又大概早了四百年，更比耶穌時期的拉比希列爾（Hillel）早了一世代。希列爾當然是從《利未記》裡關於禁令的評註中得出他的名言「愛你的鄰居如自己」。

不過設身處地的原則，沒有人比一位年輕英國詩人表達得更好。矛盾的是，詩人轉而用散文教導讀者「道德良知的最佳手段就是想像力」。他指出，就是想像力使我們能夠了解別人，感受到愛。換句話說，愛就是道德的基礎。以下出自二十九歲的雪萊（Percy Shelly）所寫的《為詩辯護》（*A Defence of Poetry*）。

> 道德的最大祕密便在於愛，或者該跳脫我們的本性，尋求我們的思想、行動或者人性當中具備美好特質的證明，而非我們自己。一個人要當好人，必須善於想像和細心全面，他必須設身處地為他人著想，生命中的苦樂都會成為他的一部分。

雪萊在這裡想說，要運用想像力，從他人身上領會周遭世界的美好，欣賞他們對事物的理解，透過他們的眼睛和心智學會欣賞，他人先我們一步發現，甚至創造了美好。他還寫了別的事情。他告訴我們，沒有設想他人心境的能力，就不可能了解其他人，因此不是愛，也不會有愛，就不會有道德。不止如此，我相信，看見我們自己，以及透過其他人的眼睛看到世界的想像力，優先於其他事物，沒有想像力，我們就不會培養出知識深度。想像力的禮物允許我們理解潛藏在人內心的事物，也因此理解到他們缺乏的正是我們唯一能夠提供的。

我還想說，我們不只必須與他人眼神接觸，也必須看進他們的眼裡，看清楚他們眼中我們的倒影。那些需要我們的人，心中的「痛苦和喜悅」必須成為我自己的一部分，如果我們不想違背他們與我們自己心中的期望，更是如此。

但是要作到「善於想像和細心全面」地理解他人，我們需要類似經驗作基礎。沒有類似經驗，我們無法找到充分理解和深刻感知的路徑，進入我們想要進去的世界。雪萊、理論家和哲學家強調觀眾喜歡的人，基本上跟他們自己很像，我們所謂的人類天性是共通的。當某個人對於環境的理解，受到心靈障礙的薄紗遮掩時，又要怎麼獲得道德想像力呢？

答案也許比想像中來得容易證明。我們許多想像毫不費力就能作到，甚至是沒有意識的。要理解他人的行為，也幾乎可以說是自動預測，他人跟我們畢竟還是很相像。當我們友善待人，會預期得到確實回應，而當我們充滿敵意，我們也會預期——往往就會得到預期中的反應。我們跟他人的關係問題不在於缺乏預測的規則，也非他人缺乏對我們動機和訊息的認知。我們通常會發現，了解其他人比了解我們自己容易許多。大多時候，他人的非預期反應並不是他誤解訊息，而是他連非常細微的回應都接收得到，我們甚至沒有了解到自己發出過訊息。從許多方面來說，我們詮釋他人都比詮釋自己來得優秀。

智能障礙者不是從另外一座星球來的外星生物。沒有尚待破解的複雜密碼，要解鎖才允許我們理解他們內心的神祕文本，也不用拿著鑰匙解開上鎖的大門，我們不會不得其門而入，只得在迂迴路徑上迷走，是我們把他們想得太過難理解。當智能發展遲緩沒有那麼深奧，也不像重度自閉症那麼複雜時，要說人類交流的基本規則，事情不過就像他們和我們其他人一樣。大部分智能障礙者都沉默不語，沒有意識到該要求我們參考雪萊的原則，以我們的道德想像力作為了解他們的關鍵。

智能障礙者跟他的普通同類一樣，遵循著相同的生物發展階段，當代醫學和心理學研究論及養育他們的方法時都以此為基礎。即使身體缺陷阻礙了他們的智能發展，也就是嚴重受限於生理狀況，但是重視社交、情感和適應發展會最大化他們的快樂，並有助於人生發展。全心投入家庭的每日活動只是這過程的開始，最終目的是他們要能加入主流社群。

基於這個前提，大部分智能障礙者並沒有得到應有對待，儘管他們有特殊心理需求，卻被排除在也有同樣需求的我們之外，或者因類似經驗而受影響。他們的社交和情緒發展是適應的關鍵，就跟普通人一樣。當家庭有辦法克服新生兒殘缺的悲傷，開始接受這件事，還為孩子達成的成就驕傲，成長中的孩子將會回報家人對他、對全家的信心。

要是與薛爾登一家接觸的過程中我沒有理解到什麼東西，光是觀察他們家人的互動，就已經證實我的想法，每天每件事情都很重要。一切都是累積——心態、情感狀態、小型事件、一小段對話、分享痛苦和喜悅——所有事情自然而然得到緩解，變成長久習慣，我們活出我們的生命，而非活在大事件裡。大事件無疑——特別是那些始料未及的——具備改變我們生命方向的潛力，但多年日常生活的累積對照他們的遭遇，累積才是改變的決定性因素。就像先前某人所說的，重點在於你怎麼玩牌。這就是養育孩子的總和結果，每一天每一刻，我們都在教導孩子生命的意義。沒有所謂寶貴時光，也沒有所謂停工期——時間就只是時間，一個正在發展的心靈不會沒注意到任何一刻的變化。

持之以恆對家有唐氏兒的父母而言，是最艱困的挑戰。柯克的父親凡恩表示：「像我們這樣的父母，許多時刻都有難以為繼的感覺，因為扶養這樣的孩子真是教人心力交悴。」他們得特別透過想像，細心地去了解孩子的一切。

我想設身處地去了解他的情況，因為他不僅是個唐氏症患者，更是一個必須去面對生老病死等生命周期的人。雖然他現年二十三，我仍必須時時提醒自己，有時候他是十歲。這種轉換相當不容易，但由於多年來的生活經驗，我終於可以作到。比方說，我們有時候都會忘記，他其實發展遲緩，然後下一秒他就要打開電視看《金剛戰士》（*Power Rangers*）或者其他節目。

柯克就像所有的孩子，有優點，也有弱點。我們設法幫他找出長處，讓他盡量發揮，同時盡力幫他改進缺點。

這種強調優點和能力的作法正是特殊奧運背後的精神。一個身體殘障的年輕人若想參加比賽，不僅必須針對運動項目苦練多年、培養自己的能力，更須了解這麼做的目的何在。即使是一個人進行比賽的項目，也得注重團隊精神，以及如何和教練合作。耶魯兒童研究中心（Yale Child Study）曾作過一系列研究，發現「以特殊奧運而論，若能有恆心地接受訓練且主動參與各項活動，大大有助於社交能力，如與人建立友誼、和他人溝通，以及參與社區活動等。其實，這些殘障選手的努力和情感關係就已超越了智能限制，可以和正常人一較長短。」這些研究計畫的主持人戴肯斯博士（Elisabeth Dykens）說：「參加特殊奧運，不僅能增強運動技能和動機，也可增進職場、家庭和社會生活所需的適應能力。」所謂的智能障礙，並不是智商低於七十五，而是這些適應能力的缺陷，有句話是這樣說，當期望很高時，才有可供實現的目標。亦即，縱使是智能障礙也必須發展與人相處的能力，這樣可以反過頭來帶動智力發展。

薛爾登夫婦對自己和孩子的期望都很高，幾乎從孩子出生那一刻起就可以看出來了。身為語言治療師的黛比，在二十五歲那年生下長子柯克，而三十一歲的凡恩則投身於公共行政不久，當時正在州政府服務。他們可說是準父母的模範——上拉梅茲課程、了解懷孕的過程與學習照顧新生兒，以喜悅之情迎接即將到來的新生命。在這懷胎九月期間，他們的心情如萬里無雲的藍天。

陣痛一開始，凡恩立刻送黛比到醫院。生產的過程十分順利，護理師把甫到人世的小寶寶放在黛比久候多時的臂彎裡，這一瞬間就是一生回憶的開始。黛比露出聖潔而安詳的微笑，凝視這個新生命。

我第一眼看到他就知道了。我告訴自己，完了，這個孩子是唐氏兒。我們教室裡都是學齡前的兒童，其中有兩個是唐氏兒，因此我很清楚唐氏兒和一般正常孩童的不同。婦產科醫師說我看錯了，但我知道一定錯不了。之後醫師給我打鎮定劑，幾個小時後，醒來時他們告訴我，沒錯，我的孩子罹患的是唐氏症。

不久前，我還在喜悅的巔峰，不一會兒就跌入深淵。我們這麼期盼這個孩子的誕生，初為人母的我更感到無與倫比的快樂——突然間，卻發現這不是期盼已久的寶寶。

我悲痛欲絕，凡恩還好。他好好地哭了一場之後，說：「這個孩子的不完美是事實，但這件事會改變我們想要孩子的決心嗎？不會的，不是嗎？」也許他曾打過越戰，所以比較豁達。要不是凡恩，我可能無法承受這一切。他相當了解我的感受，另一方面也絲毫沒有排斥這個孩子，依舊滿心歡喜。

我請凡恩談一談自己的感受。黛比雖字正腔圓但還是可以聽出些微的南方口音，是來自密西西比州的女兒。凡恩一開口即露出軍人本色，用詞精準、直接，不會拐彎抹角，他自己已經作好準備要迎接下一個挑戰。他有專業士兵具備的「專業架勢」。他的小腹平坦，打直背脊，說話時直直看向聽者的眼睛。無意識的舉動背叛了他，幸運的是，充其量就是眨眼微笑和不時發出的戲謔玩笑。就像他的妻子，他喜歡跟輕鬆面對嚴肅事情的人相處，簡直樂在其中。他說：

生命就是一連串的調適。長久以來，我已知道這點，歷經越戰的洗禮後，了悟更深。我們只能不斷調適、努力向前。這就是我的哲學。

凡恩一開始即作好調適，決心勇往直前，但黛比則經過一段時間才慢慢適應。有好幾個星期，她一直處於沮喪和退縮之中，但她不是那種沉溺而無法自拔的人。不久，她就從孩子降生的陰霾中走出來。「在最後，我平靜接受這個情況，全心接受，不是只想著我要接受。」

他們平靜面對事實，下一步的決定就比較容易了。醫師告訴他們有三種選擇：

> 醫師說，我們可以帶柯克回家，好好照顧他、學著去愛他——但會犧牲我們原本的生活。或者，先帶他回家，不要有太多感情的牽絆，等他長到五、六歲時，就把他送到養護機構。第三種選擇就是，立即把他送走。

他們沒有片刻遲疑，立即帶柯克回家，而且決定認真、誠摯地面對未來的艱苦。由於黛比有特殊教育的經驗，他們認為柯克還是有發展語言和運動能力的潛能。二十多年來，走過一切艱辛的黛比說：「我一直覺得，我們還有一些該作而沒作的。」柯克幾個月大時，他們就帶他到波士頓兒童醫院（Boston Children's Hospital）和專家商討有無早期治療的可能。回家後，他們已有了一套全盤計畫。柯克一歲兩個月，就進入專為特殊兒童設立的開放幼兒園（Open Door Nursery School）。柯克是學園有史以來年紀最小的孩子，可見黛比和凡恩心中的前景。柯克的教育就此起步，從此沒有中斷，直到二十一歲那年。

柯克在幼兒園表現得不錯，但這個家庭再度遭受另一個打擊。柯克一歲大時，媽媽又生了一個妹妹。妹妹的外表一切正常，但罹患嚴重的先天性心臟病。四個月大時接受開心手術，術後不久即宣告不治。雖然這對夫婦十分悲痛，還是沒有忽略柯克的成長。

柯克三歲時，園長建議他的父母讓他到一般幼稚園就讀，這能讓他和普通小朋友相處，以他們作為榜樣。這種學習對他應有很大的幫助，但實在難以找到肯收唐氏兒的學校。在黛比鍥而不捨的努力下，終於找到一間非常好的幼稚園。當柯克有幼稚園小班的程度後，又得以進入有特殊教育的公立學校，他就在這裡受教育，直到二十一歲那年。在這段成長時期中，此地所有的小朋友並沒有以異樣的眼光來看待他。黛比說：「他在這裡交了很多朋友。即使步入青少年之後，因生活方式和人生目標的不同而分道揚鑣，但他們一回到這個小時成長的地方，看到柯克總是熱情地跟他打招呼、聊天，把他當作一般朋友來對待。」

打從一開始，黛比和凡恩這對夫婦就積極參加協助心智障礙兒的團體。有一天晚上，凡恩對我說：「如果你決定生兒育女，就不要在他們的生活中缺席，不管他們是正常、是殘障，都一樣。」在柯克還小的時候，黛比就創立名為「家有智障兒」的父母支援團體，即使現在孩子已經長大，他們還是經常聚會。她和凡恩也積極參加「美國心智障礙公民協會」（Association for Retarded Citizens）的活動，凡恩不但一直擔任州政府心智障礙部門的顧問，也是這個協會的理事長，還創立了名為「優勢團體」（Vantage Group）的組織，旨在建設智能障礙者可以一齊居住的家。優勢團體現在共有五個家，柯克就住在其一。黛比談到這些活動時，可以感受得到她那強烈的使命感。

我們必須為這些智能障礙者著想，讓他們的生活過得更好、更便利，同時改變社會對他們的評價，進而創造出一個可以接受任何人的體系，這就是我人生努力的方向。其實在生下柯克之前，我所受到的專業生涯訓練早已朝著這個方向前進。

在柯克誕生時，我們所遭受的重創是，面對這樣有特殊需要的孩子，我們心中有滿腹的問題，卻沒有人能回答我們。因此，我們在耶魯新港醫院幫忙訓練小兒科住院醫師，盡一己之力教他們如何面對這些問題。我們也和剛生下唐氏兒的父母談談，我們的協談電話二十四小時都有人接聽、服務，特別是夜深人靜之時，此時正是錯愕的新手父母最想找人傾訴的時候。

有些父母之所以無法調適，是因為還無法接受這樣的孩子。心中有一種憤怒無法消除，一直自問：「為什麼這種事會發生在我身上？」其實，到現在我們還有一些朋友依舊想不開。

柯克兩歲大時，黛比和凡恩領養了一個黑白混血的男嬰克里斯多福。這兩個孩子的親近使得這個家庭的親情更為穩固。「看著他們手足情深，真是我們最大的喜悅，兩個孩子都是我們的夢想。」

這種水乳交融的兄弟關係，到了柯克十歲大時開始有了轉變。小柯克兩歲的克里斯多福雖然知道自己是弟弟，也慢慢了解自己有照顧哥哥的任務。柯克十二歲那年，克里斯多福堅持要拆下哥哥腳踏車上的輔助輪。他們倆忙了一個下午，到傍晚爸爸回來時，已經大功告成——克里斯多福在後面密切注意騎著腳踏車的哥哥。

一九八〇年，也就是柯克八歲那年，開始對體育產生興趣，起先打空心棒球（Wiffle ball），後來也打籃球、棒球、游泳、參加田徑和滑雪。他的思考比較遲緩，無法參加團隊項目，因而專注在個人項目，特別是舉重。

凡恩對特殊奧運向來十分熱心。一九九五年在新港舉辦時，他更擔任委員一職。這次盛會長達九天，共有七千二百名殘障選手，分別來自全球一百四十個國家。這真是薛爾登一家最輝煌的一刻，二十多年來的努力終於開花結果。柯克的比賽項目是硬舉（dead lift），以及仰臥在長凳上的推舉（bench press），在全家人和死忠鄰居的搖旗吶喊下，柯克在這兩個項目分別舉起一百三十八公斤和六十九公斤，贏得兩面銅牌，這兩項加起來的成績更為他奪得一面銀牌。他那勝利的微笑，可說百分之百令人臣服，可與豔陽比擬。

柯克的一舉一動更流露出一種溫柔。那天晚上我遇見他時，他身穿黑色長褲、潔白無瑕的襯衫，領帶更是打得工整、漂亮。凡恩介紹他給我認識時，柯克就像他的父親，定定地看著我，他用力嚥下口水，然後伸出粗短的手臂，認真嚴肅地與我握手，就像一個相當有學養的紳士。他身高一六七公分，體重六十三公斤，就像一般唐氏症患者圓圓胖胖、柔柔軟軟的。然而那種柔軟只是一種假象，他可是結實有力的硬漢。

我們坐在廚房餐桌旁聊天，談起他的父母、弟弟和他的家。

我很愛他們。他們的個性都相當平和。如果有問題，我就直接去找爸媽談。爸爸對每一個人都很親切，從來不會讓媽媽、弟弟或是我難過。跟他在一起非常舒服，和媽媽在一起也是。我深為爸爸、媽媽感到高興，他們真是把我和弟弟照顧得很好。

弟弟也是相當親切、隨和的人，總是在一旁幫著你。如果有什麼不愉快，他從來不說。我們常常一起去打籃球，再回來一同看電視。有時，我們也一起打撞球。

柯克還告訴我，他在那次特殊奧運和柯林頓總統見面，還跟他說第一夫人本人比電視上的她漂亮多了。談起和影星范達美（Jean-Claude Van Damme）和阿諾．史瓦辛格（Arnold Schwarzenegger）見面的情景，他也很興奮。史瓦辛格和他太太的親戚施瑞佛家族（Shriver），是特殊奧運圓滿成功背後的一大助力，這項盛會的創辦人就是他們。我問柯克，一身肌肉的阿諾在他眼中是什麼樣的人，他費力地拖長母音：「阿——諾，好愛講話喔。」

柯克跟我說話時速度很慢，每一個字好比都經過深思熟慮，有點結巴和遲疑，特別是子音後面跟著母音的字。然而，我注意到他和父母或朋友說話就快多了，有時還有一兩句像連珠砲。他與我交談那種謹慎小心，似乎要比表面來得複雜，不只是他需要更多的時間來思考的緣故。有一次我問他，身為唐氏兒，最大的問題是什麼。他好像在描述陌生人一樣：「嗯，他們最大的問題在於語言障礙。」在我一再追問下，他終於說清楚，以他而言，最大的問題似乎是在吐氣和發聲的協調。

他就像所有的唐氏兒，矮矮胖胖的，有著一張稚氣未脫的臉。他那溫柔的氣質、隨和的笑容，這樣可愛的容顏實在難以教人抗拒。他全身上下都散發著歡樂。就在我們初次坐下來交談的那個晚上，不知有多少次，我有一種衝動想站起來，緊緊抱著他，在他那豐潤的臉頰上親一個，就像疼愛他的伯伯般。我知道如果這麼做，他必然會了解而且開懷大笑。他已經習慣了這種突然泉湧的愛。

他的父母把他教育成相當有自信的人。聽到別人對他的讚揚，他總是大方地接受，像是再自然不過的事。他深信自己可以在下次特殊奧運，締造一百三十八公斤以上的佳績。他總是說：「其實，我還有很多潛力沒有發揮出來。」

過去兩年，柯克和其他兩名像他一樣的智能障礙青年，住在離父母家三公里遠的小房子。這棟房子正是優勢團體設計建造的，有一名管理人負責監督。這三個人把房子整理得有條不紊，輪流採購、烹煮和清潔環境。這裡比一些耶魯研究生合租的地方都要整潔。柯克的房間很大，井然有序，就像時下的年輕人一樣擺放著許多心愛的東西：家人的照片、獎牌、徽章和阿諾的合照，還有證書。任何女孩子一看，一定會大表驚訝，留下深刻的印象。事實上，這並不是不可能，反而是事實。過去幾年，柯克交過好幾個女朋友，也結交了許多和他一樣有智能障礙問題的朋友。但就凡恩和黛比所知，這些都只是純純的友誼。

這三個年輕人相處得非常融洽，其他兩個都叫傑夫，也是唐氏症的患者，其中一個還有著輕微的自閉症。在我造訪的那個晚上，三個人興高采烈，活像大學兄弟會裡的弟兄。柯克介紹這兩位傑夫給我認識，馬上把我當作「自己人」，我不由得跟著插科打諢。就在我站在門口，準備告別時，柯克突然伸出雙手抱著我的肩膀，讓我差點站不穩。我著實嚇了一跳，他把不能動彈的我抱在懷裡，對他的室友宣布：「我好喜歡這傢伙。」

那天晚上，柯克還作了件讓人驚嘆的事。雖然當初認識時，他父親介紹說，我是努蘭醫師，我跟他說叫我「小許」（Shep）就可以了，他卻發明另一種稱呼方式——「努德曼醫師」（Dr. Nudelman）。真是錯得太神奇了，在一九三〇年代之前，我們這個猶太家族的姓氏正是努德曼，後來才改成努蘭的，自此變成不折不扣的美國人。

柯克有一份正式的工作，之前還作過其他差事。現在他一周上班三天，在當地的海鮮連鎖店服務，幫忙保養木頭地板和銀器。他非常熱愛這份工作。此外，他也在附近的安養院當義工，和那裡的老人家玩西洋棋等遊戲。相較之下，老人反應很慢，他玩得索然無味。

閱讀對柯克而言，可說是相當吃力的事，特別是他有閱讀障礙（dyslexia）。過去幾年，黛比的堅持和付出終於有了一點成果，他現在可以閱讀卡片上的字句了。柯克說，他最喜歡唸的一本書是《能幹的小引擎》（*The Little Engine That Could*）。黛比說，教柯克讀書，有如母子一同攀登大山一般，挑戰性十足。

黛比和凡恩心中自知，柯克還在他們羽翼的保護之下。他們無法把孩子送到養護機構，或交給陌生人照顧，也無法因他天生殘障而在情感上保持距離。專家的話不一定是對的。雖然柯克的教育是特殊的，他的生活圈也有特殊需求，但他期待別人能對他有所了解，這和一般人沒有兩樣。他們的道德勇氣和毫無保留的奉獻，把生活經驗和生物宿命交織在一起，使得柯克有能力去適應這個世界。在不明究竟的人眼裡，柯克的成就有如奇蹟，但對黛比和凡恩而言，只是達成當初所期盼的。

Chapter 7

The Act of Love

愛的行為

如同我先前說過的那樣，假使人類比純物理和生物化學研究的推測更優秀，只是原因尚未定義清楚，之後才會知道，這種根據甚至超出生物學的理解範圍？我們有沒有可供探索的工具，去除宗教信仰或者無神論的偏見，挖掘人性的本質，在自然賦予我們什麼以及我們怎麼從中被造出來的隔閡之間，搭起相互理解的橋梁？

為了回答這問題，我們必須開始尋求對現今人體生物學知識的全面理解。要是剝奪了必要背景資訊，只為防止任何理論化的嘗試，這都會有疑慮。唯有先從確定性開始，才能感覺到不確定性，感受到我們共有的超越經驗，可以知道一切就是要確保DNA的存活。我們物種的漫長歷史中，科學知識便是試著讓經驗和現象變得有意義，要是陌生事物沒有得到完好的解釋，人們就會歸諸於神祕力量。無止盡的觀察使人類有了發展能力（capability）、適應力以及持續藐視既有敘事的反應能力，也許是因為這些能力某種程度已經超出了科學研究的範疇。但就如同莎士比亞在《錯誤的喜劇》（*The Comedy of Errors*）中告訴我們的，「凡事皆有因。」沒有科學，哲學發展便會受到阻礙，而沒有哲學思想，就換科學窒礙難行。

如果我身體裡的每個細胞都具備一樣的DNA，也來自唯一那顆受精卵，我的身體是怎麼製造出如此多樣、分工清楚的細胞類型，數量總計將近兩百種。每種特化細胞還能各自執行獨特的功能？如果腸道裡的細胞和肌肉細胞的DNA完全相同，為什麼它們的外觀和運作卻像是彼此間毫無關聯？為什麼肌肉細胞能夠收縮（腸道細胞作不到）而腸道細胞能製造消化酶（肌肉細胞作不到）？

答案不難推測，即便人類還是歷經上百間科學研究室的投入、耗時數十年研究才找到答案。細胞外觀看起來如何，或者該執行何種功能，端看細胞製造哪一種蛋白質。不同蛋白質會把不同的功能嵌在細胞裡面，導致它們看起來不同，做的事情也不同。每種細胞有自己利用DNA的方式，其產物獨一無二，也有它需要去作的特殊工作。

所有細胞裡一般都有許多蛋白質，它們必須執行類似的基礎維生功能。我們也許可以換個比較好的形容，稱它們為「做家事」的蛋白質。講到細胞的管家功能，每種類型的細胞也會有這種特定蛋白質，不會出現在別的細胞，或者在別的細胞裡數量很少。紅血球細胞的主要工作就是攜帶氧氣，為此它攜帶許多大蛋白質分子，稱作血紅素（hemoglobin）。但它有次要責任，所以具有特定的蛋白質。當然囉，它攜帶著全套的管家基因（housekeeper gene）。同樣來說，腸道細胞有著消化酶。

細胞完成了它自己的獨特旅程，當中只使用了部分DNA，創造出能執行它特定功能的產物。這過程相當於調控基因。所有大量蛋白質可能製造出我們二十三對染色體裡的DNA，每個製造出來的細胞都有控制的能力，差在數量、罕見程度還有恰好要在什麼時間發生。能作出特定多胜鍵（polypeptide）的基因就算存在。也不代表這段特定多肽鍊就會被製造出來。事實上大部分都不會。

換句話說，每個細胞有自己控制基因表現的方法。比如抑制某些DNA以及活化某些DNA。這功能稱作選擇性基因表達（selective gene expression），由酶、荷爾蒙和稱作基因抑制子（gene repressor）、基因啟動子（gene activator）的分子攜帶著。選擇性基因表達允許細胞不只控制製造出來的基因產物，還控制數量、生產速率，以及細胞生命周期的開始和運作。

截至目前，尚未完全解開所有特定功能，目前這些都是分子生物學教科書裡的知識。我們目的是要指出，基因表現在DNA以及它最終產物的數個步驟之中，都會受到程度不一的影響。控制的第一點，也許是最重要的一點，就在DNA轉錄成RNA的時候：細胞機制會判斷哪個基因要轉錄成RNA，還有多少RNA被製造出來。接著會控制哪種改變可以發生，也就是可以編輯RNA，可能是分子中的化學變化，不然就是切斷某種特定的蛋白質酶。接著就要選擇哪種轉錄可以轉譯成蛋白質，或甚至改變製造出來的蛋白質特性。部分或者全部過程在基因轉譯中都有各自不同的影響，但同時會控制酶的活動，比如影響蛋白質製造過程的生產速率或者數量。

基因轉譯在細胞高度特化時，或者細胞在整個生物體細胞周期中執行特定工作時，都還是持續影響著細胞。其中一個例子，成熟細胞回應訊號物質，比如荷爾蒙會啟動或者抑制特定基因。這些過程是可逆的，允許不可估量的動力改變我們的環境，會起反應或者產生相對應的系統作用，不論這刺激是處在細胞還是全身的層級。

關於選擇性基因表達，任一細胞只有DNA序列上約百分之七的基因會轉錄成RNA。儘管如此，製造過程中的大量蛋白質仍會在每個細胞中執行工作。有些解釋是認為，這些活動之所以是重點，是因為只有少數是經過規畫的：一個典型人類細胞從它的DNA合成了兩萬種蛋白分子的一部分，其數量只是一小部分。但這兩萬種分子中存在五萬或者更多一模一樣的副本。這表示即使我們現有數量只有五萬以上，最少仍有一億蛋白質分子落在各個細胞中。此般令人震驚的圖像提供了某種想法，我們體內生物化學活動的密集洶湧，系統的不間斷警惕跟隨時回應，才使生命得以持續。存在於少數細胞裡的某些分子，其執行的任務在細胞活動裡算是最重要的。我們生理機能每天可以順利運作，就是活在察覺不到的體內動盪之中，而這些事情能夠讓我們活下來。我們還未意識到，眾多傾向只是帶來能夠豐富我們潛能的能力。在人類新皮質（neocortex）的監管之下，人類經驗的豐饒富足，便是在數以億計的細胞訊息交換之下，未經預測的結果。

基因表現不只受到酶、荷爾蒙的監督，細胞內部和周圍也有其他混雜因素，顯然內平衡會影響這些變數。這些影響非常重要，不只是因為受精卵正在長成胚胎，接著胎兒會完全轉化成人形。它們在我們生命裡至始至終都很重要。不是只有基因組會決定人體發展、人體功能機轉以及解讀周遭事件，最終還會感知，並有所動作。環境（有些內部觀點認為這取決於基因組）同時扮演著意義重大的角色。在這項工程的所有步驟中，我們所處的一切，都取決於我們如何適應我們周圍正在發生的事情，從細胞到我們生活的世俗環境的各個層面皆然。

基因表現使得單一的受精卵得以在胚胎發育過程中，變成二百多種型態、功能迥異的細胞，以組成體內各種組織、器官和系統，如肌肉、血液、消化道、甲狀腺、神經和肝細胞等。這種過程就叫作分化。細胞分化到最後就成為一個獨特的生物體，如人體或是玫瑰。

在此之前，一切還是得從受精卵（或稱合子〔Zygofe〕）出發。對於人類而言，受精得靠性交。要了解性行為這個特別的現象，我們得先了解一下人類的生理裝備。生殖器官最特出之處就是和性命的存活無關，其他器官如心肺等，若有欠缺，人就無法活下去。然而，這個無關生命存活的器官，卻是我們延續生命、繁殖下一代的全部。

女士優先，就從女性談起吧。

整個女性生殖器官可說全是為了滿足卵巢的需要。子宮、輸卵管、陰道和外陰部，這整個複雜系統最主要的任務，就是服侍卵巢的產品——卵子。荷爾蒙也參與這個過程，扮演著輔助角色，但是它也服膺於主要目標，就是幫助卵巢。

卵子一心一意只要受精，不甘心沒有受精就死亡了。所有熱情和詩意，所有暴力和玫瑰，所有性感和撩撥都是人類為求受孕的甜美前奏，一切只為服務卵子的需要。帝國崩解、本我（id）突然迸發、美妙交響樂完成，在所有事物的背後，就是本能在要求得到滿足——卵子必須受精。卵子的目標如此清晰明確，它在象徵意義上扭曲和驅動人類心智，我們卻對此了解不多。卵子以花招百出的伎倆要誘惑人心，這個勾引人的小東西讓目標變得誘人，有時看似超出原本的目標，因此追求更多。我們可從專業層面試著了解其多重面貌，它在生物學意義上包含最簡單的、最直接的生命現象，不過我們研究精神病學的同仁給所有男女的性心理欺瞞（psychosexual deception）都定了疾病名稱。

壓抑記憶、心神貫注、昇華、象徵、拘束、異常依戀、替代、移情——上述這些名詞都是專家想方設法避開生殖細胞直接的基本交配需求，才想出來的策略。事情本來應該很簡單，所有動物的腦部都有避免心理騷動的策略，就像我們這樣，就是這麼簡單明瞭。但要保持簡單，就不是人類的風格。人類的腦部機制單憑最簡單的刺激，便足以沿著所有神經路徑發送全部訊號，顯然在生物學上造成了極龐雜的現象。有性生殖顯然對我們來說太直接了當了——我們的負擔很重，這叫性慾。感官刺激不可避免會引起一陣騷動，終將我們引向其他生物也不知道的心理偵查區（mental reconnaissance），這耗時費力的選擇將會決定個體的生命模式——表現在他以及數百萬像他這樣的人身上，還連帶定義了文化心理模式。

智人在考慮性事時會獲得豐富的心理潛能，神經和生物化學能夠火力全開，全有賴於自然汰擇才得以超越我們演化上最相近的物種。這是我們的榮耀，也是我們的包袱。我們興致高昂的精力可以在性慾裡找到基本動力，但也伴隨著後果，我們為此付出了沉重的代價。而且我們改變不了什麼，因為割捨醜陋會讓我們失去更多。沒有性慾，我們就只是苟活的一組複雜機器，以及一顆只為受精不想其他的卵子。

卵子的盲目要求可以在化學和物理定律中找到依據，它還是所謂人類本性中最具威力的遠古力量之一。不管怎樣昇華或者誤導性慾，性慾就是所有一切背後的驅動力，如同某些人聲稱，它不免充斥在人類思想中，至少是當中主要的驅動者。我們知道繁殖的需求是其他所有動物的主要驅動力，所以我們為何不是如此呢？要是不這樣，我們這個物種就完了。

無論如何，卵子居先，先有卵子才有人類，因此卵子小姐要別人服從她的命令。雖然她把所謂的性慾隱藏在賣弄風情的裙子裡，她還是象徵種族繁衍的原則，甚至代表生命的原理。

卵子有自己的方式，動物本能就是知道怎麼作。我們穿過盤根錯節的矛盾慾望只求延續後代，然後發現自己遭直覺和認知的交相衝擊。我們時常迷失，沒有預期會遇上美好事物，比如音樂或者信仰。精神病學家稱此現象叫作性驅力的昇華，但我們只視此為機緣，想想要有多幸運才能邂逅好事哇。但有時候我們就是會遇到複雜問題，不過這勢必會成為我們生命的一部分。在潛意識裡的旅程充滿複雜和不確定性，身在其中也不會使事情變得更容易，它會直指最終極的事物，即潛藏在重重面紗之下的性慾，其從一而終的需要，就是一顆卵子必須受精。

卵巢是人體這趟生命之旅的起點，也是支柱，不只會產生卵子，同時製造女性荷

圖 6-1　有絲分裂過程

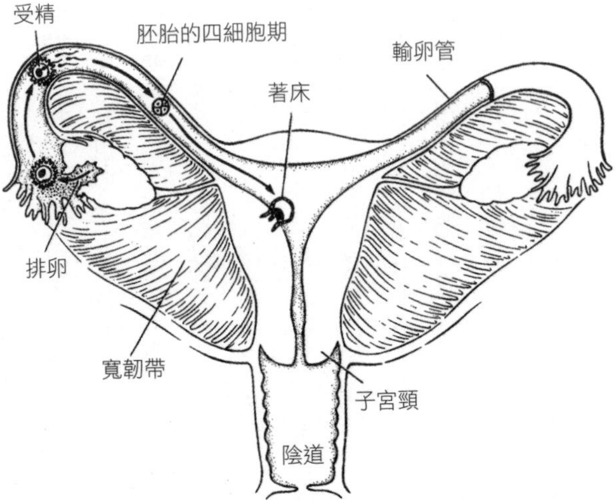

爾蒙，如動情素（estrogen）和黃體素（progesterone）。從解剖學來看，整個子宮、輸卵管、卵巢和寬韌帶所形成的結構，就像是隻張開雙翅的小鳥。小鳥寬厚的身體就是子宮，伸開的翅膀就是一層又一層的韌帶組織，上面有兩條管子，就是輸卵管（oviduct，又名fallopian，得名自義大利解剖學家法洛比歐斯〔Fallopius〕），也正是小鳥雙翅的前緣。輸卵管兩側各有一個喇叭口，在此有個長約三至五公分、寬約二至四公分的蛋形結構，這就是卵巢。

卵巢在胚胎時期已含二百萬個卵細胞，這些卵細胞都有變成卵子的潛力。每一個卵細胞都躺在濾泡當中，而濾泡周邊有兩層細胞，兩層中間還有一些液體。當一位女性仍舊是母體內的胚胎時，其卵巢就已執行第一期減數分裂，此一期執行完畢隨即停止，直到青春期才會重新開始，進行第二期減數分裂，此時大約只剩三萬至四萬個卵細胞。最後能發育成熟離開卵巢的，只有大約四百個卵子，打從青春期起，每個月隨機從兩側卵巢之一釋出一個，一直到三十五年或四十年後才停止。

這整個過程始自我們的大腦。有句話這麼說：大腦主宰一切（Toujours le cerveau）。不管有無意識、自動的、自主的、由意志控制的，或清醒或睡眠，都和大腦脫離不了關係。自主神經系統是由下視丘來掌控，因此下視丘又有「自主神經的首腦」此一封號。下視丘和延腦與我們生存的種種反應有關，如食慾、消化、循環、體內水分的平衡等，也關係到我們的七情六慾，特別是性行為、快樂、憤怒和恐懼等。如果你對身體體溫調節系統感到好奇，告訴你，關鍵就在下視丘。下視丘有許多監測細胞，能靈敏地感知血液溫度的變化，並設法保持恆定。

下視丘另一個功能就像腺體一樣，可分泌「釋放荷爾蒙」（releasing hormones），這種荷爾蒙的功用就是促使主要腺體腦下垂體作用，分泌出荷爾蒙。

女孩到青春期時，下視丘就會規則地分泌一種化學物質，是為「促性腺激素釋放激素」，簡稱 GnRH（gonadotropin-releasing hormones），以促使卵巢或睪丸轉變。促性腺激素（gonadotropin）的字源跟科學術語有關，gonad 源自希臘文的懷孕（即 gone），意思是種子，通常用來稱睪丸或者卵巢。tropin 源自 tropos 一字，意思是轉向，牽涉到任何種類的改變。所以促性腺激素是某種改變卵巢或者睪丸的物質。因此，GnRH 上升，就會促使腦下垂體分泌濾泡刺激激素（follicle-stimulating hormone, FSH）和黃體化激素（luteinizing hormone, LH），使女孩的卵巢成熟，無疑地，改變對身心的影響非常深遠。

在荷爾蒙作用之下，女孩就開始月經來潮。在月經周期之始，濾泡刺激激素就會刺激濾泡，使濾泡長大成熟，這些濾泡本身的細胞也會分泌一些動情素和黃體素。到了月經周期的第十四天，血液中的動情素濃度愈來愈高，高到可以反過來刺激腦下垂體，使腦下垂體分泌一種黃體化激素，此黃體化激素再回過頭來刺激卵巢中濾泡，使其破裂，噴出卵子。這時卵子又開始進行減數分裂，變成次級卵細胞，其中含有大量的細胞質和一個沒有用的小細胞，而這個名為極體（polar body）的小細胞會很快就萎縮、死亡了。

黃體化激素的突然上升，促使濾泡破裂，觸發排卵，亦即把卵子噴到腹腔當中，有如軟管突然擠出牙膏般；卵子被排出的部位非常靠近輸卵管的入口，因此就可進入輸卵管到達子宮。濾泡因黃體化激素的刺激，在排卵之後部分細胞即轉化成黃色、固態、腺體化的結構，是謂黃體（corpus luteum，就是拉丁文黃色物體的意思），這些黃體細胞就會分泌黃體素和一些動情素。若是懷孕，黃體則會繼續分泌荷爾蒙，亦即黃體素，使身體發熱、新陳代謝變快，以持續懷孕的過程。倘若沒有受精，小小的黃體就會慢慢退化，在十二天後變成白體，此時血液中的黃體素和動情素都大幅下降，接著月經即將來潮。但在排卵後的十二天內，下視丘也受到黃體素和動情素的影響，慢慢減少GnRH的分泌量，腦下垂體收到這個訊號，就會減少濾泡刺激激素和黃體化激素的分泌。若是沒有懷孕，月經來潮後，黃體素和動情素都會減至最低，下視丘見狀又會趕緊分泌GnRH，促使腦下垂體分泌濾泡刺激激素，另一個月經周期於焉開始。

從月經周期這種種階段來看，可發現這是個有如旋轉木馬般的回饋線路——血液中某種荷爾蒙減少，另一個腺體自動加強作用。這個腺體分泌的荷爾蒙又會回頭來刺激原來腺體。

月經周期中的所有步驟，本質上都可以看作是回饋循環（feedback loop）。荷爾蒙在血液中濃度下降，其他腺體就會提高分泌來補償，活化一種荷爾蒙的同時，另一種腺體或者其他腺體就會調整荷爾蒙濃度，減緩下降速度。特別之處在於：當女人月經周期結束時，低黃體素濃度不只會直接影響腦下垂體，同時也促使下視丘製造更多GnRH。這會使濾泡刺激激素上升，刺激成熟濾泡提高雌激素濃度，進而導致促黃體素濃度超出閾值。接下來，刺激排卵，黃體成形時顯然黃體素濃度也上升。黃體素和雌激素通知下視丘少製造GnRH，再加上它們通知腦下垂體少製造濾泡刺激激素以及促黃體素。到月經周期尾聲，黃體萎縮，使得黃體素和雌激素濃度再次降低，GnRH會提高，就如同旋轉木馬一樣周而復始。

一種荷爾蒙的變動會對應到另一種荷爾蒙的濃度，這會決定三分之一或者更多比例的輸出，算是一種控制分泌到血液中的各種蛋白質和其他化學物質的多重反饋機制，當荷爾蒙和酶遍及全身時，蛋白質和化學物質就會作用。聽起來很複雜，事實上也是，特別是講到局限在身體某部位的荷爾蒙如前列腺素（prostaglandin）時，儘管這類荷爾蒙是反饋的一部分，但也會影響整個循環。不過，在回饋循環背後的原則其實非常簡單：就如同往常，當器官正在運作的同時，身體會試著保持內部平衡，此時身體補償機制便會不停地調節。

而動情素和黃體素還有其他作用。以有如花苞即將綻放的少女而言，動情素可以促使多種第二性徵的出現：乳房開始發育；臀部和大腿的皮下脂肪增多，使少女曲線玲瓏；皮膚上微細血管的增生；骨盆腔擴大；恥骨部新生毛髮下的肌膚也因脂肪增多，而有些微的隆起，自古這塊女人的祕地就稱作「維納斯之丘」（mons veneris）。維納斯就是羅馬神話中的愛神，這塊小丘之性感誘人，自然不可言喻。此外，少女的生殖器官也因這種荷爾蒙而增大。

在月經周期的第一個禮拜，血中的動情素濃度逐漸升高，使得子宮內膜細胞增生、變厚，以迎接受精卵的到來。正如先前提到的，在月經周期的前十二天至十四天，分泌出來的黃體素只有一點點，但黃體形成後，分泌出來的黃體素就相當多，動情素的量也相當可觀。增加的黃體素使子宮內膜繼續增厚，產生一些富含營養物質的液體。此時血管也會增生，提供、運輸新組織所需的養分。這種營養豐富的液體可比喻為子宮內的「母奶」。

受精卵一旦形成，子宮內膜早已準備妥當，它豐厚、柔軟而且潮溼，像是專為這個新生命設計的「宮殿」，因此「子宮」這個名詞可說再適切不過了。沒有一個科學家能打造出比這更好的環境。

但若這些準備只是徒勞無功，受精卵根本沒有形成或沒有著床，子宮在功虧一簣之下，仍毫不遲疑地進行下一步：動情素和黃體素濃度下降，導致子宮內膜新生動脈的收縮，中斷輸送氧氣和養分的作業。這些新生組織於焉死亡，微血管開始出血，接著三、四天內，這個富含組織和血液、本為新生命準備的溫床就此崩塌，慢慢地從陰道排出，這就是月經。

這一長串之於卵巢功能和荷爾蒙變化的周而復始，可比喻為旋轉木馬和回饋線路。月經周期的其他譬喻，則是雲霄飛車和狂風驟雨，難怪很多女人的心境也會隨之高低起伏。但大抵而言，這種情緒的變化並不是很嚴重。

相形之下，男人似乎輕鬆多了，沒有月經的困擾，只有青春期一開始和中老年步入所謂男性更年期（male climacteric）時，生殖器官會有一些改變，其他時候可謂一帆風順。事實上，一般男孩或成年男子，幾乎可「隨心所欲」地經常使用生殖器官，只需小心睪丸不要被打到。

睪丸是兩個金橘狀器官，長約五公分，寬約三公分，可自由自在地在有纖維組織的皮囊中滑動，這個皮囊就叫作陰囊（scrotum）。在陰囊皮膚之下，有一層薄薄的不隨意肌是為陰囊肉膜（dartos），這層肌肉的主要功能在保護睪丸，防止它受到傷害。在受到刺激時，不管是害怕、痛苦或快樂，這層肉膜就會不自主地收縮，使睪丸上提，以免暴露在外，遭到撞擊。這個動作還需提睪肌（cremaster）的配合，這層薄薄的肌肉包住通往睪丸的血管和輸精管，也會不自主地收縮，和陰囊肉膜合力把睪丸提向腹部。這個刺激與反應是絕對的，因此醫師在檢查時，常注意看睪丸有無上提，以得知這部位的神經傳導有無問題。

這兩種使睪丸上縮的肌肉反應，在青少年和年輕男子身上特別明顯。記得我十五歲那年，在離家不遠塵土飛揚的空地上和同伴打棒球。隊友分派我作游擊手，不善防守的我，對這個任務可說惶恐之至，不久我就無法全神貫注地注意比賽的進展，擔心起自己的身體會被突如其來的球擊中。說巧不巧，第一局就有一顆低空球朝我這兒疾馳而來。我還沒擬好防衛的計策，這顆堅硬如石的球已從凹凸不平的煤灰地反彈而上，我伸手攔截，然而球還是擦過棒球手套邊緣，往我鼠蹊左側一撞。那兩顆球——我的睪丸和棒球一撞，當場教我噁心想吐。雖然這是無聲的撞擊，我卻咆哮得像隻脫腸扭轉的公象。

不用說，我的陰囊肉膜和提睪肌已以迅雷不及掩耳的速度收縮。然而我還是楞楞地站在那兒，深怕一動就會加劇那原本幾乎無法忍受的疼痛。幾分鐘後，這些陰囊肌肉才得以放鬆，疼痛漸漸消退，但那短短的幾分鐘卻像永恆一樣長。之後，我又回到習慣的右外野，雖然仍有被高飛球打到頭部的可能，卻沒有被球「閹割」的危險。

每每研究人體的解剖學、身體的功能和人類的行為，我們都不免發出一聲驚奇的喟嘆。即使如我那「陰囊餘生記」那樣膚淺的故事也有深意，陰囊的反應和調適，正代表維持生命和繁殖後代的關鍵。陰囊肉膜裡的肌肉纖維怎麼知道它是救下了精子，甚至是一個吻？肌肉反射動作又如何控制睪丸，就算出於保護的野蠻行為，也與慷慨激昂的需求相關，因為後者需要在一個柔和的春夜裡將另一個人緊緊抓住——一次擁抱會招來另一次擁抱，最終達到一種既野蠻又具有保護性的高潮，即使其最終功能是使物種永存。

在減數分裂的科學微量分析之中，反饋迴路跟生物化學原則是染色體得以製造出來的原因，人們很容易忽視掉一件事情，何以性行為阻擋不了，以及性行為與愛之間相互鞏固的關係。這兩種驅力都是自然汰擇的結果，我們覺得自己已經超越生理反應，但這些反應跟我們的存活和種族延續直接相關。細胞生物學是首要條件，意義都是後來才補上去的：人性就是從浪漫、美麗、秩序、社會和文化中創造出來。不知為何，這些都潛藏在我們意識之中，即使我們想要超越原先的預想。在試圖超越的過程中，我們達到了某種程度的崇高，超越我們自己的簡單。

當中某些預想可以從我們的詩中找到。下面幾行詩出自一名對遺傳和演化知識一無所知的詩人：

各個都愛自己，但不孤立自身
兩種性別都渴望相似，努力合而為一
激情擁抱所帶來的快樂沒有休止
他們在競爭中第三次愛上彼此

早在達爾文和生物心理學家之前，詩人波普（Alexander Pope）感覺到，追求延續的驅力深沉交織在人性之中，其具體就是表達愛意的方式。我們學習去愛，養育結合的成果——孩子——這是愛的實現，在當中找到了快樂，不只是性的結合方面，還有性行為保證我們會有後代。

就男人一輩子產出的數以百兆精子而言，卵子的呼喚有如海妖的歌聲令人無法抗拒，它什麼都沒有承諾，但精子跟隨呼喚只會撞上暗礁。但當中少數精子會堅持要挺進，甚至求的不止於此。核苷酸的組合型態會保留在後代獨特的髮色中，或者小指的雙關節。三億精子衝鋒陷陣，進而成功達陣，讓自己那二十三對染色體流傳下去，永垂不朽。當中一小部分精子永遠不會完全擺動尾巴，因為根本沒有尾巴。當中有兩條尾巴、尾巴蜷起的或者精子頭部異常的，約有百分之二十沒有機會直達終點。

每一個睪丸中都有八、九百條細微的管子，每一條長達七、八十公分，這些彎彎曲曲、總計長達六十公尺的導管，就是精原細胞減數分裂、產生精子的地方。在那諸多細管之間，有著成簇的細胞，此即男性荷爾蒙的產地。

精子有個橢圓形的頭，其中包含了二十三對染色體，之後就是短短的、圓柱般的身軀，和一條長長的尾巴。精子頭部還有一頂圓椎狀的帽子，是為頂體（acrosome），也就是一種穿孔器，裡面的酶可使卵子表面產生化學變化，讓精子鑽入。而精子體柱則攜帶很多ＡＴＰ，這種物質可提供高能量給精子，也就是精子向前衝的動力。精子從生成的細管到達陰莖開口這段旅程中，會經過幾個附屬器官，如精囊等，並從一些細管中攝取酶和生存所需的養分。在所有附屬器官中，最大的就是攝護腺（prostate），一個在膀胱底部的栗狀腺體，也就是精子進入陰莖之處。精子和精囊、攝護腺等分泌出來的東西混合在一起，統稱為精液。

精子會從睪丸內的細管，進入一條長達三、四公尺彎彎曲曲的管子，這條在睪丸上方、長長的細管就是所謂的副睪（epididymis），是精子暫時棲身之處，在此會有生理和化學上變化，並獲致ＡＴＰ，也就是所謂的激化（capacitation），之後才有動力穿透卵子，而在精子游至女性的輸卵管內，又會有更多激化反應。副睪又會通到一條長長窄窄的管子，亦即輸精管

（vas），也就是外科醫師進行男性結紮的下刀之處。這條輸精管很容易辨別，只要提起陰囊撫摸一下就可以找到。

睪丸動脈、靜脈和一些神經伴隨輸精管走了四十五公分左右的長度後，開始往上走到腹部，接著往下行至膀胱的後方，最後進入短短射精管。射精管和輸精管末端相接，那兒還有一個小小的囊狀構造，是為精囊。此囊的主要功能並非儲藏精子，而是分泌助精子存活的液體。兩條射精管進入攝護腺會合之後，就通到尿道，這也是把尿液從膀胱輸送到陰莖開口的管道。

精子在男性身體旅行的終點是陰莖，它就懸掛在恥骨下緣。陰莖的特出之處就是沒有脂肪，因此不管男性增胖多少，他的陰莖都不會因此增長一公釐。當然，癡心妄想也沒有用。

另一個更為突出的特點就是包皮，除非這層覆蓋在陰莖頭部的皮膚已由手術或割禮移除。包皮的價值自聖經時代開始，就存在相當的爭議，也是有史以來最可怕的聘禮：居心叵測的掃羅王（Saul），要求對家中次女有意的大衛（David）獻上一百個非利士人（Philistines）的「陽皮」（亦即包皮）作為聘禮，用意就是要大衛喪生在非利士人手裡。然而大衛就像聖經版的蝙蝠俠，表現出誇張的勇猛，殺了兩百個非利士人，「將陽皮滿數交給王」（《撒母耳記》上一八：二九）。最後不但娶得美眷，並使掃羅王深深畏懼。

不管有沒有包皮，陰莖含有三條柱狀海棉組織，橫切面的位置看來，就像是個三角形。最上面的柱狀海棉組織叫陰莖空腔體（corpora cavernosa），比下面兩條陰莖海棉體（corpora spongiosum）來得寬厚，兩條海棉體之間則是尿道。陰莖的尖端是為龜頭（glans），這個如橡實般的結構對刺激的反應特別靈敏，因為在此柔嫩的皮膚之上布滿了末稍神經。

在女人身上，和龜頭相對應、同樣敏感的海棉組織是陰蒂（clitoris）。就器官組織構造而言，陰蒂和龜頭同源，陰蒂也有兩個迷你的空腔體，和一個小小的、尖尖的海棉體，功能和龜頭如出一轍。陰蒂的長不到二公分，寬也只有半公分，就在兩片小陰唇（labia minora）會集之處，外陰部的前端。陰蒂下面一點點就是尿道的開口。這些結構和陰道的開口均由兩片豐厚的、有著皺褶的皮膚所保護，這兩片就是大陰唇（labia majora）。而陰毛（pubic hair）就一直延伸至下，薄薄地覆蓋在整個結構之上。

陰道是長約七至十公分的管狀器官，壁上有許多纖維和肌肉組織，開口正是在小陰唇的後方。就沒有性交經驗的女性而言，陰道開口有一塊薄薄的、如帳幕般的組織，中央有一個小小的洞，這層薄膜就是惡名昭彰的處女膜（hymen），今日則正名為陰道冠。自從吟遊詩人、說書人，乃至小說家繪聲繪影地描述，這層薄膜就是處女之身的鐵證，處女膜就無人不知、無人不曉。當講到床單時，聽眾或讀者皆屏息以待，看結果如何，上面是否真有血跡。在偏差的古代父權社會中，若是新婚之夜翌日，床單依舊潔白，還有可能導致整個家族被殺戮的慘劇。因此這層薄膜竟成了最弔詭的結構：摧殘了這個柔弱的守衛，男人才能表現自己的勇武，也才能捍衛身為男性的價值。

檢查陰道冠的意義簡直和DNA的比對不能相比。陰道冠的有無並不能成為斬釘截鐵的證據，即使是完好無缺的陰道冠也不見得靠得住，所以陰道冠並不是評斷處女萬無一失的標準。而陰道冠的構造因人而異，有些女人覺得這個屏障成事不足，敗事有餘，只會減損性愛的歡愉。有些則稍微碰一下就破了，而且不留一點血漬，還有些女性與生俱來就沒有這層薄膜。還有呢，記得四十多年前，我在醫學院就讀時，唸到第二十五版的《葛瑞氏解剖學》（*Gray's Anatomy*），上有一句：「性交後，陰道冠仍有可能完好無缺，因此這層薄膜的存在並不能代表童貞。」幾個同學看了，都不禁莞爾，我們不斷猜測為什麼在這味如嚼蠟、厚達一千四百多頁的教科書，會有這麼一句讓人回味再三的「絕妙好辭」。最後的結論是，寫下這句話的人一定曾上過女人的當。

陰道往內上方走，最後和子宮最下方的部位相接，這個圓領般的結構就是子宮頸（cervix）。陰道後壁則和直腸前壁相接，中間有一薄薄的結締組織作為間隔。

若我們從自然取材，想找一個形狀像子宮的東西，那就是倒過來的西洋梨。倒過來看，窄窄的底部就是子宮頸，寬廣的上部則是子宮本體。子宮內壁是層豐厚的、充滿腺體的膜狀組織，有如軟墊一般，這就叫子宮內膜（endometrium）。子宮內膜會因月經周期的荷爾蒙變化而起反應，月復一月地進行建設和破壞工作，剝離的血液和組織就進入狹窄的子宮腔內，再經由子宮頸和陰道流出體外。

鳥的身體約略是梨子形狀。如果視子宮為小鳥形狀，它向外展開的翅膀看起來就像兩片又薄又大的組織，並延伸到器官另一邊。如同前述所說，輸卵管位於上翼，從子宮上方兩側頂端向外延伸。因為翅膀很大，兩片組織就被稱作子宮寬韌帶（broad ligament）。卵巢就在子宮寬韌帶下方，距離近到卵子從輸卵管出來之後，可以輕易找到它的方向。

研究男女兩性器官的解剖學，是為接下來交合的好戲鋪敘場景。當然，氣氛的營造，諸如求愛、引誘、幻想和愛撫等，也是不可或缺的。簡而言之，花前月下不是人類專屬的，許多動物也能享受這一刻。而人之所以不同，就在海誓山盟和情感的交流。這裡我指的是性的全部後果——特別是性慾。我們用自己的文化賦予性行為意義，而這已經滲透到我們生活的各個文化層面之中。從許多方面來看，行動的極致和幻想的極致結合在一起，翻新我們的生活。所謂的性行為是和文化脫不了關係的，性的滿足或昇華都和人類的性靈有關。

對男人來說，春心盪漾的第一個生理要素就是幻想和五種官能，有慾念或視覺、觸覺乃至於嗅覺的刺激；耳邊或許響起一句勾引的話語，或因情歌醉人，或因舞曲性感的韻律與節奏。如親吻，讓人情慾高漲的不只是四唇相接，還有兩舌交纏的感覺。通常要讓一個男人性致勃勃需要數種因素，但要男人生理上準備就緒，不用太多刺激，血液就會開始集中在他的骨盆和陰莖。女人心中的愛慾之火，也會因以上的種種刺激而點燃，或許幻想更會使她不可自持。對方的反應將使任何一方更加興奮，這種「天雷勾動地火」的反應，是謂性的增效作用（synergism）。

在熾熱的情慾下，通到陰莖的動脈和小動脈會回應副交感神經的訊息，開始擴張，使得血液流到陰莖的海棉組織，在慢慢膨脹之下，陰莖的溫度和張力都有上升之勢。而海棉體的膨脹則會壓迫到靜脈，使血流不能回流，陰莖就此處於充血狀態，因壓力而堅硬並略微朝上。陰莖的另一端就是平滑、圓順的龜頭，此時這個男性生殖器官已完全挺立，準備攻城掠地。

同時，不管是生理或情感的反應都愈來愈激動。全身肌肉緊繃，血液也會特別集中幾個部位，如嘴唇、耳垂、乳房和鼻膜，特別是鼻膜還會出現一個突起的海棉組織。陰囊肉膜和提睪肌也開始收縮，把睪丸往上推，和我的命根子被棒球擊中那次的反射動作神似，只是這時幾乎是在狂喜當中。

這一刻，迫不及待之感愈來愈強，若是血氣方剛、初嘗禁果的年輕人，很容易就此失去自制力，如繃在弓弦上的箭，不得不發。接下來如果進行順利，男人就準備將龜頭插入女伴的陰唇內，挺立的陰莖整個滑入陰道，這個動作也就是所謂的插入（intromission）。之所以如水到渠成般自然，不僅是由於陰道的溼滑，陰莖開口也會流出一些黏液，以利插入。然後，男人就開始「做工」，亦即一抽一送的性愛勞動。陰莖不斷在陰道中前衝、後退，磨擦溼潤的陰道壁，在這種愛的磨擦之下，龜頭的末稍神經立即傳送無數的情慾訊息到陰莖上的感覺神經、大腦和脊柱。脊柱又馬上將衝動送達骨盆，完成所謂的反射弧。

雖然反射弧不是意志可以控制的迴路，但還是會為逐漸高漲的情慾意識所影響，此時男性血壓升高，呼吸急促，幾乎陷於狂亂。接著興奮的刺激高到某一關卡，從龜頭噴出精液，這就是所謂的射精（ejaculation，收縮之意）或是高潮。

除了隨意肌，所有的訊息都被送到自主神經。在高潮時，神經就會火速傳送訊息至輸精管壁的不隨意肌，促使其規律收縮，把副睪中的精子送到射精管中。同樣的纖維群也會使攝護腺和精囊收縮，若時機掌握得恰到好處，它們的分泌物就會和精子同時到達射精管，成為所謂的精液。大抵而言，精液中的九五%是攝護腺和精囊的分泌物，剩下的才是精子。

同步的感覺是如此美好，所有事物在那個瞬間一次到位，訊息即刻沿著細小的神經分支發射到外陰部區域（pudendal，男女的外陰部都是這麼叫，其拉丁字源為pudere，意思是羞恥），到達體積雖小卻很重要的球海綿體脊（bulbocavernosus）。這個羽毛形狀的構造位於肛門前端，向前延伸圍住陰莖根部。神經脈衝使球海綿體脊連續用力收縮，緊接著從尿道射出精子，進到溫暖的陰道。

好戲可還在後頭呢。沒有它，我們之中應該沒什麼人會沉迷這種笨拙的骨盆操吧。諸君，重點是高潮。

男性不用射精也能高潮，沒有高潮也能射精，通常兩者會同時發生。

高潮（orgasm）源自於希臘文的「orgamein」，也就是「滿溢」之意，好比滿溢到爆發的地步，而迷失在時間洪流當中。因此，所謂的高潮應該是指一種已無法遏抑，進而爆發出來的情緒。

基本上，高潮可說是一種釋放。就在肌肉收縮的高峰，狂喜的訊號傳送到大腦，產生一種如排山倒海而來的喜悅，讓人心迷神醉。同時，原本緊繃的骨盆肌肉開始鬆弛。就心理層面而言，也有情感宣洩之功，這種宣洩是其他經驗所不能比擬的。難怪德國哲學家尼采（Nietzsche）為這一刻注解道：「此時，男人的性已攀上靈魂之巔。」

射精完畢，交感神經指示陰莖血管收縮一點，本來緊張的肌肉也開始放鬆。就在靜脈把過多的血液帶離後，陰莖隨即軟化，高潮也慢慢消退，但餘韻猶存，在短短幾分鐘內，外陰部仍有強烈的快感。有時，先享受高潮的男性甚至會有一點倦怠或是抑鬱，因為還沒踏入狂喜之境的女伴仍想繼續歡愛，或是已脫離狂喜之界，還意猶未盡地想再多依偎一下。但男人卻只想轉過身去睡大頭覺，或是靜靜地沉浸在自己的思緒中。然而男人如果聰明的話，還是不要太自私，忽略了事後的體貼。

至少要等十分鐘以上，感官才能再度亢奮。通常，男人要過幾個小時、幾天，甚至數星期後，才會再度有強烈的衝動想要翻雲覆雨。

就高潮的時機而論，男女雙方不一定都能像A片表演的那樣，幾乎分秒不差地到達快樂的頂點。這並非不可能，但以真實的性愛而言，預期愈高，恐怕失望愈大。首先，障礙在於女性的反應比較慢，得先經一番前戲，才能進入狀況。其次和物競天擇有關。就人體的設計而言，不管在性交過程中有沒有高潮，子孫依舊可以繁衍下去。反之，若是女人堅持要同時達到高潮才願意性交，依照演化的原則，這個世界將會有許多陰蒂長在陰道內、可快速到達高潮的女人。另一個後果是，男性只好用霸王硬上弓的方式來延續下一代。如此一來，人類文明史恐怕有全然不同的版本。

女性高潮的關鍵在陰蒂而非陰道，這也就是陰蒂存在的目的。陰蒂和陰莖類似，基本上就是兩片保護膜包覆著的海綿體，末稍感覺神經非常豐富，受到情慾的挑逗時，也會同陰莖一樣，有充血、突起的反應。由於陰蒂和陰道開口有一段距離，在陰莖衝刺的時候，難以直接受到刺激。某一些體位，例如女人在上，身體往前傾，男人的恥骨或多或少就可磨擦到陰蒂，但還不能迅速地誘發高潮。最有效的方式還是直接刺激，用手愛撫或用其他策略。因此要同時達到高潮，衝動的男人得多為「漸入佳境」的女人多著想一下。

在適當的前奏下，女方在情慾高漲時，自會張開雙腿歡迎陰莖的插入。雙腿分開時，陰道的開口就在兩片小陰唇之間。若刺激足夠，女方也會有欲死欲仙之感，陰道肌肉將放鬆且陰道壁分開，甚至會騰出空間，等待陰莖的進入。在前戲時，骨盆接受到自主神經傳來的訊息，就開始充血，陰蒂變得堅挺，陰唇腫大，這時就會分泌潤滑液來溼潤陰道。潤滑液的量因人而異，通常年輕女性較充沛，甚至從陰唇流出，溼潤了皮膚、陰毛和內褲。跟男性一樣，女性身體其他地方也會同時增加血液流量，特別是在乳房，乳頭海綿體會充血，變得堅挺。這時，心跳和呼吸的速率也會加快。

骨盆腔的肌肉緊繃到某種程度，陰道和鄰近區域可能會有一點不自主的痙攣。就在陰莖進入，奮力衝刺之時，某些女性或許會在這個時刻爆發高潮，但就大多數女人而言，此時陰蒂還需要更直接的刺激。女人高潮的生理反應和男人類似，但骨盆收縮的程度要比男人厲害。這時，男伴或許會感到陰道內有規則的攣縮。最近的研究顯示，就高潮的程度和種類而言，女人的經驗也許要比男人來得多采多姿。不過，這點尚有爭議。

以上是從解剖學和生理學的觀點，來剖析性愛這個行為，不要忘了這場男歡女愛只有一個生理目的——那就是讓卵子受精，繁衍子子孫孫。之所以寫這件事，是想要試著寫出普遍且持平的描述，以說明人類最初的居所形象。因為我們這個物種的所有成員都對庇護所有共同且基本的需求，我們不少人的家也都很相像。只不過混雜分歧的文化和社會群體還是導致了差異，不只如此，親密性的多樣也包含高度個人化的選擇和環境差異。我的房子跟隔壁一定非常不同。沒有一種人體功能比繁殖功能更受先天遺傳影響，但是也很容易因營養和個體變異而有所變化。

Chapter 8

A Child Is Born

分娩

我們的身體的確很像是一個由幾兆名公民組成的理想社會。不同的細胞分工合作，讓身體成長茁壯：肌細胞可以收縮，它們就像是地方社群一樣，與技能嫻熟的同儕聚在一起，變成肌肉。脂肪細胞可以儲存某種特殊的營養物質，它們也聚在一起，變成一整塊脂肪。腺細胞可以製造分泌化學物質供其他組織使用，不同的腺細胞製作的物質各自不同，比如甲狀腺細胞獨立聚集在一起，而胃黏膜組織則嵌合在身體其他結構上。神經細胞整合身體內外的訊號，伸出長長的軸突，像接力一樣把訊號傳遞至遠方。神經是體內傳遞訊息的主幹，其中神經細胞的集合叫作神經中樞或神經節，而最大的集合就是腦。

這些不同組織各司其職，可分為四大類：上皮組織、結締組織、肌肉組織、神經組織。每一個類別底下又有許多不同的子類別。例如上皮組織的一種形式是腺性上皮組織，在腸道內壁分泌黏液與消化酶的細胞就屬於這種組織。結締組織則可以分為肌腱、骨骼、脂肪等等。肌肉組織可以分為三群，分別是隨意肌（又稱為骨骼肌或橫紋肌）、不隨意肌（又稱為平滑肌）、心肌。神經細胞則根據類型而有各式各樣的不同任務，將在之後的章節詳細介紹。

這些組織中的每個細胞都各自貢獻自己的專長，時時刻刻維持身體的正常機能。它們一方面執行無數的功能讓自己存活下去，一方面也完成身體交付的任務，促進整個身體的福利。

為了盡量提高工作效率，組織之間進一步合作，組合成為器官。器官協調不同組織之間的運作，因而完成特定的功能。例如腎臟內部的幾種不同組織就可以共同清除血液中的有毒物質，並維持體液的穩定與化學平衡；肝臟的各種組織可以讓身體化學反應時副產物失去毒性，同時生產膽汁促進脂肪消化；胃的某些組織可以攪拌食物，以稱為蠕動的波狀運動將食糜推入腸道，另一些組織則可以分泌化學物質幫助消化；卵巢裡的特殊組織可以製造生殖細胞，也有組織可以分泌雌性激素。身體的許多其他分工，也都依循這樣的模式。

把不同組織結合起來變成器官，就像是組合不同機能的社區變成城市。而不同的器官又可以聯合起來變成系統，每個系統專職處理身體內的某類功能。人體內有十二個系統：骨骼系統、肌肉系統、皮膚系統、消化系統、泌尿系統、循環系統、淋巴系統、內分泌系統、神經系統、免疫系統（它的機能與淋巴系統融合）、生殖系統。

像消化系統與泌尿系統，是由整串工作的前後不同部位銜接而成的；但內分泌系統與免疫系統，則由分散在身體各處的器官、組織甚至只是一群功能類似的細胞組成。內分泌系統裡面不只有甲狀腺這種器官，也有分散在各種器官中的細胞群。免疫系統也是分散在身體各處，除了淋巴結以外也包括脾臟、肝臟、肺臟中的小單位。

不過，雖然每個系統都負責一、兩個維持身體穩定的重要功能，但通常也會具備其他功能。例如胰臟屬於消化系統，可以分泌消化酶，經由導管送至腸道；但同時也屬於內分泌系統，因為它有另外一些細胞會製造胰島素，分泌至周圍的微血管。內分泌組織會用激素與其他化學物質來調控身體機能，它們分泌的化學物質會直接從細胞進入血液，不需要通過導管，因此又稱為無管腺。

各種細胞、組織、器官、系統最令人驚訝的能力，就是它們可以順利地協調彼此的位置與功能。如果生命演化的過程從來沒有完成任何目標，細胞就不會聯合成為組織，世上也不會有多細胞的生物（而且即便是單細胞生物，內部的分工合作也極為複雜）。但「目標」這個詞很麻煩，它通常都會讓人以為作這件事帶有目的，甚至是有意而為。

我不想讓各位以為演化帶有目的，而且完全不同意演化是有意而為的結果。我只是想指出多細胞生物的優勢大於單細胞生物，而且通常愈是複雜的生物，愈能忍受環境變化，所以比簡單的生物更能在反覆無常的大自然下倖存。

動物界在演化的過程中變得愈來愈複雜，最後出現了脊椎動物門。脊椎動物又一直演化，最後在兩億年前出現了哺乳動物。哺乳動物的複雜生理結構，讓牠們可以適應各種不同的環境，因此從七千萬年前就一直統治地球至今（唯一沒有優勢的就是數量。至今已經確定的昆蟲物種大約有八十五萬種，尚未發現的昆蟲可能還有數十萬種）。到了大概七千五百萬年前，哺乳動物中的一支演化成靈長類，具有高度特化的複雜大腦，能夠設法因應各種環境變遷，並操縱身體針對特定目標作出行動，搶奪環境中的重要資源。

後來高等靈長類的大腦愈來愈大，愈來愈複雜，於是子代必須依賴母親才能生存的時間也變長了。早期人屬的平均腦容量為八百毫升，重量為七百六十克。現代人的腦容量接近一千四百毫升，重量接近一千四百克，換句話說祖先的腦袋大小約為我們的百分之六十。因此，高等靈長類的頭骨較大，必須提早離開子宮，才能通過母親的骨盆出口。如果大腦發育到跟以前的靈長類一樣成熟的階段才分娩，嬰兒的頭就會卡在媽媽的肚子裡。這樣演化的結果使得高等靈長類的嬰兒幾乎完全無法自己求生。雖然牠們的腦變大，心智能力乍看之下愈來愈複雜，但代價卻是嬰兒需要更長的時間讓大腦成熟足以思考，需要學習更多東西才能融入靈長類打造的社會系統。

而且現代智人具備的抽象思維，又讓嬰兒需要更長的依賴期。依賴期延長，就有更多時間傳授幼兒知識，愈能讓年輕人吸收人類累積數千年的思維模式。當族群數量一邊增長時，成員能夠因應的事件數量也隨之同時增加。最後的結果，就是我們的大腦會在兒童與青少年時期吸收各種經驗，強烈回應各種不斷變化的嶄新刺激，逐漸構成我們的心智。心智，源自大腦有組織的行為。

腦這個器官裡的各種細胞與組織，專門負責接收刺激、整合訊號、傳遞訊號、作出回應。

它能夠以不可取代的特殊方式，促進動物的存活與繁殖。

我們所謂的「心智」（mind）是由身體組織的大量功能集結而成的產物，與細胞遵循相同的維生法則。既然我們的每個細胞都會接受訊號並回應訊號，藉此維持動態平衡與最佳效率，我們的心智當然也會用同樣的方式回應變遷，保持動態平衡，盡可能發揮實力。在解剖學與生理學上，心智主要源於大腦，兩者的功能都是維持心理穩定。心智在這方面沒有大腦那麼可靠，但依然為此目標努力。

體內的細胞會適應身邊的環境，神經組織也不例外。但由於它的功能與數量足以與其他神經細胞交流訊息，它比其他組織更能夠根據身體各部位的需要來調整自己。身體傳到大腦的訊號，經過大腦的各部位、並以驚人的速度整合之後，就構成了心智的基礎，同時也構成了抽象思維，以及各種我稱之為性靈的創造力基礎。

而這一切都要歸功於細胞把功能組織起來的方式。生物學家常講，雖然動植物的有機結構未必是維持生命與物種的關鍵，但有機結構協調組織各部分的方式，卻真的可以滿足整體的需要。人類的特殊之處就在於此：無論是大腦的結構優勢以及強大的機能，還是我們學習使用這些機能的能力，都來自於大腦內部的組織與協調。

我們身體各部位的協調運作，以及它們一邊經歷生命與繁衍機能中的各種微小變化，一邊整合各部位功能，設法維持穩定以及維持體內平衡的能力，都非常令人讚嘆。也許遠在亞里斯多德寫下第一篇關於胚胎的專論《動物史》（*De Generatione Animalium*）之前，就有一些思想家發現，從受精卵到人體的變化機制實在神奇得難以理解。胎兒究竟是怎麼發育出來的？每個組織與器官何時決定長出來？細胞在發育的瞬間究竟該作什麼？這些動態平衡的機制正是生物維生、生長、繁殖的基礎。雖然最近的一些研究找出了發育過程的部分機制，卻只讓這永恆的問題顯得更迷人。

新生命的起始當然就是從受精那一刻起。三億左右或者更多的精細胞進入陰道後，只有一個能穿透卵子。精子通過子宮頸、進入子宮，沿著輸卵管游至卵子這個過程大概只要八分鐘。然而所有的精子都是盲目地向前衝，只有一些能順利抵達目的地。每分鐘因誤入歧途而陣亡的精子約有幾百萬，能夠到達輸卵管的大概只有一千個。

要成功受孕，精子一定要排卵前後一、兩天內出發。如在排卵的前五天性交，受孕的機率大概很小，若在排卵當天性交，機會則高達三分之一。也就是說，獲得最後勝利的那個精子，必須和眾多同伴一齊在輸卵管內等待姍姍到來的卵子。卵子大約比精子大八萬五千倍，其受精時機只有十二至二十四小時，不過精子倒是可以活上數天，想想成功的精子一定要嚴陣以待，找到進攻的最佳地點。

一旦接觸成功，精子和卵子表面的相接處就會產生化學物質，俾使精子的頭容易鑽入，留在外面的尾巴不久便會退化。此時，卵子的細胞膜開始生變，使得其他精子無法鑽入。對於這種轉變機制，人類仍所知不多。

就在這一瞬間已經發生了幾件事。卵子完成第二期減數分裂，小小的極體也分離了；精子和卵子的核膜都消失了，來自父母雙方的染色體開始滲合，成為四十六對。緊接著，受精卵一分為二，每一個細胞繼續分裂，愈裂愈小，畢竟這麼多的細胞必須擠在原來的細胞質內。這時正在分裂的受精卵，就因輸卵管的收縮和管壁的纖毛運動被帶入子宮。

受精三天後，這一團含有十六個細胞的桑椹體就到達子宮了。之後的三天，細胞的數目繼續增加，桑椹體內出現一個空腔，使之變成囊胚。到了第七天，囊胚就附著在子宮內膜層上。此時黃體所分泌的荷爾蒙已使子宮內膜變得豐厚，便於著床。

現在細胞繼續分化，主要器官皆在第四周到第八周內開始形成。到了第八周，子宮內膜的組織也和胚胎外面的細胞結合在一起，成為布滿血管的海棉狀結構，即為胎盤（placenta），從希臘文「plakous」而來，意義為「扁平的蛋糕」。胎盤的功能就在供給胚胎養分，因此字源不無象徵意義。胎盤完全形成後，就成為一個直徑約二十公分、厚度約二點五公分的器官，通常是靠在子宮壁上，朝向母體的背部。胎盤會分泌大量的雌性激素、黃體素以及其他荷爾蒙，同時負責母體和胎兒間氧氣、二氧化碳、養分和廢物的運送、循環。所謂其他荷爾蒙包含促性腺激素，幫助黃體分泌黃體素，抑制子宮肌肉的收縮，以免把正在發育中的胚胎排出。胎盤分泌女性荷爾蒙的能力很強，因此母親的卵巢若是在懷孕三個月後割除，亦不會影響到胎兒。

胚胎此時在充滿液體的妊娠囊中，這些液體就叫作羊水，像墊子般保護胚胎，使之發育成胎兒。在這個時候，一、兩公分寬，三、四十公分長的臍帶將逐漸形成。在臍帶當中有兩條動脈和一條靜脈，作為胚胎和胎盤的橋梁。在第八周，即使胚胎只有兩、三公分大，重量不到五克，但幾乎所有的內部器官都已具雛形。現在，胎兒的手腳、五官已可初步辨認。中樞神經系統和肌肉系統也開始對刺激有所反應。事實上，這時胚胎已邁入胎兒階段。

打從受孕之初，相關基因就已啟動，一絲不差地決定好這一連串事件各自要在什麼時候發生。此時胎兒體內已出現荷爾蒙，荷爾蒙的來源不只是卵巢、子宮和胎盤，還有下視丘、胰臟、甲狀腺、腦下垂體和腎上腺。所有的酶都已產生，以調節發育的過程。這個時候，胎兒自己也會釋放荷爾蒙，以助於日後在子宮內的成熟和生產。還有一些荷爾蒙是來自於母體和胎盤，使母親在生產時能放鬆骨盆腔的關節和韌帶，並使子宮收縮，將胎兒擠出。因此，懷孕可謂母親和寶寶之間的交互作用，從受精剎那起，兩人便一齊踏上生命之旅。

我們再回到一開始胚胎內進行的細胞分化。

從受精的那一刻開始，胚胎的發展就呈現一幅生氣蓬勃的景象，人類生理學彷彿因創造新生命而迸發出無比的活力，而每一發展細節都受到嚴密的監控和保護，因此即使事件是在誘發和刺激下發生，看來也像完全自動進行。在思索這些有如奇蹟般的事件時，即使冷靜如實驗室研究人員，也不得不和千年前的古人一樣目瞪口呆，對大自然種種神奇的力量感到驚異。

第一次在動物身上看到胚胎發育過程的人，必然覺得不可思議。然而這個奇異的過程還是肇因於細胞。過去幾年來，我們才慢慢明瞭細胞的活動，進而開始研究到底是什麼樣的化學訊號告訴受精卵變成小孩的。至於那無以數計的細胞如何精確執行任務，接著分化成不同的器官和組織，這個未知領域可說是相當值得探究。

有一個基本原則可以解釋細胞分化：這是由於特別的基因表現所造成的。從同一個受精卵分化出來的細胞，都有著一模一樣的基因。在發展的過程中，特定基因的活化和抑制，會產生結構不同、功能迥異的細胞，再執行胚胎發育時所需擔任的工作。基因的轉錄調控（transcriptional regulation），主要決定哪些基因要表現出來，又該表現到什麼程度。

細胞的歸類和安排這種種複雜的狀況，發生在胚胎生命的各個時期。化學訊號告訴細胞，它的位置如何，和其他細胞又有何關係，以及如何分工，形成不同的組織和器官。生物學家就用模式形成（pattern formation）這個專有名詞，來表示許多組織分化的機制。

模式形成的第一要素，甚至在受精之前就已經發生了，亦即卵細胞分化成卵子的過程中，卵子本身的成熟、細胞器官和蛋白質的分配，以及RNA分子如何被轉錄至細胞質等。受精卵開始進行分裂後，每一個新細胞都有全然不同的細胞質，因此每一個細胞都是獨特的。每個細胞不但有特定的位置，並從卵子細胞質接受了不同的任務訊息，以得知自己要創造出什麼樣的組織。

在一群細胞形成後，它們和其他群體也會產生交互作用。某個細胞群作用可能在製造荷爾蒙或其他分子物質，以促使旁邊的細胞群工作，例如轉移到其他部位或是合成一種新的蛋白質。這種化學以及生理的互動就叫作胚胎誘導（embryonic induction），也就是一個細胞群對其他細胞群的影響。

每一部分都有助於整體的成長，但並非一直在生產線上。有些組織只有在胚胎發育的某一個時間才需要，若繼續出現只會妨礙未來的發展。這些組織就經由基因控制的步驟，也就是細胞程序死亡（programmed cell death）來去除。這種程序死亡和胚胎的生命發展一樣，都在染色體當中。舉例來說，人類的手腳一開始形成時是像蹼一樣的結構，裡面有許多放射狀蛋白質。經過一段時間，射線之間的組織就死亡了，只留下手指和腳趾。萬一這個過程出了差錯，胎兒的手腳變成蹼狀，就得用整形手術代替染色體尚未完成的工作。

因此，細胞會回應其接受到的化學訊號，告訴自己得分化成胚胎發育所需的不同部位，之後就和其他細胞群團結起來形成特定的結構，且在胚胎成長的某一階段發生。男女生成便是由基因組控制。基因組不只命令製造何種蛋白質，同時也決定生成的時機和次序。在胚胎成形過程中，細胞內外的訊號會影響基因開啟或關閉。細胞內的分子會根據附近液體與組織的需要而發出訊號，讓相關的基因表現出來、或者不要表現出來。經過一系列的調控，我們體內的細胞會逐漸分化成兩百多種，各自出現在適當的位置。

胚胎或成人身體的所有細胞，都有一組至少三十八個主要調節基因，在胚胎發育的最早期，這些基因的功用就在為身體的結構布局。這些基因稱為同源異型基因（Hox），在染色體上的排列順序與基因藍圖對應到的身體部位相同，例如生成頭部的基因，在染色體上就比生成腹部的基因前面很多。同源異型基因控制許多因子，包括身體的軸線怎麼排、原始細胞群各自要站在什麼位置、發育成哪些組織與器官等等，也就是說，最終發育成手腳的細胞，其實很可能早在細胞重新排列階段的一開始，就知道了自己的命運。

而胚胎的發展之所以會如此，是因其中的細胞分成三層，身體所有的組織就從這三層生成，從外到內，分別是外胚層（ectoderm）、中胚層（mesoderm）和內胚層（endoderm），每一層都會各自分化成無數的細胞，形成特別的組織和器官。

外胚層將發育成表皮和表皮組織，如指甲、毛髮、皮脂、神經系統、眼耳等外感覺器官，以及口腔和肛門黏膜等；中胚層會在日後生成結締組織、骨、軟骨、肌肉、皮膚、血液、血管、淋巴管、淋巴組織、脊索、胸膜上皮、心包膜、腹膜、腎臟及生殖器官等，而內胚層則會演變成呼吸、排尿和消化系統的內層。因此這最原始的三層將移動、扭曲、旋轉、滑行、疊起、彎曲、加長、分支、融合、分裂、增厚、變薄、擴張、收縮、凹陷、成為袋狀、狹縮、黏附、分開……就像是導演柏克萊（Busby Berkeley）拍的電影一樣，有如一個幾何形狀排列出來的萬花筒，而且比電影的規模還要大上很多倍。上億個細胞於焉形成，不斷地舞動，最後走到定位變成各種組織和器官。而這曲生命之舞的編舞者，就是掌控蛋白質分子合成的基因。這背後的機制，就是某些細胞群的基因活動會產生一些化學物質，影響其他細胞群的基因活動。這種訊號機制會以各種不同的形式在我們的一生中不斷出現，滿足我們的各種需求。而胚胎發育過程，就是某一區的細胞影響其他細胞的最早表現。正如謝靈頓醫師在談到「身體的智慧」時所說，「打造新個體的神奇過程，就是無數單位朝向共同目標展開的一場冒險。」就組織的分化而言，早在第四周就可見一個隆凸的結構，此結構將變成心臟。我們不會錯認，因為這裡已開始有悸動。

正如前述，到第八周末，器官已大半形成，此時發育的新生命已具人形，正式進入胎兒期，而不再是胚體，之後器官會再繼續成長、成熟。這時懷孕婦女的身體也開始為胎兒做準備：胎盤產生高濃度的動情素和黃體素，下視丘也分泌一種名為泌乳激素（prolactin）的荷爾蒙，導致乳房變大，幾乎是孕前的兩倍。乳房原來大都是脂肪，這時已大半為腺體組織所取代。但胎盤產生的黃體素有抑制乳汁分泌的作用，因此乳汁不會流出，直到生產過後，胎盤從母體排出，新生兒才能飽嘗香甜的母乳。

然而直到胎兒出生，乳汁都不會輕鬆自然地從乳頭流出，必須藉著乳腺周圍一些肌肉細胞的收縮，乳汁才會被擠壓出來。身為萬物之母的自然，會適時地告訴那些細胞要收縮，使得乳汁流出。嬰兒吸吮著媽媽的乳頭時，乳頭的神經火速地把感覺衝動傳至下視丘，請其命令腦下垂體釋放一種名為子宮收縮素的荷爾蒙，促使乳汁分泌。

同樣的感覺衝動也會從乳頭神經傳達至腦下垂體，使其繼續分泌泌乳激素。只要乳汁汩汩地流出，不管是嬰兒的吸吮或是吸乳器的刺激，泌乳激素會不斷地作用。但若乳汁一直停留在乳房內，泌乳激素的分泌將會遭到抑止，不到一個星期，乳房就不再有乳汁。

這種母子之間的交互作用，不只滿足生理上的需要，更是情感的連結。這一切說來雖是本能，但本能並不能涵蓋一切。吸吮反射只是大自然賦予母親的力量，但我相信人類的母性力量已經超越了生物本能。對大多數女性來說，源自本能的母愛已經超越了天擇的實用功能，而產生了精神上的意義。也許這可以算是某種「羅威法則」（the Loewi principle）：母親的哺乳之美，無法完全以乳腺周遭的子宮收縮素來解釋。生物學的貢獻不只限於神經傳導、荷爾蒙和分子等，更給我們一種解剖美學，讓人讚嘆那結構的富麗。因此人類的乳房不單是詩人和戀人留連的對象，連科學家都深深著迷。正如二、三〇年代間，倫敦最負盛名的乳房研究專家暨外科醫師庫伯（Sir Astley Cooper）所述：

那曲線美麗的乳房，可說是大自然賜給母親和孩兒最美好的糧食。對母親而言，孩子靠在她的臂彎裡吸吮乳汁，這個姿勢非常舒適，而嬰兒的臉頰也可靠在柔軟豐滿的乳房上，安詳地飲取生命之泉。這種簡單、唯美和便利，在在值得讚嘆。人體的結構正是如此，對稱、自然，而且實用。

無論在這星球的任何一處，人類的情感都會為新生命所觸動。然而每一個新生命的發生，似乎都是絕無僅有、新奇的經驗。我不得不回想起我的孩子當年誕生的情景。

我和莎拉在一九七七年結縭。那年，我四十六歲，和前妻生的兩個子女已屆青春期，莎拉才二十九歲。決定再婚之前，我們已在不知不覺中共組親密且和樂的家庭。雖然第一次婚姻宣告失敗，多莉和德魯這兩個與前妻所生的孩子，仍是我最大的慰藉。我不得不放下父親的自尊，坦承在我生命最黑暗的時期，帶我走出疑惑與悲傷的，正是十五歲的多莉和十二歲的德魯。在與婚姻作困獸之鬥的那幾年，我猶如處於絕望的迷霧中，從幼童到成年，一直引導我向前行的自信也不見了。在沒有自信的導航下，我完全迷失了。

孩子就是我生存下去的支柱。不管我多麼消沉，還是盡量把思緒集中在兩個孩子身上。對於身在晦暗的我，他們就像在遠處呼喚我的燈光。我想他們就在迷霧之外，等我走出去。

這段不堪回首的日子後，莎拉意外地出現在我們的生命中，我們因此重獲活力，得到新生。重拾歡樂的三年後，我和莎拉在一個五月午後步入禮堂，決定終生廝守。不久，我們就從租來的海邊小屋，搬到市郊占地約三百坪的房子，有花園、綠意盎然的草坪，有如三〇年代電影裡的豪宅。過去曾經迷失在迷霧與黑暗森林中的我，不禁深深感激眼前簡單的幸福。

在這段晴空萬里、幸福和樂的日子裡，我頭上卻有一朵雲，那就是莎拉想要再生一個孩子。雖然這朵雲不致帶來狂風暴雨，但我還是心生畏懼。即將步入五十的我，一想到再當爸爸，手忙腳亂地照顧新生兒，就覺得領口一緊，教我喘不過氣來。本來，我連結婚禮堂都不想再度踏入，心想，莎拉也只想在身邊照顧我，跟我共度晨昏。但她堅決認為儀式有其必要，何況結果也頗為圓滿。現在她又想照著自己的意思來。不用說，她又順心如意了。

孩子們知道莎拉懷孕時，可說興高采烈。我對他們的反應並不吃驚，他們老早就巴望著多一個弟弟或是妹妹。讓我驚訝的是，原本心不甘情不願的我，在莎拉懷胎十月時，也和他們一樣興奮。最後還在莎拉的要求下，和她一齊上拉梅茲課程。

我比參加課程的所有準爸爸要大二十歲，也是唯一有經驗的爸爸，加上資深外科醫師的經歷，使得我和其他新手爸爸格格不入。我一開始和顏悅色地接受了這一切，但我畢竟不是個很善於交際的人，我的年紀以及不喜歡與男性交流的個性，讓我不太能融入其他爸爸的圈子。到了第二次拉梅茲課程，問題終於爆開，那位指導課程的年輕活潑護理師請我們每個人說說在生活中作了什麼嘗試，希望我們「與同年齡的夥伴分享自己」，鞏固我們的友誼。我呢？我可比其他人大了兩輪喔。從那之後，其他人就開始對我相敬如賓。

不過「分享你自己」還不是最慘的。那位社交亢奮的護理師，後來又找了她之前的學生來分享分娩經驗。我想她一定是用電視節目選擇參賽者的角度來挑人的，因為每一對應邀來分享的伴侶，全都滔滔不絕地講述自己甜蜜的負荷，講述一連串的重擔以及第一次看到胎盤時有多麼讓人喜悅。即使他們還講了其他的，我大概也只記得這些，因為每個故事都亢奮到不行。我只聽到排山倒海而來的陳腔濫調，所有情節背後都襯著亮晶晶的星光跟粉紅色的花朵，我聽著都快要發瘋了。

然而我還是完成所有課程，學會呼吸的技巧，以及其他準父親在生產時應做的工作，我決心做個完美的教練和伴侶。當年多莉和德魯出生時，我和前妻根本沒聽過什麼拉梅茲。現在物換星移，生產不但慎重其事，還有課程可以學習。從前我對生產的認知是，嬰兒的頭從母親那剃得精光、消毒過的陰唇滑到婦產科醫師戴著手套、消毒殺菌過的雙手上。寶寶就從無菌手術鋪巾上的開口看到這個世界。焦躁不安的父親在產房外面踱來踱去，等待妻兒的消息。由於我是院內的外科醫師，因此在太太生產後就可立刻步入產房。當年沒有幾位父親可享有這種特權，他們只能自己想辦法在手術房外打發時間，或者跟其他幾個同樣焦急的弟兄作伴。那個年代的生產過程完全要照醫療程序走，至少在媽媽抱到寶寶、無上權力的婦產科醫生紆尊降貴的點頭之前，這些爸爸連動情驚嘆的權利都沒有。

女權運動改變了這一切。她們認為，懷孕生產應視之為自然的過程，產科醫師只需在旁協助，萬一有併發症再加以處理即可。除非不得不進行剖腹產，絕大多數的生產應是自然、不需要手術干預。因此經由陰道的自然產，只需有經驗的助產士，和在背後支援的產科醫師。除非情況緊急，醫師不必積極參與。

我們之所以會讓專業的醫生以侵入性的方法去面對分娩過程潛藏的各種危機，與其說是為了醫學需要，不如說是因為歷史與社會學的原因使然。女權運動提醒我們——生產是一個自然的過程，準備好工具去應對常規的陰道分娩是一回事，而把工具拿出來用是另一回事。

我們身體每一個細胞和組織內，都有令人驚異的活動，我們所能參與或觀察到的卻是少之又少，因此如何能放棄生產這件身體大事，將權力被動交給醫師呢？

我們把太多臨終時的權力，以及生命誕生時的權力交給醫生。醫師的任務在於依自然之道而行，偏差時再加以矯正即可。正如離開人世前，最後的搶救通常都是徒勞。我們降生之時，絕大多數也都不需要進入手術室。

幸好婦產科醫生的社群如今已接受這些觀點，如今每天世界各地的產房與家中皆為此做出成千上萬的見證。而我這個一直與最尖端醫學技術為伍的醫生，如今也應該要離開我習慣的戰場，這樣對我以及妻子與之前的兩個孩子都更好。讓父母選擇降生方式的新觀點，其實只是自古傳承下來的老智慧而已。

聽莎拉描述懷孕的經過，已為人父的我，還是有一番新的體會。

一開始的確有點神祕，而且相當私密。懷孕的前三個月，因為擔心流產，我只告訴親近的家人，如孩子和父母，並把懷孕這件事放在心裡，再三思量。我想起聖母馬利亞在耶穌出生之前，就「把這一切放在心裡，反覆思量」，但我早在懷孕之初就開始思考這一切。也許所有初為人母的人都會這樣，覺得自己需要保護一個東西，讓它在我的心中旋轉。

我知道身體會有變化，但早期懷孕時體態還沒有明顯的改變，我只是覺得累，乳房變大，而且開始覺得噁心想吐。但這段時間中的一切體驗都專屬於你，要到四、五個月後，這個世界才會注意到你已有孕在身。

此時，我對書中描述的胚胎發展和細胞分裂感到莫大的好奇，我想像自己體內也有一番驚天動地的變化。這個新生命是屬於我的，我也不斷思索它的進展，想像器官的形成——有個小人兒已在我體內生成。除了我以外，這件事通常沒有其他人會知道。

大抵而言，我覺得懷孕還算輕鬆。儘管身體有種種改變，日常生活還是沒有什麼影響。直至最後一個月臨盆前，我開始覺得這個小生命已不是完全屬於我，而是屬於它本身。我的身體變化之劇，彷彿從肚子突出一個宇宙來，我碰不到自己的腳、坐立都有問題，晚上也睡不好，而且消化不良。愈接近預產期，我就愈覺得度日如年。因為寶寶已占據了我的身體，沒有留下多餘的空間給我。

生產前一天，有個朋友說，她大老遠地看到我，覺得我的身體就像顆「成熟的桃子」。我想是因為黃體素的關係，我的皮膚顏色都變了，而且處處緊繃。我覺得自己就像汽球一樣，手腳是汽球，臉也是。

生產前一天晚上，我企圖靠著六個枕頭睡覺，心想，天啊！莫非要等到寶寶出生，我才能睡一頓香甜的覺。我真傻，寶寶出生後，每三個小時要餵一次奶，更無法一覺睡到天明。不管如何，我迫不及待想卸下「重擔」。我想這是一種動物的本能：快點把孩子生下，重新取得身體的所有權。到了這個階段，我真覺得自己就像一只容器。

一九八一年九月十五日凌晨二點，莎拉因為急迫的尿意而起身。她一起身就尿床了，不由得對自己生悶氣：「很好，我這是罪有應得。」然而弄溼床單的並不是尿，而是慢慢流出來的羊水，此時就是所謂的「破水」。對很多懷孕婦女而言，破水就是產兆的開始，還有一些準媽媽則是有「見紅」的徵兆，亦即子宮頸的黏液和附近血管滲出來的血混合流出。

這時莎拉下腹部輕微疼痛，這種感覺和她預期的陣痛不同，她說：「好像沒有開始、中斷，也沒有結束。」她叫醒我，跟我說她現在好像經痛一樣。她永遠無法忘記我睡眼矇矓的回答：「很好，沒關係，我們繼續睡覺吧。」然而她已無法入眠，過了一會兒，又把我搖醒，這次我為了讓她分心，不要過度興奮，叫她列張名單，好讓我在寶寶出生後打電話跟他們報喜。

莎拉平時最喜歡擬各式各樣的清單了，我想，把這個任務交給她之後，我就可以再好好睡一下，到真的要生產時再說。身為外科醫師，半夜三番兩次地被叫醒，已是家常便飯，因此莎拉吵醒我兩次，我還是可以繼續睡我的大頭覺。

莎拉還沒有收拾住院所需的物品，因此列完清單後，就開始打包行李。她曾把住院物品清單列在一本小小的筆記本裡，但這時怎麼找就是找不到那本筆記。她在三樓臥室呆立一會兒之後，打算下樓去找。然而還是遍尋不著，於是拿了個小行李袋，隨便打包一些東西，甚至裝了一些不需要的東西。

我覺得自己好像在築巢，而且覺得這一定跟某種築巢本能相關。你得把一切東西都準備好，等待孩子來到世間。

我清晨五點醒來後，看到毫無睡意的莎拉，她的不安似乎即將轉為產痛。她問我要不要打電話給產檢的何利醫師時，我還試著拉她一把，於是說：「現在告訴他太早了點，不太好吧，人家還在睡覺呢。不管怎麼說，我得先剪個頭髮。」自從幾個星期前開始上拉梅茲課，我忙得沒有時間踏進理髮院一步。於是我們走到廚房，莎拉拿著剪刀幫我修剪頭髮。莎拉一邊剪，我一邊跟她開玩笑，轉移她的注意力，希望能挨到七點，那時打電話給醫師才不失禮貌。最後我們和何利醫師連絡上時，他說九點再到他門診即可。

我們一到那兒，陣痛就逐漸加速。莎拉上內診檯不消幾分鐘，子宮頸又開了二公分，從原來的三公分到了五公分左右。所謂的產程分為三期，第一產程也就是從陣痛到子宮頸擴張，乃至全開為止，第二產程則從子宮頸全開至胎兒產下，而第三產程為胎兒產下至胎盤娩出為止。一般而言，子宮頸全開約十公分，也就是五指幅，之後胎頭逐漸往下降。現在莎拉只進行到第一產程，還有得等呢。

雖然今天會生，但是還得再等上一段時間，於是何利醫師問我們要不要馬上住院，還是回家等。何利醫師的助手助產士琳達表示，她可以來我們家查看情況，所以我們決定先回家。

我開車載莎拉回家，把她安頓好之後，就打算去上班，那天早上十點我還有手術要進行。我跟她保證中午左右一定可以下刀回家。

助產士告訴我，莎拉的產程進行得相當規律，沒有特別快，因此莎拉尚可好整以暇地準備午餐。她把雞肉從冰箱拿出，放進烤箱。她在烤箱旁踱來踱去時，陣痛突然變得強烈，不得不休息一下，等待劇痛消退。

莎拉之前就有背痛的毛病，就在陣痛最厲害時，她覺得背部痛得讓她「想死」。助產士每二十分鐘就打電話來，這時她建議在地上放枕頭讓莎拉俯臥。理論上，一點壓力可以刺激胎兒，使之頭朝下進入產道。莎拉一躺下，陣痛就加速了，而且愈來愈強，這次的痛則集聚在肚子上。的確，此時莎拉已經大痛，子宮收縮使胎兒慢慢下降到產道中，準備來到這個人世了。從有感覺到實際分娩再到之後的照護是一串不可思議的自然奇蹟這串事件中的各種酶與激素構成一連串錯綜複雜的事件它們各自在分毫不差的時間點活化起來引發下一個瞬間需要的其他步驟並與每個瞬間的所有同伴同奏出一首生命的交響曲——我刻意用令人窒息的寫法，致敬分娩時實際發生的時間感。生命降生之時的緊湊程度，根本容不下任何一個逗號或分號。

然而到底是什麼引發陣痛的？孕婦到了什麼時候，才會迫不及待地想放下體內的「重擔」，重新取得身體的所有權？關鍵似乎還是在荷爾蒙。催產素（Oxytocin）這個使產婦分泌乳汁的荷爾蒙，也是促使子宮平滑肌強烈收縮的主因。懷孕時，動情素的濃度逐漸升高，子宮之於催產素的反應就愈來愈敏銳。足月時，動情素的濃度達到頂點，子宮對催產素的反應也就比較完全。一般認為，子宮和陰道組織的緊張到某一個程度時，神經衝動就被送到下視丘，下視丘再反過來刺激腦下垂體分泌催產素。嬰兒頭部對產道施加的壓力，則放大了催產素的效果，並同時從脊髓的神經反射弧讓收縮的力道進一步增強。

也許人的一生中第一次用上「腦袋」的時候，就是在媽媽的產道裡。不過就像身體的其他機制一樣，光靠腦袋是不夠的，很多時候要加上一點激素。胎兒的腦下垂體會分泌催產素，促進子宮收縮。而且在那之前，胎兒的腎上腺與腦下垂體產生的其他激素，早就讓母體子宮中的催產素受器數量增加，活性上升。

這一連串事件的爆發非常神奇，它先為分娩奠定基礎，然後一路啟動分娩直至順利完成。在某種意義上，嬰兒讓媽媽知道自己的身體該做什麼：什麼時候要來個強力子宮收縮，讓胎兒離開。什麼時候又該擠一擠乳腺，造出嬰兒人生中第一道食糧。這些母親與孩子之間的互惠互動，將繼續以各種不同的形式，在孩子一生中延續。如今看看英國詩人多恩（John Donne）的那句格言「沒有人是孤島，可以自給自足」，會覺得意義更深。

我們再回到莎拉身上，此時催產素正在作用。

我的陣痛愈來愈快而猛烈，因此打電話到醫院找你。現在是中午十二點半，你不在。顯然，孩子快出生了，我開始感到有點恐慌。祕書說，你正在回家的路上。不消一會兒，你就從前門衝進來了，還高喊著：「親愛的，我回來了。加油吧！」此時此刻，我只覺得舊痛新痛全都交疊在一起。你就在身邊，想幫我忙，但我好像快呼吸不過來了，只想把你推開。這時，我僅存的只是動物本能。我知道自己一定要撐下去，這個孩子才會出來，除了自己，沒有人能幫我。

你設法攙扶我上車。外面正下著毛毛細雨，更糟的是，清潔隊員正在掃街，我們只好繞道而行。你想使我打起精神、歡欣一點，但我就是不想說話。接著，有人開車擋在我們前面，你開始咆哮。每次不順利，你總是這樣，這實在於事無補。

是的，我還記得自己當初破口大罵：「你看看那個擋在前面的王八烏龜！真不敢相信，混蛋！」莎拉終於忍無可忍了，對我說：「別忙著咒罵，先送我到醫院好嗎？」

聽她這麼一說，我倒變得專心致志，一心一意只想抵達醫院門口，於是連續闖了幾個紅燈，又衝過幾個有慢行標誌的路口，然後到達耶魯新港醫院的住院處。天啊，那兒因工程而暫時封閉，入口改到其他地方了。我連忙衝進醫院，猛推張輪椅過來，但莎拉已經無法再等了，她已經下車，費力地一步步往前挪，找尋住院處。

我連忙讓莎拉坐在輪椅上，然後死命地向前推。到了住院處，那裡的職員慢吞吞地拿出一條辨識名條，準備給莎拉繫在腕上。莎拉氣急敗壞地跟她說，沒有時間管這麼多繁文縟節了，除非她能在這個小巧整潔的辦公桌幫她接生。接著莎拉淒厲地大叫一聲，沒錯，是即將為人母的呻吟聲，那職員一聽立刻動了起來，飛快地在一張紙片上拼出我們的姓氏，拿起膠帶貼在莎拉手腕上，然後火速將莎拉送進產房。

接下來的陣痛，幾乎不到兩分鐘就有一次強烈收縮，而且每次痛起來長達一分鐘，到了痛楚的頂點，才消退下來。

當時我不知道何利醫師是否能及時趕到醫院，好在助產士已在我們身旁。她幫莎拉穿上病人服，扶她上產檯，詳細檢查她的情況。寶寶的頭正慢慢從外陰部擠出，外陰部就像個皇冠，套在胎頭之上，這種現象就叫作兒頭初露（crowning）。

現在正是莎拉該用力的時候。何利醫師還沒來，但是他的同事張醫師已進來查看莎拉的情況，看助產士的評估正確與否。在過去幾個月的待產期間，我們已和琳達很熟，因此張醫師同意我們的提議，讓這位技術精良的助產士幫我們接生。過了一會兒，何利醫師趕來後，只有袖手旁觀的份，但他還是和平常一樣，表現出如父執輩般的親切，微笑看著琳達以溫柔的話語和觸摸引導莎拉。顯然他不想干擾生產的過程，同時確保莎拉依身體的自然韻律而行。

莎拉後來回想這一切，覺得琳達就像天使般在身旁守護著她。即使不是天使，至少也是善良的仙女。她的語氣平靜，而且不多話。我注意到她的眼神偶爾會落在何利醫師身上，看他有何表示。那時我真是滿懷感激之情，感謝預期的混亂不見了，呈現平和而自然的氣氛。

產檯看來和家中那舒適的大床沒有什麼兩樣，除了下傾的部分可以拆除以方便醫師為產婦接生。這裡沒有腳鐙，也不像開刀房有那麼多累贅。桌上清清爽爽的，只有個無菌的產科器械包——這個房間正如寶寶當初受孕的地方一樣溫馨。

有個護理師站在產檯左側，她的手就代替腳鐙，扶著莎拉的小腿，使得她的膝蓋保持彎曲，大腿盡量往上提。我就跑到產檯右側，如法炮製，希望自己沒有忘記拉梅茲課程教的，擔任起稱職的教練，教導莎拉正確地運用呼吸技巧。但我無法專注在拉梅茲，而是緊盯著現場的一切。我一隻手撐住莎拉那還穿著短襪的腳，另一隻手緊握住她的手。我實在無法想像她的身體所經歷的，但我們還是感覺得到生命緊緊相繫。對我而言，此時此刻是至愛的最高表現。

我之所以在那兒，是因不想錯過孩子出生的那一刻，同時想給莎拉最大的支持，但胸口不期然地浮現一種全然的滿足，我的視線無法從那親愛的臉龐移開，即使這張臉因痛苦而扭曲，還是滿溢著神聖。我淚眼模糊地望著她，內心深處湧出不能言喻的情感——這種感覺似乎只能從雙眼找到宣洩之處。如果可能，也會從我的肋骨迸出。

莎拉心裡想的則是眼前的事：

我們飛快到達產房。我想該用力了，沒有空做其他的事了。奇怪，我怎麼還穿著襪子？這時我第一次看到了胎兒監視器。

我有了用力的衝動，於是琳達告訴我什麼時候不要用力。我身體的每一吋肌肉都想用力往下擠，但琳達說不要急，需要的時候再用力。這時拉梅茲呼吸法真是受用，我在不需要用力時，這種呼吸法可以讓我專注，比起一直叫自己不要做這個那個有用多了。如果你不能做某件事時，但只是告訴自己不可以，是完全沒有用的，身體還是會為所欲為。把注意力集中在呼吸法上，心靈得以控制身體，這點相當重要。

接著，從我口中開始迸出我從來沒有發過的聲音，像隻動物在咆哮，低低地哀嚎。我想這就是本能，此時真是我與身體的世界最接近的一刻。

大概用力三次之後，威爾就出生了。眼見另一個人從自己的身體跑出來，真是神奇。此時的感覺究竟如何，任何一個生過孩子的女人都可以直截了當地告訴你，就像大便一樣。所有的神經和肌肉都一齊緊繃，好像把一個巨大無比的東西從體內排擠出來。這時我覺得下面有一股灼熱，可以感到身體的組織被拉扯，但是沒有劇烈的疼痛。原來是會陰切開術，之後就輕鬆多了。

所謂的會陰切開術（episiotomy）是指會陰與陰道組織的切開，以利生產的進行。特別就生頭胎的產婦而言，由於胎頭強行擠出，陰道可能會有不規則的傷口，甚至裂到直腸。因此就在會陰、陰道局部麻醉後，用剪刀在陰道開口下方往下剪開一刀。生產之後，再立刻縫合起來。

威爾生下來後，琳達立刻把他放在我的肚子上。何利醫師把剪刀和鉗子交給你，讓你剪臍帶。我看著寶寶，那雙初次見到人世的眼睛也凝視著我，他真是個神奇的小生命。我想照書上說的，立刻餵母乳給他喝，但是琳達說：「等等，寶寶已經聽妳的聲音聽了九個月，現在他只想看看你。」此刻我感到多麼光榮——他已經聽了你與我的聲音九個月了，而突然間，我們三人都在這裡。對女人來說這是奇特的情趣。顯然，我不是單獨歷經此過程。我非常想讓你成為其中的一部分，圍著我並拍拍新成員，你知道我被包裹了。

這樣的反應對女人來說更是神奇。我無法一個人就懷孕，因此我很希望在這過程中，你能一起參與，用心看著我，在旁邊拍拍我。但你知道嗎，我太專注在自己的身體上了，完全忘記你一直在我的右邊握著我的手。除了琳達說的話，其他我什麼都沒有聽到。不知怎麼地，我的注意力全都集中在自己的身體和她的指示上，甚至忘記何利醫師也在旁邊。直到威爾生出來之後，我才重新看到身邊的世界，看到你就在身邊。我才意識到我倆在一起，意識到我們的寶寶，意識到一切的親吻、擁抱、淚水。我一看見威爾，威爾就在哭泣。我清楚記得當他躺在我的肚子上，我看著他，說出這些年來我們從未忘記的那句話：「他真是個奇蹟。」

莎拉忘了我在威爾剛出來的時候說的話，但說不定當時她根本沒有聽到。我當時脫口說出了一句完全不像自己的話：「小莎，你記得拉梅茲課程裡面說的那些陳腔濫調嗎？那一點都不是陳腔濫調！」他們在拉梅茲課程裡說：掉進散兵坑之後，即使無神論者也會開始禱告。自己的孩子出生之時，即便再憤世嫉俗的人也會感謝奇蹟。

當天晚上，她對這個新生命的感受更深：

威爾出生那一晚的回憶，是我這一生永難忘懷的。夜半時分，我睡得很沉，護理師走進來溫柔地喚醒我：「努蘭太太，妳的寶寶在找妳。」她幫我開燈，扶我坐起，倒杯水給我喝，然後就出去抱那可愛的小傢伙進來。她們已經幫寶寶洗過澡，渾身香噴噴的。我還沒有看過威爾穿衣服的樣子呢。他的金髮有點紅紅的，皮膚是滑嫩的乳白色。

護理師把這個乾淨、漂亮的小寶寶放在我懷裡，我覺得胸口滿溢著母愛——這種發自肺腑的愛，是我以前未曾感受過的。

沒錯，沒有人是孤島。尤其在出生時，人們更是必須與其他人彼此相連。我們從「眼前的這個人需要我」開始與其他人建立關係，然後進一步向外推展，與其他不同的人展開複雜的人際網絡。我們用同樣的方式讓孩子進入家庭，最後也讓孩子用同樣的方式走入文明。也許這種彼此同理、互相依賴的模式，早在現代智人發展出文明前就出現了。也許早在受孕之初，胎兒開始成形、並與另一個人產生關係的那一刻，就開始了。也許基因的表達啟動了一連串事件，讓母親與孩子影響彼此的發展。雖然大多數的動物也有這種依賴關係，但它對我們生理與情緒的複雜影響，卻讓人類更加重視它。其中的原因之一，就是我們的分娩方式相當特別。

我們可以說，分娩大抵遵循模式生成原理，被影響的細胞會根據周圍環境的訊號來安排一系列的事件。人類的生產可說比其他所有的動物都要困難。由於女人骨盆的結構，胎兒在進入產道之前，臉會朝著母親的側腹，但是進入之後，胎頭就旋轉九十度，臉變成朝下。在胎頭離開產道後，為了要生下肩膀，胎兒的臉又轉回原來的側面，使胎兒肩膀的左右手變成上下的位置。接著靠近母親腹部的肩膀（前肩）先行娩出，靠近母親背部的後肩再行娩出，如此肩膀和雙手便完全生出。接下來，胎兒的腹部及雙腳由於體積較小，可迅速從母體出來，僅留存臍帶的那一頭及胎盤。

但因為母親骨盆變窄，胎兒頭部變大，人類的分娩相當困難，難以獨力完成。即使是與人類親源最接近的黑猩猩，通常也是自己躲起來分娩，但人類的分娩必須有外力協助。對此，許多自然人類學家做了大量研究。人類狹窄的產道結構，意味著分娩時得到的幫助會增加個體成功繁殖的機會。如果這種說法無誤，分娩時的協助不但是天擇的產物，也是天擇的作用方式。有人認為，分娩時的各種困難，會讓人類產生同理心與密切溝通的需求，因此讓這些特質變得有價值。如果這是真的，那麼我們就可以說，人類的生理構造讓我們容易聚在一起，形成彼此支持的社群。除了母親天生會感受到「這個人需要我」以外，分娩時的生物學障礙更讓人類保留了情感特質，因而建立起人際關係、社會、文化。而且這種說法最有說服力的地方，更是與分娩前四十周開始一路以來的變化不謀而合。打從受精卵分化、形成組織與器官、胎兒成熟、到最後的嬰兒出生，母親與孩子的生理都一直相依為命。

這些觀點之所以極具說服力，不僅是因為它們符合細胞系統之間的交互作用原則，也吻合胚胎發育與母親身體組織與心理反應背後的作用機制。雖然我們必須小心，不可以隨便把細胞的運作機制拿來外推解釋社會現象，但某些自然事件給我們的啟示依然明顯得令人無法忽視——即使背後的原理依然尚未闡明，但某些生物學上的機制，似乎讓我們不會變成一個個孤島。我們的細胞、組織、器官之間，都以物理與化學的方式直接相連。你、我、以及世上每一個人，也都與整個社會、與全體人類直接相連。如今我們愈來愈明白，我們稱為心智與精神的東西，其實全都來自這些解剖學與生理學的連結。

Chapter 9

The Heart of the Matter

心臟

心臟這個生命的基礎，
是統御一切的王子，也是照亮寰宇的太陽；
沒有它，生物難以生存——
這個器官就是活力、動力的源頭。

——威廉・哈維醫師（William Harvey），一六二八年
上書英王查理一世（Charles I of England）

發現血液循環的先驅哈維醫師，以如此富含詩意又不失真的語言來歌頌心臟。他的書寫承襲了傳統文學，對全能而且謎樣的自然表示深深的敬畏。他就像過去那些對大自然的全能與神祕感到好奇的人一樣，把身體描寫成一座大廈，不受外在力量的支配，一切機能都由某種自然發生的強大內部機制來控管。不管是詩歌或文學，多得是這種對心臟神奇的見證。

在遠古，幽暗洞穴裡的原始人已從自己的身上看到生命的悸動。他們發現這種躍動、韻律似乎會隨著情緒轉變，在恐懼和憤怒時，愈來愈快，而在靜謐的夏日黃昏，這種跳動就趨於和緩。究竟何者為因，何者為果？心臟是否會引起情緒的起伏？或者，

從別處而生的情感會影響心臟？

基於這點，醫學之父希波克拉底有他的信念，亞里斯多德也有不同的見解，而且相當堅持：「心不只是靈魂的寶座，也是情感的所在。心臟不只是喜怒哀樂的源頭，也是終點。」對亞里斯多德來說，心臟就是生命的首都。

然而，希波克拉底的門徒和同一時代的哲人柏拉圖，皆服膺醫學之父的見解，相信情緒的根源是在大腦。而這一派和亞里斯多德也有看法一致的地方，亦即生命的源頭，或者所謂「生物熱」（animal heat）是從心臟而來。之於亞里斯多德，脈搏和心臟的收縮是心臟發熱的結果，進而溫熱血流，血流進而將這股熱帶到全身各個部位。亞里斯多德的看法是從研究胚胎發育而來——胚胎表現出的第一個生命徵象就是心跳。由於亞里斯多德用肉眼觀察到證據，不難理解他為何會認為心臟為生命之源。

一直到十七世紀科學思考大躍升後，這種信念才得到糾正。從前還認為肺有調節血溫的功能，以免從心臟來的血液太熱，不能直接灌注到其他部位。由於歸納推理和實驗方法開始大行其道，科學家方以化學變化舉證，解釋人體的「生物熱」。當然，科學家還要再經過一段時間的努力，才能徹底了解生命之熱現象。然而那顆不斷搏動的心在生命中的角色和意義，諸多天馬行空的想法已深植於一般人的思維，難以根除。其實，這倒是個「美麗的錯誤」，詩人和戀人的想像因而更加活躍。

一六二八年，哈維醫師出版一本只有七十二頁的小書《生物體內心臟及血液運動的解剖學研究》（*Exercitatio Anatomica de Motu Cordis et Sanguinis in Animalibus*），此書簡稱為《心臟的運動》（*De Motu Cordis*），可說是西方醫學思想史的轉捩點。哈維在書中揭櫫——血液並不是由肝臟源源不斷地供應，血液也不是自肝臟經由靜脈送到全身的，且靜脈也不是來來去去地灌溉組織、提供養分的導管。十幾個世紀以來，這幾個主要的血流循環理論就此壽終正寢。哈維合併運用定量和定性分析的方法提出佐證，進而在書中第十四章下結論道：可見，血液不斷地在生物體內周而復始地循環，而循環就靠心臟壓縮來達成目的。這個發現真是醫學史上的巨獻，哈維又在這個最有價值的禮物上繫了紅色緞帶：「這也就是心臟搏動唯一的原因。」這個壯舉也戳破了有史以來心臟跳動的迷思。哈維的皇家病人查理一世（Charles I）可能也會喜歡他的說法，畢竟這位陛下聽到自己的醫生說心臟的重要性至高無上，心臟之於身體就像國王之於國家一樣不可或缺，一定相當安慰。（可惜的是，似乎不是所有臣民都認為君主真的這麼重要。查理一世在一六四九年被當成人民公敵當眾處死，地位被「萬民之王」克倫威爾〔Oliver Cromwell〕取代。）

雖然哈維的理念並沒有立刻成為大家認同的真理，甚至許多人根本拒絕相信。但《心臟的運動》出版之後，還是開啟了心臟研究的新紀元，科學家自此開始深究心臟的功能和血壓、脈搏、心臟血管的運動等諸多和心臟相關的層面。最後在十八世紀末，以哈維理論為根基的研究開花結果，幫助醫師了解心臟病的成因。到了一八一〇年，已發展出叩診技術，藉由敲擊胸腔就可估量出心臟的大小。那時，屍體的解剖研究也較成氣候了。藉由生理學檢查和驗屍工作的雙管齊下，心臟研究在十九世紀已大有斬獲，但還是要等到一八九五年X光的問世，才有今天心臟學的雛形，讓人開始深入心臟解剖學和生理學的領域。

要用最簡單最全面的方式介紹心臟，就是把它當成胸腔中央兩個並排倚靠的幫浦，又如兩個緊密相連、相貌神似的孿生子。雖然共用一套神經傳導系統，但它們還是必須分頭完成各自的任務。這兩個雙胞胎幾乎都是由肌肉組成，此即心肌（myocardium）。

這兩個幫浦上下各有一個腔室，上面都是匯集血液的心房，下面則是擠壓出血液的心室。心房的肌肉不需強而有力，因為它們只需把血液擠到下面的心室。反之，心室必須用力壓出血液，因此心肌至為厚實，有三層環繞在一起的肌肉，厚約一公分左右，而左心室又比右心室要厚一點。

心臟左側這個幫浦比較結實有力，因此可承受比較高的血壓。左心室的工作就是努力把血液壓出，使之流通到充滿全身各個角落、總長好幾千萬哩的動脈、小動脈和微血管中，正因如此任重道遠，它先天的設計比只把血液送到肺臟的右心室強壯。在正常情況下，左心室把血擠出的壓力約是一百二十公釐汞柱（即十二公分高的水銀柱），若換算成水壓，大約是一六七公分高的水柱。

右心室則只需把血推進旁邊的肺，阻力較小，所需的壓力也小，大約是三十五公釐汞柱（三公分半）。從這個差異看來，我們不難了解，為何好幾世紀以來已有大循環和小循環之別。大循環又叫體循環，小循環則又有肺循環之稱。

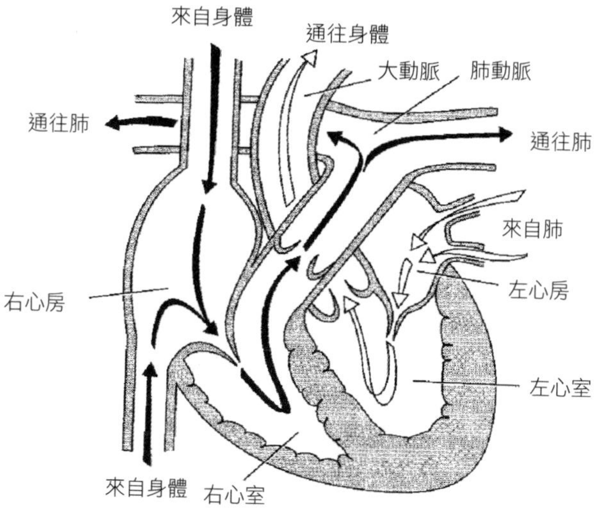

白色箭頭代表充氧血的流動，黑色箭頭代表減氧血的流動

心臟這兩個肌肉幫浦之間共用的肌壁名為中隔（septum），心房之間的心房中隔（interatrial septem）略薄，而心室間的心室中隔（interventricular septem）則較厚，這兩段中隔是相連的。在心房和心室之間各有單向瓣膜，使血液只能往一個方向流動。左心的瓣膜是由兩個尖瓣組成，因此叫作二尖瓣（狀似上下顛倒的僧帽，又有僧帽瓣之稱），而右心房和右心室間的則是三尖瓣。心室的出口就是動脈，左心室通往主動脈，而右心室則和肺動脈相接。心室和動脈間也有瓣膜，只允許血流往一個方向前進，血液進入的腔室或容器內，壓力一旦上升，瓣膜就會緊緊關閉，防止血液逆流。

從身體下方回來的血液在進入右心房之前，會先抵達一條有蓄積作用的下腔靜脈（inferior vena cava）。同樣地，從頭部和身體上方回來的血液則是由上腔靜脈（superior vena cava）進入。不過在描述一個完整的心周期（cardiac cycle，心臟完整跳完一次的過程）步驟之前，且讓我們綜觀全局。

心臟這個器官和血液循環展現出來的完美與協調，讓人不得不讚嘆人體生物學的奧妙。人體構造具備許多不可思議的奇蹟，但你一想到人體是演化三十五億年的結果，就一點也不會感到意外，我們的身體竟然可以運作得如此流暢，你甚至會為此感到驕傲。

不過，身體運作有時候還是會出問題，在歷史上甚至一天到晚都在出問題。化學分子時時刻刻轟炸著細胞、地球的環境也總是動盪不安，總之生物的DNA經常發生變異、細胞增生循環經常失控、消化作用的產物會侵蝕動脈血管壁、我們為了快樂而攝取的化學物質會讓組織中毒，只要活著，生命就永遠面對無所不在的威脅。我們之所以還沒被淘汰，是因為當中機制很多都符合天擇，我們的器官不斷受到攻擊也是天擇的一部分。我們能夠繼續活在世上的關鍵之一，就是億萬年演化出來的身體機制，可以修正無數的微小錯誤，抵抗各式各樣的威脅。我們可以適應環境、可以調整化學反應、可以自我修復，我們可以擋開每一次致命攻擊，讓生命的陀螺繼續平穩旋轉。讓生命得以保持恆定的關鍵，就是不斷變化，甚至是生物的恆定性也得不斷變化，才能保持細胞的動態平衡。必須保持細胞的動態平衡，才能保持我們與世界的動態平恆。不斷變化的恆常性，是讓人類這種會思考的多細胞生物維持穩定的基礎。

而循環系統正是調控與穩定的最佳實例。在瑪格麗特．韓森的傳奇故事中，我們稍微提過循環系統的調控能力，現在我們要進入核心。若人的一生長達七十五歲，心臟的循環就重複了至少二十五億次，而壓縮出來的血液更高達一百萬桶（barrel）以上，也就是一億多公升。此時此刻，即便你正靜靜地閱讀本書，但你心臟的運動量要比你全力衝刺時的腿部肌肉要多上兩倍。一切分子交互作用與細胞分化的律動，令人嘆為觀止，只要沒有一顆永恆不倦的心臟持續輸出，就毫無意義。而且心臟之所以能夠持續可靠地運動，又是因為它的細胞在每一剎那都產生了數以億萬計的化學反應。

對大多數人來說，最有趣的器官就是自己胸腔那顆怦怦跳的心。無論有沒有意識到，我們時時刻刻都注意著這個器官傳達給我們的訊息，而我們的反應不只是本能，還會思考這個訊息的由來——這也就是人與獸的差別。人類能了解身體運作之道，其他動物則不能。我們能感覺心跳、聽得到胃腸的咕嚕咕嚕、看得到分泌物或排泄物的顏色與形狀，也會注意到味道如何。儘管其他動物也會，但只有人類能解讀這一切。不管我們的解讀是有意還是無意、不管身體內部發出的訊號多強大或多微弱，我們都能適應或者做出反應，接著改變自己的行為。只有回答身體內部發出的聲音，我們才能更保護自己，適應外在的環境。我們說自己按照「心願」或「心意」行事時，可說已超越意識或浪漫的範疇了。

心臟的聲音非常清楚，而且只要用聽診器或電子儀器放大訊號，就可以聽到大部分的生理訊息。先前提到，心臟那兩個肌肉幫浦是同時執行任務的，也就是左右兩心房的動作是一致的，心室亦同。這種同步作業是兩心房一齊放鬆（diastole）時，兩心室就收縮（systole），反之亦然。收縮期這個詞源於希臘文，意為「拉在一起」，最早可以追溯到西元二世紀的蓋倫。

至於舒張期的字源則源於希臘語的動詞「diastello」，意思是「分開」，藉此表示舒張期是在兩個收縮期之間的暫時停頓。systole 與 diastello 的結尾發音都有一個長 e，重音都在中間那個包含 s 的音節上。

在心周期的開始，血液從體靜脈被動流入右心房，由肺靜脈流入左心房。大約有百分之七十的血液會直接從心房流入心室，之後心房收縮（atrial systole），將剩下的血液絕大部分推入心室（心臟的四個腔室都會留下少量殘餘血液，從來不會完全清空）。接下來是心房舒張（atrial diastole），心室收縮，增高心室內的壓力，迫使二尖瓣與三尖瓣關閉，防止血液逆流回到心房。防止逆流不需要任何電刺激和激素幫忙，只要力學機制就可以了：當心室的壓力升高，血液就會把瓣膜的小葉推到關閉的位置，就跟抽水馬達的擋板閥一樣。

收縮期會讓心室裡的血液進入肺動脈和主動脈。兩者的血壓增高，就會關上肺動脈瓣與主動脈瓣，防止血液逆流。整個循環完成後，心臟就會進入短暫的舒張期，然後周而復始。每一組瓣膜關閉的時候，都會發出輕微的撞擊聲。只要把耳朵貼在胸部，就可以聽到「怦」的響聲，第一個「怦」是三尖瓣和僧帽瓣關閉的聲音，第二聲「怦」則是肺動脈瓣和主動脈瓣關閉的聲響，每一次「怦怦」大概比一秒略快一點。一代代習醫的學生都用「怦怦」來模仿心跳的聲音。

某些疾病之所以會影響瓣膜功能，大部分是因為傷害了瓣膜的小葉，其餘是鈣和其他物質沉積在瓣膜上，有時候則兩者兼有。如果小葉無法閉合，血液就會逆流到之前的腔室，這稱為瓣膜閉鎖不全（valvular insufficiency）。如果小葉無法完全打開，血液流動就會受阻，這則稱為瓣膜狹窄（valvular stenosis）。有些嬰兒的瓣膜一出生時就過緊或過鬆，有些人則因為後天疾病有類似問題。瓣膜閉鎖不全與瓣膜狹窄，會在心周期中的某些階段造成心雜音（murmur）。醫生通常可以根據心雜音的特徵與時間，判斷問題的成因。如果聽診器聽不出異常點，當代很普遍的診斷科技也可以找出問題。

正如之前所述，心臟組織讓心臟以獨立的節律跳動，同時也能收到外界訊號。心臟會因應身體其他部位的需求，調整心跳的速率與收縮的強度。身體可以透過自主神經系統的神經纖維告訴心肌要做什麼事，也可以讓腎上腺的中心區域，一種稱為腎上腺髓質（adrenal medulla）的組織，去分泌腎上腺素和正腎上腺素，以影響心肌的跳動（不過請不要把腎上腺髓質與大腦髓質搞混。髓質這個詞源於拉丁語的「骨髓」〔medulla〕，解剖學家用它來表達結構的中心或核心部位）。身體內有很多其他器官，也會用類似的方式回應自主神經系統與某些激素的訊號。

交感神經所釋放的腎上腺素與正腎上腺素，會讓心跳加速、心搏力道增強。副交感神經釋放的乙醯膽鹼，則會減慢心跳，但沒有影響收縮力道。這是因為心室充滿大量的交感神經纖維，但沒有副交感神經纖維。正如第四章所述，這種解剖學特徵是自主神經系統的影響力大於其他神經系統的例子之一。

自主神經能影響心肌收縮頻率與力道，端看心臟內部一個叫作竇房結（sinoatrial node）的節律點以及心肌。竇房結與心肌細胞的鈣離子與鉀離子濃度，會影響細胞的電活動，這兩種離子的濃度則取決於多少離子可以通過細胞膜。乙醯膽鹼和正腎上腺素一旦與細胞膜上的受器結合，就會改變細胞膜的通透性，開啟或關閉鈣離子或鉀離子的通道，進而根據身體的需要影響細胞的電活動。當我像第四章那樣在緊急剎車時聽到刺耳的輪胎摩擦聲，我的下視丘就會傳出訊號，讓交感神經和腎上腺髓質釋放訊息，這些訊息會讓大量鈣離子進入心肌細胞，加快心臟的收縮頻率與力道。

心臟和體內的許多其他結構，既能獨立運作，又彼此互相依賴。雖然激素與自主神經會影響心跳的速率與力道，但無法影響每一跳的內在節律。無論是完美的節律，或者僅僅只是心臟跳動這件事，都是心臟自我調控的結果。每一次的心跳都是由竇房結重新觸發的。

竇房結位於右心房頂部，非常接近上腔靜脈的入口。這個微小的橢圓組織，控制了整個心臟的搏動節律。竇房結的訊息，會經過一束樹枝狀的纖維傳遞到心房與心室中間的房室結（atrioventricular node/AV node），然後再由另一條稱為希氏束（bundle of His，以一八九三年發現它的瑞士解剖學家命名）的樹狀纖維網絡傳到心室壁。無論是產生訊號的竇房結、中繼訊號的房室結還是所有傳遞訊號的纖維，都是由特化的肌肉細胞組成的。這些細胞是億萬年天擇下存活下來的佼佼者，統稱為心臟傳導系統（cardiac conduction system）。

這些循環與搏動，都是為了讓血液像哈維醫生最初描述的那樣「循環流動」。接下來我們就要跟著一滴血，沿著體靜脈進入右心房，一路走過整個循環。

右心房的血液，大部分會因為壓力而進入右心室，少部分則會在收縮時被推入右心室。但無論是哪一種，都很快會在心室收縮時被推入肺動脈的左右兩支，隨著低阻力的肺動脈逐漸分細，血液很快地到達左右兩肺共三億個肺泡的微血管處。

呼吸作用在肺泡中進行，空氣中的氧氣將讓血液從漫長累人的旅程中恢復元氣。肺泡中的血液與空氣之間，只隔薄薄兩層細胞，一層是非常薄的微血管細胞，另一層是非常薄的肺泡細胞。這兩層細胞的薄度，薄到能將氧氣擴散到血液裡，二氧化碳也能輕易擴散到肺泡中。

氧氣一旦穿過這兩層細胞進入微血管，百分之九十八都會跟紅血球中帶鐵的血紅素（hemoglobin，一種大得很誇張，分子量高達數萬的蛋白質）結合，變成含氧血紅素（oxyhemoglobin）。剩下百分之二的氧氣，則會溶在血漿中。含氧血紅素會將氧氣帶到各個身體組織。在此同時，來自遙遠細胞呼吸之後產生的二氧化碳，也會穿過微血管和肺泡壁，擴散到肺泡中，準備呼出體外。

雖然我把整段過程描述得很簡單，但如果沒有各種複雜精巧的身體機制彼此協調，呼吸根本無法順暢進行。所有生命的存活都仰賴複雜的協調，更別說最複雜的人類了。呼吸就像一場交響樂，氣體與溶液的物理與化學原理、吸入排出氣體的力學、空氣通道的結構、肺組織的特徵、血紅素的分子行為以及一組特殊的反射流程，像一個個不同的音部編排在一起。血液的酸鹼值、氧氣與二氧化碳含量的細微變化，都會影響呼吸的深度與頻率，並設法維持身體穩定。我們打哈欠、我們喘息、我們呼吸急促、我們呼吸緩和，身體自動滿足血液與細胞的需求。神經與激素的調控，相關組織的解剖特徵與生理特徵，呼吸旋律的順序與時間就和我們體內的其他結構一樣，化為一首美妙的協奏曲。這些機制同心協力持續監控，整個過程自動自發地符合規律。我們可以意識到自己的呼吸，卻完全不需要刻意呼吸。

血液從肺泡微血管進入肺靜脈的分支時，會變成含氧血紅素的鮮紅色。它匯集至肺靜脈，進入左心房，然後進入左心室。心室收縮，將血液壓進主動脈，然後由動脈輸送到身體各處的微血管，與組織交換各種物質。

除了骨骼、軟骨、角膜、睪丸、內耳以外，人體內的其他每個細胞離微血管的距離都不超過二十微米（相當於頭髮直徑的三分之一）。微血管受周圍的細胞環繞，而且兩者至少都有一部分的表面泡在組織液中，共同構成一個微薄而精細的內環境。血液與液體之間的各種交換，只需要跨過一層細胞厚的微血管壁就可以進行。

微血管的血流速度比動脈慢很多。這有很多原因，最主要的就是微血管分散滲入廣袤的組織之中，所有微血管的總截面積，遠大於動脈的截面積。而且，單一一條微血管的截面積很小（大約六至七微米），只能讓一個紅血球通過，紅血球流經的時候非得乖乖排成一排，某些比較柔韌的血球甚至得變形才能通過。此外，擋在微血管床門口的小動脈阻力較大，因應附近組織的變化與遠處的訊號，還會調整阻力。知道了這些，微血管的流速慢就不奇怪了。據估計，它們的流速慢到大約只有主動脈的千分之一，因為如果血流沒有這麼慢，就沒有足夠的時間交換氣體與營養物質。即便用了這麼多方式降速，血液也必須在一秒鐘內通過微血管，在這段時間內拿完所有該拿的物質、放下所有該放的東西。在那之後，它就會進入最細的靜脈：小靜脈

（venule）。

在進入微血管後，氧氣就會像乘客跳下火車那樣，從含氧血紅素裡跳下來，穿過薄薄的組織液，與血液中的營養物質一起進入細胞。而失去氧氣的血紅素就會從鮮紅色稍微變暗。同時，細胞中的二氧化碳也擴散到微血管內，其中百分之九溶進血漿，百分之二十七與血紅素結合為碳醯胺基血紅素（carbaminohemoglobin），百分之六十四與水化合為碳酸氫根，總之全都跟著血液回到肺部。血液到了肺微血管，上述化學反應的方向會逆轉，釋放出二氧化碳進入肺泡，等待下一次呼氣呼出。至於細胞其他代謝廢棄物，在血液流經肝臟與腎臟時會排除。

這也難怪哈維會說，心臟「好像活在我們體內的動物，有著熱血、生命、感覺和動作」，而且有著「王子般的威儀」，是為所有生命的源頭。

但即便是王子也不能免於生老病死。幸好心臟出問題的時候，我們有各種醫療措施。有時候要吃藥，有時候要動手術，如果一切手段全都藥石罔效，最後也只能把這位體內的王子換掉。在現實世界中換掉王子通常都不難，畢竟有一大堆人等著當王子，但換掉身體裡的王子就沒那麼簡單。英國桂冠詩人丁尼生（Tennyson）說得好，「善良的心勝過顯赫的冠冕」，這句話在許多方面都比詩人想得更接近事實。畢竟能當王子的候選人不僅太少，許多國家（也就是人體）換了新王子也未必會更好。不過，我們一旦找到合適的捐贈者，就可以根據標準且直觀的方法，將它移植到病人的胸腔。心臟移植雖然不是隨處可見的手術，但如今已經不稀奇，不像過去那樣讓人驚訝。接下來，我就要說一個病人移植心臟之後又順利活了七年的故事。

器官移植並非今人的創舉，遠古已有人想到這種「移花接木」的方式了。古希臘吟遊詩人荷馬（Homer）曾描述一種名為齊美拉（Chimaira）的動物：「這個獅頭、羊身、蛇尾的妖怪，口中噴出可怕的烈焰。」妖怪齊美拉到了現代英文，就成了未刪減版《韋伯字典》裡的「異想天開」（chimera）。不過我的《韋伯字典》大概買來有十五年了吧，它當初編纂的時候也早就過時了，至少它的chimera這個詞相當過時。如今生物學家用chimera這個詞指涉「嵌合體」，意思是由兩種以上基因來源的細胞組成的動物，或者像最新的《牛津英語辭典》那樣，意指「細胞並非全都來自同一受精卵的生物」。接下來這名個案，以及所有在組織移植之後順利存活的人，都是嵌合體。

在西方的稗官野史中，有許多移植成功的故事。據說，四世紀時有一對醫術精湛的醫師兄弟柯斯瑪（Cosmas）和達米恩（Damian），他們曾把一個衣索比亞人捐贈的腿移植到遭截肢的鐘樓管理人身上。這種移植的神話之所以能流傳，大概源於人類追求永生的夢想吧。倘若我們身上功能不佳的器官都能像零件一樣隨心所欲地更換，可以再現活力，我們就也不必面對衰老、死亡。

然而，並非所有移植的事蹟都是無法考證的傳奇故事。早在西元前七世紀，印度醫師就知道如何用病人自己的皮膚來重建受傷的鼻子。在十八世紀末的倫敦，蘇格蘭外科醫師杭特（John Hunter）也曾嘗試把人的牙齒移植到公雞的雞冠上，或是把幼雞的睪丸摘出、再移植到其他動物的體腔中——結果成功了。然而，這些只是個別的成功實例，之後並沒有什麼進展，直到近代，人體器官移植才有所突破。

下面所述換心人故事的主角安東尼．奎泰拉，儼然就是現代的齊美拉。

一九八九年七月，這個病人在耶魯新港醫院接受了心臟移植手術。全部手術包括術後治療和回復，完全是心臟科醫師和外科醫師眼中的「例行公事」。然而以二十世紀中期而言，這項手術的複雜和困難度，還是可望而不可求的夢想（但在短短三、四十年後，卻成為標準的手術模式，進步可謂神速）。

身為外科醫師的我，早年的訓練已在六〇年代完成，當年進入外科時，已有相當多種心臟手術可以學習。我有自知之明，以我這種個性和氣質，並不是走心臟外科的料，然而每每看到心臟外科醫師在那顆細緻的心臟上展現精湛的技術時，我幾乎和所有人一樣，對於移植技術在短時間內的進展肅然起敬。

以往曾見識過心臟移植手術的精采片段，但我還沒有全程追蹤觀察過。有一天，我決定看個清楚，於是要求耶魯新港醫院心臟移植小組的研究員萊碩（George Letson），下次準備移植手術時叫我一下。

心肌層並不是由四個腔室中的血液來供給養分的，而是由環繞心臟表層、皇冠狀的血管來供應，此即冠狀動脈（coronary arteries）。冠狀動脈的主要分支朝著心尖下行，之後分成兩條小血管挹注心肌。若冠狀動脈因攣縮而狹窄、或因動脈硬化（arteriosclerosis）而阻塞，或者兩種現象皆有，心臟肌肉就會如過度收縮而抽筋的小腿，劇痛難耐，這種疼痛就是心絞痛

（angina pectoris，前者源自拉丁文的angere〔窒息〕，後者源自拉丁文的pectus〔胸部〕。經歷過心絞痛的人，都會同意它就像窒息一樣痛苦，這名字再貼切不過）。患者通常會感到前胸強烈收縮或重壓，疼痛感有時也會傳到頸部或手臂，通常是左上臂。好在，這種折磨通常歷時很短，很少超過十分鐘。

最早有關心絞痛的描述，大概出現在好幾個世紀以前，但到近代我們才了解原因何在。在古早的文獻中，心絞痛的病人通常蒼白得像鬼，意識到死神即將奪走自己的性命，心生恐懼，但不一會兒就風平浪靜，又可談笑自若。然而人類早就知道，一朝發作便終生難逃再次發作的噩夢。英國醫師何柏敦（William Heberden）在一七六八年寫道：「心絞痛的終點真是令人驚異。在痛到最高點時，病人突然倒下，立刻魂歸西天。」

病人死因主要是心肌梗塞（myocardial infarction）或被稱為心臟病發作。從冠狀動脈分支出來灌溉心肌的血管，若是阻塞、不能輸送養分，心肌將壞死且無法復元，亦即病人死於缺血。如果阻塞得厲害，心臟就無法繼續規律跳動，而陷入狂亂的扭曲、掙扎，如一團顫抖的肉塊，此即心室纖維顫動（ventricular fibrillation），過了幾分鐘身體要是仍無法挹注血流、解除危機，心臟就不能再壓縮、活動了。

把心絞痛描寫得最為詳盡的人，要屬前述那位因自體實驗聲名大噪的外科醫師兼博物學家杭特。他在一七九三年因這病正式向閻王報到。短小精悍、一頭紅髮的杭特，逞凶鬥狠的性洛可與其研究精神齊名。即使他那已快飢渴而死的心肌對他發出重重警訊，他仍迫不及待地與人交鋒，讓自己的憤怒為所欲為。在與人發生衝突時，還叫人拿一面鏡子來，好觀察自己在戰鬥時的相貌和身體反應。他對冠狀動脈的威脅一笑置之：「我的生命完全操在壞人手裡，這個人一激怒我或嘲笑我，我就完了。」一劫數發生那天，杭特正在倫敦聖喬治醫院（St. George's Hospital）會議室，為了想收來自蘇格蘭的兩名外科學生，和同事發生激辯，不料當下遭逢嚴重的心肌梗塞。震怒的他抱著劇痛的胸口衝到走廊，剛好倒在同事的臂彎裡，就此結束傳奇的一生。

大多數病人在心肌梗塞第一次發病時，症狀都比較輕微。心肌受傷的部位纖維化後便能癒合。但一再發作時，愈來愈多的心肌會被纖維化疤痕取代，偏偏這些疤痕沒有收縮力量，最後心臟變得柔弱無力，壓縮力道不足，也就是所謂心臟衰竭（heart failure）。此時，血流無法打出，鬱積在肺臟、肝和其他器官，因而無法血液循環。

奎泰拉的心臟雖還未到報銷的程度，但他的心絞痛相當嚴重，隨時可能再發，不僅受制於刺激或壓力，也可能毫無預警身亡。即使他人在醫院的加護病房安安靜靜地躺著，還是因心絞痛拉了好幾次警報，只得口服或靜脈注射止痛劑、高劑量硝化甘油，只為解除冠狀動脈硬化的危險痙攣。他的醫師在束手無策之下，還曾請求麻醉科幫忙止痛。醫護人員可說已盡了全力。

奎泰拉的心臟病史長達十三年以上，他的血管已嚴重阻塞。他最後接受換心手術時五十一歲，之前還有兩年以上的心絞痛病史。我認識他是某次心臟病發時，他原來就診的康州醫院立即將他轉來本院，求診於耶魯醫學院心臟科教授的柯恩醫師（Lawrence Cohen）。

那時，奎泰拉的膽固醇高達二六〇，比起正常值二〇〇要高上許多。數值高到二三九還算可以接受，但二六〇無疑是個可怕的數字。他還抽菸，身高一七二的他超重約十公斤，但也不以為意，未曾減肥。他才三十九歲，醫師不得不為他的未來擔憂。把他轉診到這兒的醫師，還提到奎泰拉「性急又衝動，沒有一刻能夠安靜地坐下來」。

柯恩醫師的評估比他本人預期得樂觀。柯恩醫師詳細研究奎泰拉的心臟後，表示他的動脈硬化大抵局限於右側的冠狀動脈，左側則完全正常，而且只有一小部分硬化，只要傷痕癒合，就不會再有心絞痛了。柯恩醫師認為減重加上戒菸，應該就可以防止血管阻塞。此外，他還建議奎泰拉放鬆心情。

對大多數的病人而言，這樣的醫囑就可以了，但對奎泰拉卻沒有多大成效：他認為自己的心臟病主因是家族遺傳，和種種個人因素如飲食、抽菸和個性等無關。十二年後，他又再度對我闡明他的理論。他的話語簡短，沒有高低起伏，就像他那張沒有表情的臉，絲毫不走漏內心深處的訊息。也許他是害怕吧，深恐稍加費力就會用盡剛回復的那一丁點兒精力。他的臉色有久病的蒼白，讓人覺得他已筋疲力竭。他的頭髮和鬍鬚卻出奇地濃黑，使得他肌膚色澤益發慘白。因此，那一張毫無表情的臉猶如雪花石膏面具。

我天生如此。這是家族遺傳的，一點兒辦法都沒有。

以前，我曾同時做好幾份工作，當貨運司機外還做點別的，但我永遠精神抖擻。後來，變成在辦公室伏案的白領階級後，我突然覺得自己好老。那時我才三十歲出頭，沒有人願意聽我訴說這種垂垂老矣的感覺。這就是動脈硬化的開始。那幾年，我的身體慢慢變差，一坐下就覺得血流鬱積。大概在心臟病發的六、七年前，我就認為身體一定有問題。我早該知道會有那麼一天，因為我的母親多年來飽受心臟病折磨。我也去醫院詳細檢查，但是醫師說沒有什麼異常。當然，我不是沒有疼痛，只是自己一直在抗拒、忽視，更何況醫師說只是腹壓上升造成的橫膈膜裂孔疝氣，不算很嚴重。

奎泰拉的冠狀動脈首次出現問題的前兩年，他就不斷抱怨胸痛。到醫院做了心臟負荷測試，也就是動態運動心電圖。雖然檢查結果為陰性，他的疼痛也不算典型，不是會燒灼痛的橫膈膜裂孔疝氣，但似乎可從壓力測試中看出端倪。

「差不多有五、六年之久，我常常在發了一身冷汗後就暈倒了。我太太簡直快瘋了。」

我相信原因可能就在心臟，但照他的回想來判斷，疼痛已有一點心絞痛的徵候。

他說：「還不只『一點』呢，最後我終於心臟病發。我真想說，去你的，你們這些醫師怎麼這麼驢，不早點幫我診斷出來。」

奎泰拉頑冥不悟，遲遲不肯改變飲食習慣和戒菸，四年後另一次心臟病發。一九八二年三月，奎泰拉回耶魯新港接受第一次心臟心術——冠狀動脈繞道術（coronary artery bypass graft, CABG），這種手術是從小腿靜脈（通常是隱靜脈）拿一段上來，接到主動脈，另一端則繞過阻塞部位接上冠狀動脈，好比遇上高速公路大塞車時，人車便會繞過塞住的一段再開回來。奎泰拉的三條主要冠狀動脈都嚴重阻塞，必須進行冠狀動脈繞道術。

這次冠狀動脈繞道術的結果令人非常滿意，因此奎泰拉依舊我行我素，不知改變生活習慣的重要。手術後的唯一妥協之處，就是原先一天抽一包香菸，改成一天半包。在此之前他的人生、事業不順，婚姻也在一九六九年以離婚收場。即使目前他有份稱心如意的工作，也找到幸福的第二春，但還是無法控制自己的個性，常陷入暴躁、易怒、抑鬱和悲觀中。無論如何，第一次冠狀動脈繞道術撐了七年，在這段期間，他沒有什麼不適，生活和正常人無異。

到了一九八九年四月底，心絞痛又再次復發。住家附近的心臟科醫師在五月五日把他轉診到羅倫斯紀念醫院做檢查。之後，嗜菸如命的奎泰拉再也沒有抽過一根菸。

檢查結果只有令人搖頭的份兒：上次經過繞道手術的三條主要冠狀動脈，有兩條完全塞死，第三條開放的程度只有百分之五。周邊其他的小冠狀動脈雖然沒有塞住，但能通過的血流可說「微乎其微」。因此，已經完全找不到可做繞道手術的血管。五月十日，奎泰拉再度回到耶魯新港醫院，最後也許換一顆心才救得了他。

他的心絞痛愈來愈厲害，沒有任何手術可修補他的心臟，並使心肌重獲血液的灌溉，只有冀望心臟移植。柯恩醫師告訴奎泰拉，在所有冠狀動脈幾乎全報銷下，若不換一顆心，一年內的存活率可能不到百分之二十。奎泰拉震驚萬分，再怎麼不情願也沒用，最後同意加入等候換心的名單。

柯恩醫師在決定幫奎泰拉移植之前曾考慮過，捐贈器官少之又少，就心臟移植而言，日後難保不會發生急性動脈惡化（accelerated arteriosclerosis）。移植而來的心臟比起一般人的心，更容易沉積阻塞。術後，若患者繼續抽菸，膽固醇仍居高不下，換了另一個正常人的冠狀動脈也沒有用。因此，柯恩醫師在衡量接受移植的優先順序時，主要是看病人合作的意願，以後願不願意嚴守戒律。

一想到奎泰拉，我的心中就出現兩種互相交戰的思緒。第一個念頭是，這樣自暴自棄的病人，只好讓他滑向地獄了。外表強硬的他，故意表現得漠視一切。我愈了解他，就愈難過。這個傢伙才四十九歲，就已歷經三次繞道手術，家族病史又不理想——這樣的人還猛抽菸，也不按時服藥。讓我猶豫再三的是他那全心全意奉獻的妻子。真的，現在很少有像她這麼有愛心的人了。我如何忍心放棄她的丈夫？

顯然，柯恩醫師自己的個性也影響了決定。他不像一般醫學院德高望重的教授，只忙碌於作不完的學術工作，同時也是大名鼎鼎的醫療顧問。他之所以深受歡迎，不單是臨床技巧卓越，更與他的個性有關。他不只對同事好、對手下的年輕醫師照顧有加，更時時關心病人的需要。他的語氣柔和，說話的速度刻意放慢，好讓別人完全了解意思，也不會乏味與沉悶。其實，他挺有幽默感的，那藍灰色的眼眸似乎總露出體會與同情。雖然身為醫學界的翹楚，柯恩的作風卻相當保守傳統。儘管奎泰拉不是個合作的病人，柯恩醫師仍希望他能得到充分的情感支持，以能通過這次嚴厲的考驗。

最後，柯恩醫師還是竭盡全力為奎泰拉爭取機會，他的理由如下：病人不到五十五歲，且處於心肌衰竭末期。若不進行手術，預料頂多只剩一年的生命。而且，病人沒有其他疾病或感染，還有，肺部功能仍相當正常。接著，奎泰拉還必須接受評估，由社工人員、護理人員以及醫師組成一個評估小組，估量他的心理和社會適應能力——除了主治醫師是不是深具信心外，還考慮到他的家人（他有一名兒子和兩名女兒）是否能面對換心後的考驗，他本人的心態如何，是否能適應術後特別的生活方式，以及他個人對於未來的看法等。

奎泰拉的醫療保險也得納入考量。他的服務單位已幫他投保，保險公司會承擔一切費用，大家因此鬆了一口氣。要是沒有保險，社工人員就得設法籌措這筆天文數字。沒有一家醫院願意自行吸收這筆高達十二萬五千美元的成本，也沒有幾個病人有能力負擔一年五千美元的藥品費用。目前，這個數字已高達六千美元，自費的確是一大負擔。

之後，院方和奎泰拉夫婦詳細討論這次的手術和預期的結果，希望他們完全明瞭整個手術過程和可能的併發症。在別無選擇之下，奎泰拉答應改變自己的生活習慣。一九八九年五月十八日，奎泰拉終於正式出現在換心人的確認名單中。後來，他向我描述那一刻的感覺：

我嚇得屁滾尿流，覺得這一切不像是真實。但是，我已痛下決心：不是我要一顆新的心臟，而是我真的想活下去，不管付出多少代價，我都甘願。你知道，像我這種快沒救的人，常會說：「我太嚴重了，乾脆死了算了。」但是還有一些人不是如此，堅定地說：「我想活下去，拜託你救救我吧。」這就是我的肺腑之言。

心臟移植的研究先驅認清事實，心臟的節律並非由於外來神經的影響，而是由心房的竇房結產生的電脈衝來調節，因此維持心臟節律的這個難題就可迎刃而解：一旦縫合好，這顆心又可以自行跳動了。在心臟移植從夢想成為真實時，尚有兩大問題待克服，其中一個至今仍沒有辦法完全得到解決。第一個問題純屬技術層面，也就是如何把捐贈者的心植入接受者的胸腔。各國的心臟移植研究團隊最後終於研擬出手術方法，此法首見於一九六〇年的薛維（Norman Shumway）和羅爾（Richard Lower），討論如何把一個人的心臟和另一個人的主要血管接在一起。今天的心臟移植大抵依循這個模式，幾乎沒有改變。

第二個難題是出在接受者的身上，亦即如何讓他的身體了解——剛換上的這顆心臟絕非不懷好意的入侵者。早在十六世紀，波隆納大學的外科教授塔吉里歐科奇（Gaspare Tagliocozzi）就已觀察到一個現象，也就是他口中「個體的獨特力量」。在他生存的時代，許多罪犯被處以劓刑，他的專長就在為這些罪犯施行鼻子重建術。他從這些手術過程中，發現若植皮取自病人自己的肌膚，傷口就癒合得很好，取自他人的皮膚則不然。由此得到一個理論：個體皆有一種神祕的力量，可以辨識出外來組織，並進而殲滅它。

為何每一具血肉之軀都是獨特的？這個謎題自塔吉里歐科奇始，經過了三百年無人能解，直至二十世紀初免疫學興起，才得以揭開神祕的面紗。生物醫學研究最重要的貢獻之一，就是了解免疫的機制，而這個成果還是基於塔吉里歐科奇那簡單的理論。若是他已經發現細胞的話，必然能料到：我們體內的細胞和體液能夠辨識出移植組織中的某些物質，視之為外來者，再產生某種具有破壞性的物質將之摧毀。從人類淵遠流長的歷史看來，這種仇外的本能確實是優點，可以抵禦感染，去除可能重傷我們的外來有毒蛋白質。有一利必有一弊，這種對抗外侮的機制本身也會產生問題，例如藥物、食物的過敏，或者免疫反應過於激烈都可能導致死亡。

新的科技必然帶來新的問題。就以最普遍的一種移植——輸血而論，若非科學家發現我們大部分人屬於四大血型，配對就難以安全進行。沒有一種配對是完美的，但如果是同一類血型，免疫系統不會起而攻之，造成身體的大災難。

血液只是一種組織，而心臟或肝臟卻是由許許多多不同組織構成的器官，配對和相容的問題因此更加複雜。事實上，免疫系統必然會排斥捐贈器官，除非捐贈者和受贈者是同卵雙生雙胞胎。現代移植手術最大的挑戰，就在如何抑制受贈者的免疫系統，防止捐贈器官遭排斥、破壞。

解決免疫問題，主要有兩個方法。一是減少接受贈者對於捐贈器官的排斥反應，另一則是抑制捐贈器官裡的移植物抗原（transplantation antigens），所謂的「抗原」也就是外來異物攜帶的特殊物質。直到如今，致力於生物醫學研究的科學家仍未能解決第二種方法，因此專注於第一種，也就是減少排斥作用。然而，抑制排斥也會連帶地壓抑身體對抗感染的能力，可能因此引發敗血症。因此，進行移植手術的外科醫師無不戰戰兢兢地行走於排斥作用和敗血症之間。若不抑制病人的免疫系統，所移植的器官很快將遭排拒。如果太熱中於壓抑免疫，又將面臨可怕的感染。如何不顧此失彼，自有一套標準，但沒有一種準則放諸四海皆準，尤其是每個病人都是獨特的個體。

對於免疫抑制藥物的研究與實驗，多年來沒有讓人滿意的結果，直至一九七〇年才出現轉機。那年，瑞士山德士大藥廠（Sandoz Ltd.）的一名研究人員到挪威山林度假露營時，發現當地土壤富含某種抗生素。他希望這種抗生素有助新藥突破，因此從挪威帶回來土壤標本，經過實驗室一番分析後，證實其中的確含有前所未見的化合物。他們鍥而不捨地研究這種複合物，四年後終於發現這種物質能抑制免疫反應。這個在器官移植史上深具意義的新藥就是環孢黴素（cyclosporine）。

在一九七四年到一九八〇年間，科學家積極調查研究這種化合物。一九八〇年，心臟權威史丹佛大學薛維醫師和肝臟移植權威科羅拉多大學的史塔茲爾醫師（Thomas Starzl），獲准進行環孢黴素實驗。一九八三年，他們的研究成果終於得到美國食品藥物管理局（FDA）的認可，環孢黴素正式成為抑制免疫反應的新藥。另一種可供使用的藥品則是類固醇（steroids），也就是腎上腺皮質分泌的荷爾蒙化合物，主要製劑有靜脈注射的舒汝美卓佑（Solu-Medrol）和口服的波尼松（predinisone），然而還是以環孢黴素為主，其副作用低，更重要的是，在抑制免疫反應時，並不會明顯減損免疫系統對抗細菌或病毒入侵的能力。可惜，價格昂貴了一些。最近，由於新藥克多可那挫（Nizoral）便宜許多且功效不變，成了抑制免疫的新寵，而且它每年藥費不到三百五十美元，這幫助病患減少了幾千美元的支出，環孢黴素的需求因此降低八成。

此外還有兩種免疫抑制劑。比較老的那種叫作硫唑嘌呤（azathioprine，商品名叫作移護寧〔Imuran〕），比環孢黴素的效果差，副作用更大。比較新的那種叫抗淋巴球蛋白（antilymphocytic globulin），通常會在手術後短期間內施藥，可以直接抑制病患的殺手細胞，而不傷及其他組織。在奎泰拉接受移植手術之後的七年內，藥物研究改變了療法。接受心臟移植的患者中，至少有百分之六十在只使用環孢黴素與硫唑嘌呤的狀況下表現良好。只有在嚴重排斥外來器官的時候，才需要使用抗淋巴球蛋白。此舉降低類固醇用量，不僅避免了副作用，還降低了因為類固醇而加速動脈硬化的發生率。

自一九八三年起，器官移植有了環孢黴素之助，有如多了一對翅膀，進步神速。就心臟移植而言，剩下的問題似乎只是尺寸——為病人換上大小相合的心。然而在奎泰拉換心前，手術小組有人告訴我：「基本上，只要是心，哪一顆都可以。」

移植成功可謂醫療團隊的一大勝利。主刀醫師是此次任務的首腦，繁瑣的聯繫業務則由一名專職移植協調員（transplant coordinator）來統籌。此次，奎泰拉的換心手術很榮幸能有佼佼者共襄盛舉，她就是愛迪（Gail Eddy），在加護病房服務十一年後，成為移植團隊的靈魂人物，自從一九八七年開始擔任團隊協調員以來，她的呼叫器整周都響個不停。若有人問到她在心臟移植小組的工作，她會簡單地說：「什麼都管，就是不碰刀。」

從篩選病人到安排檢查，她都有份，也得教導家屬該怎麼做，必須有何心理準備。她與波士頓的新英格蘭器官銀行（New England Organ Bank）密切聯繫、安排術前門診和術後回診、為每個等候換心的病人蒐集器官、藥物和輸液等資料。因此，如果器官銀行一有消息，醫院第一個獲知的就是她。她必須為前往取心的移植小組準備好一切設備，也得注意過程順利與否。手術成功後，對家屬報佳音的是她。萬一失敗，幫助家屬走過傷痛的也是她。

以醫療這個行業而言，不知有多少人因「燃耗」、「枯槁」而卸下白衣，愛迪卻不相信人會乾涸到這地步。在我遇見她時，她連續衝刺了十三年，卻未見疲態。她歸功於回饋令人心滿意足。有一次我問她，長期任務沉重又作何感想。她說：「不這樣就不像人生啦！」

在愛迪評估奎泰拉時，他的症狀不知為何減輕了一些，在等候換心人的名單中後退了好幾名。五月二十四日那天，院方准許他出院回家等候。

但不出幾天。六月十一日，只是小小的阻塞，他的心絞痛卻一發不可收拾，因而住進了勞倫斯紀念醫院。在病情穩定三天後，就被轉回耶魯新港醫院，直接進入心臟病加護病房，接受硝化甘油的靜脈注射。

奎泰拉抵達勞倫斯紀念醫院時，對移植手術有些疑慮。他的教區牧師來看他，告訴他移植手術不會違反教會教義時，他鬆了一口氣。

「這讓我感覺好多了。我沒有很虔誠，但我的確信神。移植手術剛開始普及時，我本來是很反對的。我是說，把東西修好當然沒錯，但把壞了的東西換掉，感覺就不太對。我不知道為什麼會這樣想。但當我自己要移植的時候，就想起了這件事。如果十年前有人問我要不要換心，我大概會說不吧。但這次我別無選擇。有多少人會拒絕這種機會？一個也沒有，對吧？那就是啦，我不覺得人們有辦法接受死亡。」

當他再度回到耶魯新港醫院時，他已名列換心名單榜首。當他的心絞痛愈嚴重，他的疑慮就愈多。他已經決定了，儘管怕得要死，還是要勇往直前。加護病房的護理人員記錄了他的焦慮和沮喪，但也形容他「適應得不錯，合作態度令人滿意」。

那次入院，我的個性的確改變了很多。雖然我不是外向的人，但我知道要如何表現出開朗進取。我常和那些美麗動人的護理師開玩笑。有時，我會偷看自己的病歷，看上面寫些什麼。記得有一回看到：「要是他不抽菸，那就有問題了。」我知道她們在取笑我，但我也很清楚該怎麼做，於是我戒了菸，好證明她們錯了。

此時，奎泰拉的太太蘇珊還得工作，晚上再搭一個小時左右的車子來醫院照顧丈夫。就在奎泰拉確定已入換心名單的同一周，蘇珊得知母親罹患腦癌，必須接受高劑量的化學治療。醫院的社工人員幫她聯絡美國癌症協會，她的母親會得到腫瘤科最好的照顧，減輕她那重得不能再重的擔子。她在這種嚴酷的考驗下，還是設法表現得冷靜、沉著，好安撫即將接受換心手術的丈夫。

奎泰拉住院第三周的星期四晚上，心臟外科總醫師到加護病房通知他說，終於等到一顆心了。奎泰拉告訴自己不要太樂觀、但也用不著恐慌，畢竟一星期前他已聽過同樣的消息，最後卻因那顆心狀況不佳而作罷。然而，這次看來煞有其事，進行得頗為順利。不只是血型，連心臟尺寸都估量好了，剛好能放進奎泰拉原來的心臟部位。

他的太太和三個孩子立刻趕來醫院。他們一踏入加護病房，便彷彿置身於嘉年華。奎泰拉描述道：

> 真是熱鬧。每一個人都在歡呼，醫院上上下下好像都發了瘋似地。這時，我的胸口又痛了起來。護理師幫我打上麻醉止痛劑，於是我也跟著樂得飄飄然。

新英格蘭器官銀行已和愛迪聯絡過，告訴她離新港醫院兩百二十多公里一家麻州大醫院可能有合適的捐贈者。這個願意遺愛人間的年輕人已經腦死，靠著呼吸器存活。雖然他沒有康復的希望，但是胸腔和腹部所有的器官都還完好。

過了午夜，移植小組在郝孟德醫師（Graeme Hammond）的帶領下搭乘雙引擎的直升機出發了。耶魯的研究員萊碩也一同前往，擔任郝醫師的助手。正如以往，愛迪也在，密切監控全程。一行人在夜間十二點半抵達麻州市，救護車早就在那兒待命，隨即火速趕往醫院。不料在這凌晨時分，該院的手術房能運作的只有兩間，而兩間都在進行緊急手術，沒有其他空房，面對分秒必爭的換心手術，真教人扼腕。

然而，耶魯新港醫院的麻醉小組並未預期延遲，早就把奎泰拉送到手術準備室，準備為他全身麻醉。奎泰拉的家人送他到開刀房門口，就在他被推進自動門時，他露出笑容，高舉著緊握的拳頭，豎起大拇指，表示志在必得。

凌晨兩點，我來到開刀房時，麻醉科的莫里森醫師（Kevin Morrison）正和奎泰拉坐在幽暗的室內，莫醫師以輕柔的語氣安撫奎泰拉，希望減輕他那新產生的恐懼。奎泰拉慢慢地睡著了，於是我溜到開刀房旁邊的醫師休息室打個盹兒，身旁的實習醫師正鼾聲大作。過了五點，護理師進來輕搖我的肩膀，告訴我說愛迪通知他們，捐贈者終於能被推進麻州醫院的開刀房了，郝醫師和萊碩已準備「收割」（harvest）。

我實在不喜歡用「收割」這個字眼，但就取出捐贈者的器官而言，實在沒有更好的說詞了。移植小組聚集在捐贈者最後待的醫院，時間和程序幾乎計算得分秒不差，然後剜出寶貴的生命組織，像是肝、腎、胰、心、肺等，然後移植到已望穿秋水、命在旦夕的病人身上。這些器官在抗生素和生理食鹽水的保護、滋養下，通常不會壞死，還有旺盛的生命力，在植入受贈者的體內後，就可創造起死回生的奇蹟。

然而直到今天，我們還渾然未知，以為器官移植不是每天都在進行的事，而是偶爾聽到的醫療新聞。其實，隨時都有病人瀕臨器官衰竭，最後的一線生機就是器官移植。由於社會大眾不明白這種急迫的需要，許多苦等不到器官的人只好面對死亡。同時，每年卻有好幾萬可做器官捐贈的人未能捐出完好的器官即撒手人寰，失去繼續造福人間的機會。說來，眼見一個家庭遭逢劇變，白髮人送黑髮人，教人如何忍心向前、勸說傷痛逾恆的雙親捐出孩子的器官？為了解決這個難題，許多歐洲國家制訂器官捐贈同意法案，也就是若家屬不表反對，因意外事件而導致腦死的人，即自動同意讓醫師取出器官，救助等待移植者。然而這種作法在美國還遲遲未能推行，在可供移植的器官嚴重短缺的情況下，很多急需移植的病人苦等不到，只好抱著遺憾死去。若要改變，除非我們的社會能深切了解他們的需要。

奎泰拉接受移植那天，由於我一直陪在他身旁，因而無法親眼看到從供體取心的過程，但我已聽聞許多郝孟德和萊碩進行的細節。這位年輕人的家屬只願意捐出心臟。一般而言，很多捐贈者會同時捐出多個可用器官，如此心臟則是最後剜出的一個。由於沒有其他理由耽擱，耶魯新港醫院的團隊就可按照原訂計畫來執行。愛迪確定捐贈者的心臟已挹注正確的靜脈輸液和藥物，而且正常跳動，移植小組就開始取心。

郝孟德和萊碩先從胸骨正中縱切，接著鋸開胸骨、切開心包膜和旁邊的韌帶組織後，開始切割腔靜脈、主動脈和肺動脈。當可以將心臟移出胸腔時，愛迪立即通知耶魯新港團隊，奎泰拉的手術可以同時進行了。他們給捐贈者打了許多類固醇和抗生素，再把抗凝血的肝制凝素（anticoagulant heparin）注入供體的血液中，避免了阻塞，接著再施予鉀離子溶液（potassium solution），心臟即停止跳動。

愛迪記錄了血管鉗夾住大血管的時間——清晨五點二十四分。接著，郝孟德和萊碩以快刀斬亂麻之姿取出心臟。五點四十四分，愛迪打電話給新港那邊的團隊，他們準備帶心回來了。心臟是放在一個有四個同心圓塑膠盒的正中央，旁邊三圈都是冰冷的鹽類溶液，盒子的外面再以冷凍盒來保護。在救護車飛奔至機場的當下，萊碩小心翼翼地把冷凍盒抱在膝上。他們一到，直升機立刻起飛，很快就在新港降落。之後，又得從機場衝回醫院。六點五十二分，愛迪通知開刀房，他們已經回來了。這趟從麻州醫院到耶魯新港的衝刺，總共才花五十八分鐘。

此時，奎泰拉胸腔也打開了，準備迎接一顆新的心臟。醫師已幫他打了抑制免疫反應的環孢黴素和抑制骨髓活動的硫唑嘌呤，隨後會再給他類固醇。對於抗生素的種類，他們也慎重其事地幫他選擇。之前，在手術成員開始刷手的時候，麻醉科的莫醫師已在奎泰拉的靜脈打入速效的麻醉劑，再插上氣管插管。在所有動、靜脈的監視管線都安置好之後，吉伯特（Christian Gilbert）就在奎泰拉上半身塗上碘消毒液，再蓋上無菌的手術鋪單。

在麻醉的幾分鐘前，此次移植的主刀醫師鮑德溫（John Baldwin）進入開刀房。他是個不苟言笑的人，工作時更是緊抿著嘴。他才四十一歲，雖然年輕，但行事卻很老成、實事求是。他那無可妥協的專注展現出十足的自信。

鮑德溫來耶魯新港還不到兩年。他是史丹佛醫學院出身、也是舉世聞名的心臟移植權威薛維醫師的得意門生。他在任職前幾個月，院內已有許多傳聞，知道將有一位明星人物加入陣容。已顯頹勢的心臟外科對他寄與厚望，希望他的到來能讓心臟外科奮起，直追其他頂尖的外科部門。之前，經歷了兩屆主任的努力和研究委員會苦口婆心的勸說，還是招募不到合適的人選來重振心臟外科。院方不知請多少位傑出的心臟外科專家來為自己的心臟外科把脈，但他們一致認為——藥石罔效。

耶魯新港醫院能延攬到鮑德溫，耶魯醫學院院長可謂卯足全力，提出相當優渥的條件：絕對的權威，而且不出幾個月即可晉升教授。因此鮑德溫一上任即大刀闊斧地進行改造，不僅鞏固自己的外科地盤，也讓放射科、心臟內科等團隊臣服。鮑德溫是以優異的成績從哈佛醫學院畢業的高材生、羅茲獎學金（Rhodes Scholar）得主，也是近年來在心肺共同移植貢獻良多的菁英，不但技術超群，更有一流的研究能力。那外表展露的自信更每每令人懾服，只要跟他說上幾句話就知道了。

準備就緒且小組成員各就定位後，吉爾伯特就在鮑德溫的指示下，從奎泰拉上回做冠狀動脈繞道術癒合的疤痕切下。接下來，以震動鋸將胸骨從中切開。奎泰拉之前的手術留下一大塊硬化的結痂組織，加上嚴重沾黏，要切得乾淨俐落，分出主要構造誠屬不易。疤痕層又不斷滲血，可謂雪上加霜。鮑德溫不像一般喋喋不休的外科醫師，他的話語簡潔扼要，只有短短一、兩句指示或是評論一下剛完成的工作，例如：「直接切下去！不要畫來畫去的。」或是，「這傢伙血汁還真多。」

結疤組織好不容易才切開。六點五十五分，也就是下刀後的八十分鐘，我們幫奎泰拉打上肝制凝素以防止血液凝固。在心臟手術發展的早期，抑制凝血機制是很難突破的一關，而恢復凝血機制則又更加困難。當然現在已輕而易舉，只要小心計量肝制凝素的注射量，即可防止血液凝固、阻塞血管，之後再依需要打上肝制凝素的拮抗劑普羅他命（protamine），即可解除制凝作用。

奎泰拉之所以需要抑制凝血，是怕他的血液會在人工心肺機（或稱供氧幫浦）形成阻塞。所謂的人工心肺機就是在移植時取代心肺功能的機器。這個機器的原理看似簡單，卻是十足神奇的科技：粗大的管子接到右心房的切口，和腔靜脈相連，人體就此接上這台人工心肺機。如此，通往心臟的血流就可以引出來到此心肺機的蓄血容器，然後再把這些血液打入一個充滿氧氣的人工腔室，噴到極薄的聚丙烯網膜上，進行氣體交換——這正是在模擬正常的肺臟功能，使氧氣能從網膜滲到血液當中。新鮮的含氧血再經由幫浦打入主動脈內的金屬管，順利進入病人體內。

這個設計原理雖不難，卻是科學家耗時二十多年鍥而不捨努力研究的結晶，使得費城的吉本醫師（John Gibbon）得以藉由這套機器之助，在一九五三年成功完成第一例的開心手術。一九五六年，耶魯新港醫院首度啟用人工心肺機時，我也在場，我和整個外科團隊在實驗室裡研究了幾百個小時才搞清楚怎麼用。今天，踏入心臟外科的住院醫師已不覺得這種機器有何希罕了。

在肝制凝素打好、管子接上，止血鉗也都夾好後，我們就先設法使血液繞道而行。七點十九分，鮑德溫命令調低人工心肺機上的溫度調節器，使奎泰拉的體溫下降到攝氏二十八度。這是因為代謝機制會隨著溫度的降低而變慢，延長缺血組織的存活時間。此時，主動脈和主要的肺動脈已用止血鉗夾住，在心臟上方分叉。奎泰拉那缺血的心臟再跳幾次就停止了，接著鮑德溫和吉伯特就準備切除心臟，只留一點心房後壁的邊緣。

搏動的心雖神奇，卻比不上沒有心臟仍能活著的人體。我和麻醉科醫師一齊站在手術檯的前端，緊盯著奎泰拉胸腔中虛空的地方。雖然沒有心，但他還活著，而且還能呼吸。新的心臟就在兩公尺外的不鏽鋼小桌子上，浸泡在營養液中。郝孟德把這個在一旁靜靜等待的心捧到手術檯上，鮑德溫修剪它的主動脈、肺動脈和心房，直到滿意為止。接著，就把這顆心放下，植入奎泰拉的胸腔，吉伯特開始縫合，這顆心就此在新家住下來了。

此時鮑德溫和吉伯特從容不迫地動作，幾乎一語不發，也沒有交談，只是簡單地指示護理人員和麻醉科醫師怎麼配合，語句極其簡短，聲音不帶任何鼓勵或批評意味。只要鮑德溫稍微點一下，吉伯特就完全明瞭該怎麼做，縫得巧比天工。當然，有時會有一聲警示潛在的危險，或是一、兩句訓誡。這個團隊讓我感覺默契完美得近乎沒有情感。這也難怪，這檯手術的賭注是如此之大，壓力沉重得讓人無法插科打諢——這個場景讓我想起老電影中兩個藝高人膽大、對保險箱下手的竊賊，不急著完成，時間還是一分一秒地過去了。

吉伯特手巧心細地用聚丙烯縫線，把供體心臟的心房和奎泰拉心房殘留的邊緣縫合。心房壁相當有彈性，所以很好縫，可以讓供體組織與受器組織連接得密不透風。現在新的心臟已就定位，一動也不動地躺在「新家」，上面突出的是主動脈的環狀殘壁，有點像是橘黃色的水管。吉伯特接著把下垂到心肌的冠狀動脈和奎泰拉的主動脈管壁縫牢，如此當心房強而有力地將血液擠出時才承受得住。確定縫好，就鬆開主動脈止血鉗，人工心肺機再把含氧血灌到冠狀動脈中，以挹注到新心的肌肉。那顆心臟從離開原來主人的身體到正式成為另一個人的器官，足足缺血兩小時四十分。最後一個步驟就是肺動脈的縫合，沒兩下子就完成了，現在這顆心已完全屬於奎泰拉。然而，這顆心臟好像因換了環境還不大適應，雖已重新得到血液的滋潤，卻遲遲未能自行搏動。反之，還有點發抖，似乎是因羞怯，接著就開始不協調的纖顫，就像是胡亂顫抖的肉塊。鮑德溫試著利用接在心房上踏瓣形狀的電極傳送幾次電擊，讓它乖乖聽話，但是心肌仍舊冥頑不悟。於是他和吉伯特把電線接到心臟表面，和外來的電流、也就是心律調節器相接，強迫它規律跳動，直至竇房結和心肌適應這個新家。也許還要等上好幾天，這顆心才能完全自在。

這顆心的頑固讓我有點擔心。然而，只要見識過幾次心臟移植的人都不會大驚小怪，儘管有心律調節器和藥物之助，新的心臟還是不會那麼快就安居下來，規規矩矩地跳動。也許在場只有我一人為了奎泰拉擔憂，怕他終究逃不過鬼門關。鮑德溫和他的小組顯然經驗老到，耐心等候，不時刺激一下心肌。心跳的確因此改善。過了四十五分鐘，這顆心終於可以自行強力且規律地搏動，心律調節器的電線看來已呈累贅。這時，再補幾針縫線，加強一下，人工心肺機就可功成身退，血液繞道的管子也可拆除。九點四十分，兩小時前失去衰竭舊心的奎泰拉，又有一顆健全的心了。

此時，要開始打入肝制凝素的拮抗劑普羅他命，再接上幾條粗大的抽吸管以吸除滲出來的血液，抽乾淨後就可開始關閉胸腔。鋸開的胸骨是以粗不鏽鋼線繫緊，皮膚則以手術用釘針釘合。十一點三十分，奎泰拉被推出開刀房，進入心臟外科加護病房的恢復室。

若有人問我，對於方才的一切，印象最深的是什麼。答案很簡單，就是靜肅。見慣了外科開刀房中的嘈雜、激動，實在很佩服此次移植團隊的冷靜，讓旁觀者幾乎感覺不到激情和危險。瀰漫在整個開刀房的是一種低調的樂觀和絕對的胸有成竹。不只是鮑德溫和吉伯特，其他醫師、護理人員和技術員，每一個人都很了解自己該做什麼。主刀的鮑德溫讓整個團隊感受到——「我們不僅能做，而且是首屈一指的。」這種無與倫比的自信或許在其他時候看來是高傲自大，但在開刀房中卻大大發揮作用，而且統御得宜。就為了這短短的兩個小時，耶魯花再多代價延攬鮑德溫都不為過。

而奎泰拉的新生呢？不管是不是新生，醒來之後的奎泰拉不相信他已大有改善。接下來的三周，他不斷地生悶氣、嘮叨，不時陷入沮喪。由於身處隔離病房，更加劇了每一絲悲觀的想法。護理師雖然不斷地鼓舞他，他也不停地說服自己恢復得不錯——但他的情緒仍處於低潮，沒有起色。

歷經多次心臟移植考驗的老手吉伯特認為，奎泰拉是屬極度的緊張反應。

我從來沒有見過像他這麼神經過敏的。他就是拒絕相信自己大有起色，不斷地問人：「我還好吧？」卻從不相信我們的話。每一次心跳，每一次打嗝，他都不能安心，為之輾轉反側。

奎泰拉的觀點卻全然不同。

我承認吉伯特很好，對我的幫助也很大，但我就是想把他推開。移植小組一大票人走進來，檢查完了之後就說：「很好，不用擔心。」你心中有一百個問題，但在發問之前，他們早已溜走了。或是一直強調：「沒關係，這只是個小問題，我們可以解決。」我再問一個問題，得到的答案又是：「這沒有什麼大不了，我們一定會幫你醫好。」我的脈搏每分鐘一百七十下到兩百下足足持續十八個小時，但他們還是用同樣的話搪塞：「不用擔心啦。」我怎麼能不擔心？這群人好像另外一個人種似的。

柯恩醫師此時已淡出，讓愛迪和移植小組主導整個計畫，自己居於輔助的角色。然而他說：「奎泰拉在認為我與這次手術沒有什麼關係的情形下，反倒比較願意敞開心胸，把我當成真正的朋友。」

這時候，奎泰拉需要的就是朋友，一個可以交談、而且話語能起作用的朋友。他告訴我：「柯恩醫師總是晚上過來，跟我閒聊、幫我打氣。」

有一天，我向柯恩醫師請教有關病人術後的反應時，他發表了些令人回味再三的感想。

我覺得心臟外科醫師相當特殊，特別是施行心臟移植手術的醫師。在這些醫師的思維中，他們扮演的是上帝的角色，自以為沒有什麼是修護不了的。如果出了問題，則歸咎於他人，千錯萬錯都是別人錯，不是麻醉科就是護理師沒做好，自認毫無疏失。我很少聽見心臟外科醫師說：「我搞砸了。」對於奎泰拉這樣的病人來說，自我控制的能力是很重要的，因此他一直抱怨醫師掌控一切，不讓他有任何控制權。有些病人樂得把自己全然託付給醫師，聽到醫師說「別擔心，我一定會醫好你」就放心了。但像奎泰拉那樣的病人，若失去自主、自制的能力就會暴跳如雷。

術後康復的過程不一定一帆風順。儘管有了免疫抑制藥物之助，在手術剛完成時，每一位病人或多或少都曾感受到排斥作用。但是排斥與否，主要靠定期的心肌活組織檢查，出院後仍須追蹤。通常，病理科醫師在幾個小時內就能得到結果，如有排斥情形，則需短期增加類固醇的注射，之後病人通常會好轉。

移植後的第七天，我跑去開刀房見證奎泰拉的第一次活組織檢查。縱使是上帝，也有休息的一天，亦即在造物的工作完畢後，就在第七日歇息。而覺得自己也有造物神功的心臟移植醫師卻沒有一天得以好好休息。他們在奎泰拉右邊肩膀的皮膚上做局部麻醉，插入一些電線和導管至頸靜脈中，最後一支導管粗大到可以讓活組織切片機滑入，進入上腔靜脈後，直接到右心室中。這部活組織切片機有一個頗具彈性的線狀探頭，尖端就像鉗子。吉伯特一邊利用螢光鏡

（fluoroscope）窺視，一邊操作切片機，使其靠近奎泰拉的心室壁，尖端貼上心肌後，就緊握一下切片機把手，夾下一小塊心肌後，退出病人體內。在旁等候的技術員隨即將標本送到病理科。第一次切片顯示沒有排斥，七天後再做一次時，則有些微的排斥現象，於是施予較多抗發炎藥物波尼松。第三次，也就是六天後的檢查，情況似乎更糟了一點，進行連續三天以上高劑量的波尼松治療。最後，八月十一日發現問題已完全解決，心臟看來完好健康，奎泰拉可以出院回家了。

奎泰拉術後在加護病房待了兩星期才轉到普通病房，輕微的排斥和體溫些許上升都屬正常，但奎泰拉依然消沉。最後他無法再對自己的康復視而不見了，他終於走出悲傷，相信自己是接受心臟移植後的大多數幸運者——有百分之八十的存活率，而且術後一年可過著健康正常的生活。其實，他的情況極佳，他的身體算是最成功的實例。若沒有繼續抽菸、也持續注意食物中的膽固醇含量的話，百分之七十的換心人存活率在五年以上，但若忽視生活飲食的限制，五年後的存活率則降為百分之五十，七年後存活率則只有百分之二十。

奎泰拉在八月十二日出院，十天後我開車去他家看他。奎泰拉的家就在上班工廠對面一棟三層公寓的二樓。坐在光潔舒適的廚房中，我可以體會到奎泰拉的太太對他影響之大。隔壁房間傳來五、六〇年代的老歌——布蘭達．李（Brenda Lee）吟詠著：「只有我的心跳伴著我。」當年，奎泰拉正年輕氣盛。

我們聊起菸，也談起酒。現在他還不免大宴小酌一番，也承認過去自己是千杯不醉的好漢。我問他，往後的日子是否可以拒絕香菸的引誘。

但願我能作到。我這個人從來不曾拒絕什麼。我不是那種喜歡發誓「從此我一定會如何如何」的人。我相信自己已有自制能力，我每次戒酒都可以持續三個月。然而香菸卻完全在我掌控之外。真的，我在第一次接受繞道手術後整整戒了半年菸。不知有多少次戒了兩周或三周。我沒有辦法斷言什麼，比方說明天、下周或是一年後的事。現在的人之所以菸酒不離手，就是因為鬱悶。我曾想嘗試迷幻藥，好在沒有陷進去。不管怎麼說，我的菸癮已無可自拔。我會因為喝酒而生自己的氣，最後成功戒酒，但戒菸可能會要我的命。

在向他告別前，我終於提出一開始難以啟齒的問題——別人的心在自己的胸腔裡跳動是什麼感覺？奎泰拉則是盡量不去想這回事。

我不知道，真的不曉得。我一察覺自己在想這回事，就會猛地要自己喊停。你也知道，我們一定會產生好奇：是誰的心？男的？女的？黑人？白人？

我問，他希望的是哪一種？

我不知道，實在答不上來。聽你問起，我不由得覺得沮喪，可能會因此抓狂。我真的不曉得明天會如何。好端端地坐在這兒，不去想就沒事。一想到這種種，我就覺得喘不過氣來，覺得自己的身體開始不對勁。我曾問過一個病友，他也是換心人。他說，已經過了五年了，這種感覺仍不時襲上心頭。

他太太說他偶爾好像靈魂出竅，有時一發呆就是好幾個小時。他好像什麼也沒想，但他的心思的確是在猜測——這到底是誰的心。一些醫師盡量告訴他，安慰他，那顆心絕對年輕而健康。但他在意的不是健康與否，成因似乎相當複雜。於是我告訴他：「不管是誰的心，你會以這顆心為傲的，也就是以原主的美好人格為傲。但奎泰拉顯然不這麼想。

你說的「原主」，到底是哪一種人？什麼人種、膚色、性別、職業……舉例來說吧，若得知這是顆黑人的心，我想自己或多或少還是會有點在意。老實說，我實在無法苟同「誰的心都一樣」這種話。你知道嘛，心一定不一樣的，如女人的心、中國人的心、黑人的人、小孩的心或者男人的心——這些人的身體構造都不一樣。我不在乎這顆心臟通過多少次測試。每個人都說我現在的心臟多麼完美，但你也知道……

奎泰拉那雙深邃的棕色眼珠，在說那句話時顯得有點不安。他說請不要誤會他是個有種族歧視的人。然而，我懷疑他的論調不只是單純的偏見，可能源於深層的排拒——人類細胞與生俱來的仇外本能，也就是塔吉里歐科奇所謂的「個體獨特的力量」，才會使得奎泰拉這麼想不開。我也很擔心，深怕心理層面的排拒，最終會導致生理的、真正的器官排斥。

在開車回醫院的路上，我的思緒不斷地纏繞在這顆搏動的心和外科醫師的技術，想到細胞經過幾十億年的演化之後具有的仇外特質，也憶起過去初次接觸細胞學的經驗——我們有一種「自覺」，細胞內發生之事能和日常生活甚至是思想相結合。

然而，我更擔心奎泰拉的未來。這時我想起柯恩醫師的話：「換心人有時會因身上那顆新的、年輕的心而大發奇想——我覺得自己好像和那顆心一樣，只有二十五歲。我可以跑得跟二十五歲的年輕人一樣快。和二十五歲的人一樣天天和情人翻雲覆雨——有如這顆心是他們生命和身體的全部。至於他們的肝已有五十歲、大腦五十歲、雙腿也早就五十歲……這些事實好像完全不相干。重要的是，他們有一顆二十五歲的心。」

從這個觀點來看，亞里斯多德所說的：心不只是個器官，而是我們生命中的太陽。不只有道理，而且相當魅惑。對於亞當和夏娃的後代而言，分子生物學的任何新發現都減損不了詩文中歌詠的心之神祕——心就是我們生命的首都。由這個比喻來看，新的心正代表回復青春。

然而，即使是青春再現也不能無懼於尼古丁、膽固醇或排斥作用。奎泰拉已經算是努力活下去的人了，他沒有辜負柯恩醫師的期望，努力超越自己，走出了「自作聰明」和「自暴自棄」。他沒有再與尼古丁為伍，也盡量教自己不要深陷於排斥的念頭。正因他的努力，因此還健在。亞里斯多德若是現身，必然會說那是源自於移植器官的力量，也就是一九八九年七月一個清晨來到他胸腔的那顆心。

奎泰拉出院那天，我去他的病房探望他、和他道別，並祝他永保健康。我踏入病房時，他正在浴室，站在鏡前刮鬍子，神采奕奕。我們閒聊幾句，就在我打算離開時，門打開了，發生了一段小插曲——使我想到，心臟移植應不只是因現代科技進步而司空見慣的一種手術模式。

鮑德溫醫師的同事法蘭可醫師就站在門旁。奎泰拉向前幾步，隨即被法蘭可制止——他的姿態好比舉起手來表示禁止通行的交通警察。他的意思是，不用把手上的刮鬍泡沫抹淨，也不必向前。

奎泰拉說：「真是太謝謝了。」他的感謝有如接到別人適時遞給他一張衛生紙般。法蘭可則回以鮑德溫團隊的註冊商標，即言簡意賅且不帶感情地表示：「別客氣！」隨即把門關上，離去。

Chapter 10

The Blood is the Life

血液

兒時有幾段特別的回憶，在我心中交織成一個固定的影像。同樣的事件，經歷了好幾百次後，每一次都和上次完全相同，到頭來就好像只發生過一次。我生命中的這些情節，似乎在我出生前就開始了（真要探究起來當然是這樣），沒有任何一個時刻只發生過一次、任何一件事的細節都在之前或之後的其他事件中重現。我母親、奶奶和姑姑按照猶太教規清潔肉品的場景，就是個很好的例子。

對我來說，這個已流傳兩千年之久的儀式，已不是單獨發生的事件，而是心靈畫布上的一景——畫裡沒有女人，只有她擺放在那兒的東西：一塊正方形的厚木板，邊長約二十五公分，以傾斜十度的角度放在廚房水槽邊緣，也許旁邊有東西固定才不致滑落，但到底是用什麼東西固定，我已經記不得了，只剩灑在木板旁邊的一圈粗鹽仍歷歷在目。

幾乎占據整片木板的是一大塊肥厚、溼溼的生肉，從中滲出的那一點血水流至水槽裡。生肉表層那細緻的脂肪球在廚房的燈光照耀下，有如晶亮的雲母顆粒，往向下傾斜的那一端飄浮。血水以極其慵懶之姿下滴，滑落到水槽裡時，匯聚成一條小溪，流向排水口。如此，就符合那古老的訓示：「只是你要心意堅定，不可吃血，因為血是生命。不可將血與肉吃。」（《申命記》一二：二三）

之前的宰殺亦慎重其事，而且是由訓練有素的人來執行。那人拿起銳利如解剖刀的屠刀，一刀割斷頸動脈，達成雙重任務：減少動物死前的痛苦，屍體可以流出最多的血。

在食用那天，所有可見的動脈都得拉拔出來，然後把肉浸在水裡半個小時，再放到木板上滴乾——這就是深烙在我記憶中的一幕，之後再灑上大量粗鹽，流出其中的血水。過了一個小時，肉品的風味也破壞殆盡。再漂洗一次後，又放回傾斜的板子上滴淨，之後才能入口。這就是正統猶太教徒處理肉品的經過。從小到大，下胃的肉大抵若是，直到二十四歲那年我才第一次嚐到帶血的牛排，頓時驚為人間美味。

今天，在我們眼裡，那紅色的血仍帶有神祕、令人崇敬的特質。看著血源源不斷地從受重傷的軀殼湧出時，心中難免與古人相同，生起一股畏懼——血一流乾，生命也跟著流逝。因此，祖先說的「血液就是生命」，的確有道理。

血的傳奇力量——這個主題如同綿長的絲線穿過好幾世紀、不同的部族和文化，也把所有人繫在一起，成為人性的主要象徵：「耶穌說，我實實在在地告訴你們，你們若不吃人子的肉，不喝人子的血，就沒有生命在你們裡面。」（《約翰福音》六：五三）

這種比喻和象徵，使得血在人類文明社會不僅代表禁忌，進而成為基督教傳統中的酒，而肉則變成聖餐中的麵包——亦即生命的泉源。在比較原始的部落，仍有茹毛飲血的行為，甚至是飲下敵人、或是犧牲性命的同伴身上的血，但一般而言，人還是打從心靈深處對這種舉動感到不安與畏懼。例如《塔木德》就記載了猶太拉比哈納西（Shimon ben Yehuda ha-Nasi）的話：「人的靈魂憎惡血。」（Makkoth 23b）

人類之所以寫下如此強大的禁令與隱喻，一定是為了對抗另一種強大的吸引力。無論試圖將禁令寫在「人的靈魂」之中，還是寫成明文法律，都是想要大幅壓抑我們血液對無可抑制的迷戀。血液不僅是維生所需，更是死後的延續。我們把親緣與繼承叫作血脈，並從祖先延續到子孫。光是看看我們的語言，用多少與血液相關的詞來評斷一個人或者他的家族，就知道血液是我們最常用來表達道德評價的身體組織。我們都在血液中尋找自己生命的線索。

一談到血，我們總是立刻聯想到心。早在哈維提出血液循環理論的一萬五千年至兩萬年前，某個不知名的舊石器時代人類就在西班牙北部阿爾達米拉（Altamira）附近的賓達爾洞（Pindal）的牆上，畫了一顆有鮮紅血色心臟的猛瑪象。後來到了古典時期，生命和靈魂的概念一直都以希波克拉底學派為基礎，認為心臟和血液就是生命的動力——心臟是體熱的來源，血流因此溫熱，進而將熱傳送到全身。這種說法直到兩千年後才被實驗推翻。在希波克拉底之後，好幾百年來的好奇與科學研究，到頭來還是印證了德國文豪歌德（Gothe）筆下的魔鬼告訴浮士德（Faust）的一句話：「血液真是非常特別的汁液。」

其實，血液的特質遠超過文化賦予的神祕意涵。神祕主義也得基於生理事實。血液的確是把營養和氧氣帶給組織，使組織充滿生命和活力，而且不僅止於此，還提供訊息和指示。血液串連神經系統，成了身體帝國無遠弗屆的通訊網路。血液滋潤組織，維持身體內在環境的恆定，也把荷爾蒙傳送到組織和各個細胞群，告訴它們該怎麼有所作為，才能對身體這個大環境作出貢獻。

如果身體有如一個特種部隊組成的理想國，神經衝動和荷爾蒙就是通訊員，把訊息帶到各個細胞，讓它們聽命行事，一齊為生存而努力。直到大約一百年前，內部組織這種群策群力的整體表現都還叫作「身體經濟學」（animal economy），這個概念後來為十九世紀討論的代謝作用所取代，然而兩者還是有很大的不同。

代謝作用可說是生物體內分子群所有互動的總合，可分為形成分子的合成代謝（anabolism）以及分解分子釋放能量、供生物能量所需的分解代謝（catabolism）。代謝可說和組織的功能息息相關。人體代謝產生的種種化合物，都可單獨研究，且用實驗方法分析它們。代謝概念的由來，可以說是科學家了解到，構成生物體的就是化學物質以及其面對環境的反應。這個術語背後帶著機械論的思維，刻意將生命還原為一本由分子與測量寫成的教科書，讓我們可以盡情研究。然而，沒有這種還原論式的基礎，我們終將難以了解心靈和精神的關係，無法全盤述說清楚。

科學語言就和所有的語言一樣，其中的專有名詞免不了汰舊創新。此外，現存的文字和名詞也不斷繁衍出新的含義，又失去舊的含義。語言的演化和生物演化不同，並非按照物競天擇的規則，因此「適者生存」那一套也不管用，最適切的名詞不一定能流傳下來。所有的語言，科學的或非科學的，都將慢慢失去最有價值的語詞。

身體經濟學就是一例。這個生物學家和醫師用了好幾百年的詞彙，到了二十世紀之初卻滅絕了。這裡說的「經濟」，就是最原始、最基本的經濟之意，和「經營」、「管理」相當，代表身體裡所有生產和消費的活動，還有規範這些活動的法則。雖然當代作者再無一人提起，我卻在最新版的醫學字典找到這個字，上面定義為：「生物體的運作系統，亦指把身體視為一個有機的整體。」這個經濟體系目的在於維持體內的穩定，使人因應體內或外界環境的改變。身體經濟學也可說是體內所有組織努力生存下去的力量，這股力量要能運作就得仰賴血液。

若是沒有血液，所有的組織和細胞一概不能存活。局部的失血可能導致中風、心臟病發、四肢壞死、腎衰竭種種致命的情況。大多數國家對死亡的認定是腦死，除了外傷，大多跟腦部缺血相關。

一般而言，組織死亡的主因是缺氧。體內種種物質的運送，如氧氣、二氧化碳、營養分子、水、廢物、荷爾蒙和某些特定細胞等，都得依靠血液。血液也可調整身體產生的酸鹼物質濃度，也就是所謂的pH值，它還有調節體溫之功能，把某些部位如骨骼肌積極活動產生的熱發散到體表。此外，血液裡的白血球專司抵抗感染。

血液的清液可描述成富含蛋白質且懸浮不同類型細胞的液體，此即血漿。血漿占血液總量的百分之五十五至百分之六十。血漿中的蛋白質多達六十幾種，功能各異，如對抗感染、防止阻塞和運送脂肪物質等，但以下三種最重要：白蛋白（albumin）、球蛋白（globulin）和纖維蛋白原（fibrinogen）。由於細胞和蛋白質的關係，血液因而黏稠——我們可不是血液稀薄的物種。還記得小時候你把妹妹拋在後頭、準備和朋友出去玩時，媽媽不是訓道：「有一天你會後悔的。血濃於水這個道理，你應該很清楚！」事實上，血液要比水濃稠個三、四倍。

我們體重的百分之七至百分之八是血液，以一個六十公斤的人為例，差不多有四千五百C. C.的血液。其中大概只有百分之十在微血管裡，百分之十五在動脈，其他大約百分之七十則停留在寬大而且容易擴張的靜脈中。

微血管壁的通透性有一定設計，水分和血漿可輕易通過，把大分子攔阻在外。這種水分進出就是循環系統的重要特徵：藉由液體的移出或移入，調節血液和組織細胞液的穩定。一般而言，移出或移入的數量，取決於分子在液體中的濃度。由於半透膜只允許水分自由進出，位在半透膜兩邊的分子濃度就靠水分的進出來調節。水分從化學物質濃度較低的地方，擴散到濃度較高的地方來達成平衡。這種雙邊平衡藉由液體通過半透膜的方式，我們叫作滲透（osmosis）。

血漿的百分之九十以上為水分。血漿中的蛋白質分子（或稱血漿蛋白）扮演一個重要的角色，亦即防止水分不斷地從微血管壁漏到化學物質濃度極高的組織液中，特別是動脈和微血管本身具有壓力，很容易迫使水分流往組織液。而血漿中高濃度的蛋白質會產生一個負壓，可以讓血漿中的水分留在微血管中。由溶質保留水分、避免流失到膜另一側的力，就叫作滲透壓（osmotic pressure）。

在血漿裡這麼多種蛋白質中，維持滲透壓最重要的物質也就是白蛋白，大約占血漿蛋白的百分之六十。體內白蛋白的濃度也可反映出一個人的營養狀況。蛋白質消化之後，會在消化道中裂解成胺基酸，這些胺基酸由循環系統送至全身各處，供細胞利用，再合成各種身體所需的蛋白質。這種合成和製造大抵於肝臟進行，合成後的蛋白質會再釋放到血漿當中。這也是為什麼肝硬化的病人，白蛋白的濃度會變低。此外，血漿中的白蛋白不但可使水分保留在血流，還可和其他物質結合、又運送出去。這也難怪，肝硬化末期的病人，除了白蛋白變低，血漿的水分還會大量移到組織，產生大量腹水。血液中的蛋白質大約有六十種，它們不僅能夠運送物質並維持滲透壓，也可以凝血和抵抗感染。

以營養不良的人而言，白蛋白濃度也會大幅降低，滲透壓自然跟著下降，水分就無法留在血管中。部分水分會移至組織當中造成水腫，這也是為什麼某些長期挨餓、或者罹患癌症的病患，會有四肢水腫及腹部膨大積水的現象。這種組織腫大就是所謂的水腫（edema），由於地心引力的影響，下肢會更為嚴重。

第三世界種種怵目驚心的景象，如那些骨瘦如柴、手腳浮腫、肚子奇大的兒童，就是肇因於營養嚴重缺乏，白蛋白濃度奇低無比。血管中的水分因而大量流失到組織和腹腔，柔弱無力的腹肌無法壓制，只得放任水分聚集。除非營養充分，否則孩子終將飢餓而死。

在血漿中僅次於白蛋白的要角就是球蛋白。球蛋白有三種，分成α、β和γ。α球蛋白運送脂肪物質以及脂溶性維他命（A、D、E、K），γ球蛋白則在免疫系統扮演重要的角色。除了蛋白質，血漿還含有葡萄糖（glucose）、膽固醇（cholesterol）、三酸甘油脂（triglyceride）、脂肪酸（fatty acid）、維他命、荷爾蒙、胺基酸，以及礦物質（鈉、鉀、鈣、鐵、銅、鋅）、氣體（如氧、二氧化碳、氮）以及代謝廢物，如尿素（urea）、尿酸（uric acid）和肌氨酸（creatinine）。

血液的紅色是來自於呈微細顆粒的血紅素，氧氣濃度高的時候呈現鮮紅，反之則是暗紅。接近皮膚表面的表層靜脈看來則有一點藍紫色，皮膚愈白皙，就愈明顯。所謂的「藍血貴族」，源自西班牙遭回教徒摩爾人（Moor）占領時期。那時古老的卡斯提亞貴族（Castilian families）宣稱自己的血統最為高貴純正。何以為證？他們隨即指著白色肌膚上的藍色靜脈，稱之為「藍血」（sangre azul）。這點當然和膚色黝黑的摩爾人大異其趣，但這是典型的「選擇性觀察」——不管是卡斯提亞人或是摩爾人受傷流血時，血液都是紅色，只是卡斯提亞人視若無睹。明明身為天主教徒，卻忘了保羅（Paul）對雅典人說的話：「祂從血脈造出萬族的人，住在全地上。」（《使徒行傳》一七：二六）

紅血球又叫作紅血細胞（erythrocyte），由骨髓中的幹細胞（stem cell）製造。在幹細胞分化成紅血細胞時，細胞核會消失，這麼一來細胞內反倒有更多的空間來容納血紅素分子。紅血細胞的確不需要細胞核，完全形成後即毋須接受蛋白質合成指令，自己已可產生足夠的酶和其他蛋白質，在一百二十天的生命周期裡，過著自給自足的日子。當然，沒有細胞核就不能複製，因此紅血細胞可謂達成了最後分化。

紅血球成形後，兩面皆呈內凹，也就是像中心還有一片的甜甜圈，而不是中空的。這種型態使得紅血球中的血紅素得以接近細胞膜，釋放氧氣更有效率。此外，紅血球彈性極佳，易於扭曲、收縮，好通過狹窄的微血管，一旦擠過之後，又可立即回復原形。

紅血球生成的速率主要受到一種荷爾蒙——紅血球生成素（erythropoietin）所影響，這是一種負回饋的機制。在腎臟和肝臟氧氣不足時，就會釋放出紅血球生成素。血流再將這種荷爾蒙帶到骨髓，刺激它產生更多的紅血球。慢性貧血、某些肺疾和高山症都會有此種反應。

紅血球就像人類一樣經不起時間的考驗，也有老弱的現象。由於用力擠過微血管腔或浸透脾臟的海綿組織，折損很大。這些老弱傷殘就待巨噬細胞（macrophage）來處理。這些有如「大胃王」的巨噬細胞主要在脾臟、肝臟和骨髓邊緣的血管，摧毀受傷的紅血球，之後再回收。這種破壞回收的速率每天約是百分之一。由於紅血球占血液總量的百分之四十，這種破壞和生成必得生生不息。

原為醫師、之後更成為十六世紀法國大作家的拉伯雷（Francsis Rabelais），在他的作品《巨人傳》（*Pantagruel*）中寫道：「生命來自血液，而血液又是靈魂的所在，這個小天地的首要之務，就是源源不斷地製造血液。」一般而言，一星期約有四點七公升血液的紅血球需要汰舊換新，這就是骨髓的工作。然而，若是貧血，腎臟會釋放出紅血球生成素，使得紅血球生成的速率快上好幾倍。

貧血就是血紅素低於正常值，原因可能是紅血球耗損得較為嚴重，或是生成的效率減低，以上兩個因素也有可能合併發生。貧血的種類將近有一百種，最普遍的成因是急性或慢性出血。若血液在出血處沒有凝固的特性，我們皆會因血液不斷流失而死亡。由於動脈循環的高壓，會用力把血液推出皮膚上的傷口，不管傷口再小，若內部沒有調節的機制，可說是必死無疑。

幹細胞的生成物有許多，其中之一便是血小板（platelet），促使血液凝固就是血小板最大的貢獻。血小板就像一個個橢圓的小盤子，大小約為紅血球的四分之一至二分之一。血管破裂時，結締組織纖維就會從斷端突出，血小板就成群結隊地聚集在這裡，若漏洞不是很大，則可防堵住。此外，血小板還會釋放出某種物質來呼朋引伴，同時也會放出一種名為血清素（serotonin）的荷爾蒙，使血管產生反射收縮的動作來抑制出血。如果血管細微，血小板一塞加上血管收縮，血就止住了，較大的血管也能減少出血。若是相當粗的血管，則會收縮得比較厲害，緩和出血的情況。

記得我就讀醫學院那段多采多姿的時期，發生了一件教我畢生難忘的「血的教訓」。一天早晨，輪到外科見習時，附近木材廠有個工人嚎啕大哭地衝進急診。幾分鐘前，他的右前臂被電動圓鋸截斷了，工頭情急之下先覆蓋衣服在傷肢上，但已是血淋淋一片。我和實習醫師查理掀開一看，兩人不禁目瞪口呆——通往手部的橈骨動脈和尺骨動脈的血管開口已經緊縮了。仔細觀察後發現，這兩大動脈都很粗，口徑約有半公分，截斷之處緊縮得很好，只剩較大的靜脈還有滲一點血，因此傷肢切口不再血流如注，只有一點潮溼。

我們這兩隻慌慌張張的菜鳥居然忘了在他上臂纏上止血帶。病人逕自衝過四條街來到醫院、沒有等救護車去接，不然車上的醫護人員早就幫他綁好了。看來一定是腎上腺素與血清素的作用，才讓病人有這種活力。此時的查理只是拚命搖頭，表示不可置信。他不像我這個只會呆頭呆腦站在一旁的醫學生，反而思考之後表示要立刻行動，他緊張且興奮地說：「我們拿幾支止血鉗來把這些傢伙夾住吧，免得它們又改變心意，到時候噴了我們一身。」他連忙拿起橡皮手套，套在自己那雙因為迫不及待而有點顫抖的手上，高喊著同時打開一包無菌器械。這時，急診護理長悄悄在病人手肘上方綁上止血帶，中止了通到手臂的血液循環，避免更進一步的出血。這個嚇壞的病人因而得救，他那沒有麻醉的傷肢，不至於遭到我們這兩個毛頭小子的「毒手」，我們也躲過被罵得狗血淋頭的危機。若是過了幾分鐘，住院醫師看到我們那樣胡搞，險些把斷端血管夾壞，鐵定讓我們吃不了兜著走。主治醫師不一會兒也進來了，立即把病人送入開刀房。

風平浪靜之後，我在急診布告欄前拉了張椅子坐下，目光一直停留在那長方形的軟木布告欄表面。有個頗知性的實習醫師以優雅草寫引用了歌德的話：「最難的要算是與無知的行動戰鬥。」真是絕妙好詞。至於查理老兄，終究不是幹外科的料，實習結束後就轉往精神科了，現在安安全全的在西岸一家大型醫療保健組織工作。

故事再回到那位手臂被鋸斷的病人身上，那種血管收縮是很常見的，然而單靠血小板和血管收縮也無法完全止住血，還要靠凝血機制。這種止血的體內平衡非常複雜，還牽涉到化學物質和一支精良的止血部隊。若沒有這些環環相扣的作用，則無法達成凝血的目的。

這些促使血液凝固的化學物質就叫作凝血因子（clotting factors）。第一因子（Factor I）和第二因子（Factor II）都是血漿中的蛋白質，又分別稱為纖維蛋白原（fibrinogen）和凝血酶原（prothrombin）。由於鈣離子的出現，加上受傷組織釋放出來的化學物質，凝血酶原就可轉變成凝血酶，此種凝血酶即可促使纖維蛋白原變成線狀的纖維蛋白（fibrin）。接著，纖維蛋白互相連結、交錯排列，如同織布一般，在血管傷口形成一網狀結構，攔下所有紅血球、白血球和血小板，最後就成了果膠狀的凝塊（clot）。其他凝血因子也會參與這個凝血反應，只要少了其中任何一段生化反應，凝塊就無從成形。

凝塊形成後，血小板的細胞膜就會突出纖細的線狀物質，依附在纖維蛋白的線段上。這時，又開始一連串的收縮，凝塊便變小、變硬，血管壁的斷端緊束，便擠出一種叫作血清（serum）的黃色液體，亦即不含任何凝血因子的血漿。

到此還沒結束。血小板還會釋放某種物質，修護斷裂的血管壁，接著凝塊就為附近一種結締組織細胞——纖維母細胞（fibroblast）所占據，形成結痂組織，傷口便會癒合。

這也就是我們不小心刮傷了臉或是被針戳到時，身體自然的止血過程。由於有此凝血機制，在指頭被切斷的情況下才不致流血致死。和血液相關的病症，當中約有十幾種和凝血因子的缺陷有關。典型的血友病（hemophilia）就是第八因子（Factor VIII）出了問題，就發生率而言，每一萬人只有一個，且皆發生在男性身上。

在我長達三十多年的外科生涯中，就曾遇見一位有凝血缺陷的病人。儘管我自認已非常小心，但事情還是發生了。回想起這個可怕的事件，病人的體質固然風險極高，但我也有錯。如果我不打破自己設下的規範，還不至於遺憾終身。

行醫這麼多年，不知為病人作過多少次乙狀結腸鏡檢查（sigmoidoscopy）。篩檢會用一根發亮的管子即乙狀結腸鏡（sigmoidoscope），深入病人的肛門，查看消化道下方的組織，包括直腸（rectum）和乙狀結腸（sigmoid colon）的最後一段。我在外科生涯用的乙狀結腸鏡，大都是長約二十五公分、冷硬的不鏽鋼圓筒。近年來，由於光學纖維科技的進步，軟管檢查器械乙狀結腸鏡變得頗具彈性、像蛇身般可彎曲，而且可從肛門深入四、五十公分。上段提到的憾事發生在一九八〇年，那時仍是不鏽鋼管結腸內視鏡大行其道之時。

病人是名五十歲的單身男子，身體健壯，之所以轉診到我這兒，是因為大便上有一絲絲鮮血。他的病史沒有什麼特別，身體檢查看來一切正常，然而我戴著手套觸摸他的直腸時，指端卻有一點血。我告訴他有必要做乙狀結腸鏡檢查時，他有如驚弓之鳥，好像我當場不經麻醉即將他開腸剖肚、拿下膽囊般。驚惶失措又沮喪萬分的他，不願再進一步檢查。他坦言：「還要再碰我下面，門兒都沒有！方才的檢查已經讓我嚇去掉半條命了。我不會答應讓你把鋼管塞到我屁眼裡的。」

上門求治的病人很少用這種一點修飾都沒有的措詞。衣冠筆挺的他冒出「屁眼」這個字，真讓人意外。這個病人受過高等教育，舉止文雅，是某間企業的高級主管。在我手指觸診之前，一幅泰然自若的樣子，檢查完畢後臉龐馬上高掛憂鬱。提到更進一步深入肛門檢查，他簡直要抓狂了，想掩住耳朵不要再聽下去。

此情此景，身為外科醫師的我實在無法和眼前的病人促膝長談，討論心理障礙或是探索肛門在潛意識裡代表的奧祕。我只是告訴這個心不甘情不願的病人，如果他拒絕檢查，可能錯失癌症早期診斷的機會，進而釀成遺憾——這實在是我能想出來最好的外交辭令。他果真如一般人般「談癌色變」，這個致命的字眼終於讓他閉嘴，願意乖乖接受檢查。正如大文豪詹森（Samuel Johnson）提到一個將被吊死的人「馬上變得專心一志」，病人一聽到「癌症」時，也是出奇地專心，不再胡思亂想做無謂的抵抗。眼前的病人立即簽署檢查同意書，在檢查檯上躺好，還不忘交代我下手輕一點，因為他害怕、敏感，也嫌惡這種檢查。

當然，我知道如何細心、溫柔，而且速戰速決。我在他肛門開口塗上潤滑劑，再塞入結腸鏡。一看，在環狀結腸壁前端、也就是往上十幾公分處，有一塊樹狀的小息肉——主幹短短、細細的，上面則像是圓圓的樹叢。肉眼看來，沒有癌症病變的特徵，但還是有必要移除，才能止血。此外，這種息肉也是惡性腫瘤的前身，不得不斬草除根。退出結腸鏡後，我告訴病人我所看到的。

他不耐煩地說：「為什麼不乾脆拿掉？」這麼說也沒錯。我告訴他我的醫療原則：即使只是息肉，也要確定安全無虞才能動手。還有，就算息肉移除只是微不足道的小手術，也不是直接開刀割除的，需要間接使用內視鏡，深入傳統手術切不到也縫不到之處。大抵而言，這類手術算是十分安全，但也有無法預期的併發症。

「例如什麼？」病人問。我答道，比方說大量出血這種難以控制的狀況。我還說，像他那種簡單的息肉，兩、三下就可解決了，然而我的診所沒有全套腸胃科器械，不足應付種種突發危險，因此簡單如長柄生檢鉗的器械我都故意不放。為了防止萬一，我通常只在大醫院移除息肉，那兒的設備比較齊全。

這位病人姑且叫他做「麻煩先生」吧，屏氣凝神聽我說完後，隨即宣布他已經下定決心了。他表示，他不願去大醫院門診，如果可以的話，希望再排一個時間到我診所來處理那塊息肉。不僅如此，他也拒絕我把他轉診到別家醫院，「我怕死了，不可能從頭來過。你不可能說服我到其他醫院的。」說來，以在診所處理的意願而論，他還比我高。就在此時，我做了最令人遺憾的決定——我很了解他的感受，也不能讓那塊息肉在他的直腸內繼續生長，於是同意在診所進行這個小手術。

首先，我問這位麻煩先生幾個問題。

「你的親人當中是否曾有出血的問題？」

「我是被人領養的。」

「刮鬍子不小心刮到臉時，出血會不會特別厲害？」

「我都用電動刮鬍刀。」

「你曾切傷手指嗎？」

「沒有。」

「以前做扁桃腺切除術或其他手術時，發生過嚴重出血的情況嗎？」

「我從來沒有開過刀。」

「刷牙時，牙齦會不會很容易出血？」

「不會。」

「會不會常常淤青？」

「我想我跟一般人沒什麼兩樣。」

我看了一下麻煩先生的四肢和軀幹，發現沒有什麼異狀。從以上問答和皮膚檢查，實在看不出任何凝血問題。

第二天接近中午，從開刀房離開前，好心的護理長借我一支生檢鉗。我特別注意鉗口是不是夠鋒利，好一舉拿下麻煩先生那塊息肉，也免得鄰近組織遭池魚之殃。在此之前，我不知輕而易舉地征服多少塊息肉了。雖然此刻不敢掉以輕心，但還是有點猶疑、不安。

下午，麻煩先生來到我的診所，以完美的姿勢躺好，我將乙狀結腸鏡推進十二公分，然後開燈，那塊息肉在燈光下無所遁形。我將生檢鉗滑入結腸鏡的筒身，到達息肉嵌附的直腸壁上，接著緊握把手，嚓一下，乾淨俐落地咬下這個小小的組織後，生檢鉗再慢慢從筒身中退出。然而，我還不急著推出結腸鏡，以確定是否有出血。

視線所及之處，沒有一滴血。直腸內層像被挖了個小小的洞，直徑大約只有半公分，邊緣乾乾淨淨，看起來很正常。我足足盯了一分鐘後，才退出結腸鏡。

將近二十年後的今日，我回想起那一刻，當時縈繞在心頭的思緒仍讓我無法忘懷：你這小子未免太衝動了吧，事情不會這麼簡單的。要不然，過去的謹慎豈不是白費工夫？何必把一個小手術搞得那麼複雜？不只病人麻煩，自己不也深受其害？過去大費周章地告訴病人這種小手術有多少潛在的危險性云云，不是杞人憂天嗎？想想看，為此病人又得多花多少錢。也許明天你應去買一支生檢鉗，從此不要再神經兮兮了。

麻煩先生很高興，我也是。他那塊息肉很明顯是良性的，也可確定是血便的主因。然而，之後還是應該再幫他安排一次結腸鏡檢查（colonscopy），看看整個大腸有無異樣，但他嚴正拒絕，也拒絕照X光和鋇劑灌腸（barium enema）。他說：「醫師，我已經被強暴一次了，放我一馬吧。我很感謝你的幫助，但還是希望到此為止。」

其實，我對自己的妥協也頗為得意。在沒有全身麻醉的情況下，要取出這種息肉，只有這種作法。再說，過程還挺順利的。解決了麻煩先生的「麻煩」後，我還為自己過去二十年來的戰戰兢兢感到有點可笑，即使是最瑣碎而安全的小事也憂心得如臨大敵。當然，今天看來，有經驗的醫師不該有這種愚蠢的念頭。之前我之所以會這麼小心翼翼，就在避免那萬分之一的發生機率，也認為自己這樣做是有道理的。然而，不費吹灰之力就在小小的診所解決掉麻煩先生的問題，不禁讓我洋洋得意，也忘了自己的原則。

不料，我成了一場舊戲的主角。其中的教訓便是：不管妥協或取巧，只要有一次，都教你畢生難忘。傍晚，麻煩先生神采奕奕地從我診所走出約三個小時後，我的呼叫器響起了，是醫院總機呼叫的：「馬上打電話給麻煩先生，他說他出血很嚴重！」

我撥打電話，第一聲還沒響完，麻煩先生隨即接起。他的聲音因驚嚇過度而有點顫抖：「我想大便，一坐上去，屁股就噴出一馬桶的血。這下我不得不到醫院找你了。」我安慰他說，也許出血不如他想像得嚴重，只要流一點血，馬桶裡的水就被染紅了。不管如何，血應該很快就可以止住的。但此君乃麻煩先生，沒有任何人可以說服他不會在十分鐘之內流血致死。我告訴他在床上躺好，馬上派救護車去接他。他的便意還是很急，不過不得不聽我的話躺下。

打電話安排好救護車後，我迅速結束傍晚的查房工作，然後趕往急診室迎接這位麻煩先生。推床上的他被抬進來之後，激動得幾乎語無倫次。我盡量安慰他，但一點用都沒有。他的聲音一會兒咕咕噥噥的，一會兒幾近嘶吼。乖乖，眼前真是如假包換的大難，他的西裝褲和內褲完全被鮮血浸溼，雙腿下亦是溼黏黏的一片。救護人員方才在車上幫他打的點滴已經滴到最快，他還是抱怨渴死了。

口渴就是嚴重出血的重要指標。由於身體的代償機制會把組織液中的水分挪到微血管中，提高救急的血液總量，因此血液較為稀薄，而組織液的濃度則相對變高，滲透壓也跟著高升。大腦的下視丘有一群細胞是為口渴中心，滲透壓受器（osmoreceptor）就在這裡。所以滲透壓一高，就有口渴的感覺。同時，組織中的水分變少，唾液也減少了，口渴的現象更加厲害。可以說，拚命想喝水也是求生的本能，要挹注液體不足的循環系統。

麻煩先生簡直口渴得要命，此外他的血壓開始下降，脈搏也加快到一二〇——這點不足為奇，不只因為失血，本人情緒激動也有影響。他的交感神經此時也像美國海軍遭到突擊般，連忙開火反擊。

此時，由靜脈輸液帶入的速效鎮定劑適時發揮作用，麻煩先生平靜下來，側躺，讓我把乙狀結腸鏡塞入他的直腸內。一就定位，一大股有糞臭味的血流立即噴了一地，我的長褲溼了，住院醫師和護理師的鞋子也遭殃了。血中有許多大塊的糊狀凝塊——我不由得懷疑麻煩先生有凝血缺陷。有條通到息肉切除處的小動脈還在流血，若是平常人，照理說血早該止住了。我自忖，他的血小板是不是無法附著在小血管的斷壁上，傷口才會一直流血。若是如此，就可解釋地上那灘血池為何會有一塊塊的東西：血在衝出小動脈後，和腸子裡的液體混合，然後才起了凝塊反應，但無法封住血管。這一幕就是如此：血液已開始凝結，但還是源源不斷地從血管斷裂處湧出。

我們已從麻煩先生的手臂靜脈抽血檢驗、進行配對，準備進行輸血，但我急著想到切除息肉的地方一探究竟，而且盡可能幫他止血。

我在內視鏡中放入一個狹長的金屬抽吸器，設法吸除直腸腔中的血。不消幾分鐘，我直直地盯著這個下午看來還平凡無奇的切口：中間有一束鮮紅的動脈血液伴隨每一次心跳噴出，有如一個小小的噴泉，其他組織則和先前一樣乾淨。

於是，我把棉塊綁在一根長長的塑膠棒前端，用力壓迫出血部位，終於把血止住。我盯著時鐘，緊壓了三分鐘後，一放手，又開始噴血。我請護理師在下一枝塑膠棒上綁上沾有腎上腺皮質素溶液（adrenaline solution）的棉球，希望藉此讓這條小血管收縮，達到止血之效。試了兩、三次，雖然每一次都比前一次撐久一點，但還是宣告失敗。麻煩先生的血壓雖已上升到九〇，脈搏也下降到一一〇，但這是大量靜脈輸液之助。此時，血庫的血也到了，先幫他輸血再說。

顯然，只有把傷口縫合起來，才能止血。由於要深入直腸內十多公分，我們必須把麻煩先生的肛門撐開，好讓我那拿著持針器和縫線的手進去工作。然而，如此的話就不得不麻醉，而脊髓麻醉就是最佳選擇，藉以麻痺腰部以下的感覺神經和運動神經。

不幸的是，我們通知開刀房要送病人過去時，護理師卻說二十分鐘後開刀房才能準備好。我憂心忡忡地坐在麻煩先生推床旁的凳子，頭靠在他的屁股上。這二十分鐘特別漫長，此時我的灰心沮喪不是任何夢魘可以比擬的。我身陷於糞臭、血腥的現實，無法自拔——我一手扶著內視鏡，另一隻手用棉花球壓住麻煩先生直腸內部那個罪魁禍首。自己褲子上滿是糞塊斑斑的血，地上那灘血更是奇臭無比。還要挨過二十分鐘，這該死的「直腸史詩」下一幕才能上演。我那意興風發的英雄外科醫師形象也毀得差不多了。

十一個小時前開完兩檯刀後，接著麻煩先生的好戲就上演了，現在的我已心力交瘁。我不斷自責，為何和病人的要求妥協，放棄了自己的原則。回想起這一切，我覺得自己不能堅持下去，實在罪有應得，說好說歹也要說動這位麻煩先生啊。我也怪自己大意失荊州，還覺得自己過去的作法太神經質。

另一方面，我也憂心如焚，還不知道麻煩先生的凝血問題到底有多嚴重呢？還要再等幾個小時，才能真相大白。正準備輸入血小板，也源源不斷地自第二條靜脈輸液管注入血漿，補充病人體內的凝血因子。此舉還真有點本末倒置——血小板和血漿的補充還不如及時在腸壁縫上一針。我可以想像可怕的場景：我在手術室開始縫合，結果發現直腸內十幾公分處開始大出血，我既無法控制，也搆不到出血處，這一切處置都沒有經過病患許可。

我說服自己，這種大災難不太可能發生，不要再想下去了。同時也提醒我自己不要犯外科醫生常犯的錯，不要把病患身上的不幸跟醫生的良心、醫生的自我形象甚至自己在其他同儕中的形象連在一起。這場意外併發症傷害到的不是我，而是「麻煩先生」。我過去經常指責別人不要把自己看得太重要，不要把其他人的不幸、尤其是自己經手過的不幸都當成是自己造成的，結果我自己現在卻犯了同樣的錯，因為同樣的原因而感到罪惡。我想起這個教訓，不禁感到羞愧。正在生死關頭的人是我的病患，不是我。這讓我至少擺脫了一些不得體的自責，大幅冷靜下來，更專心地處理眼前的任務。

不巧這時又碰上麻醉科醫師不願進行脊髓麻醉，我早該料到了。他沒有錯——在病因未明之時，在脊椎刺上一針進行麻醉，可能會產生併發症。但是，這個時候不讓麻煩先生睡著不行啊。雪上加霜的是，他在大出血前還吃了一頓大餐、喝了幾杯酒，替自己慶賀去掉「直腸大患」。那胃裡的山珍海味足可和直腸中汙穢濁臭的便血一較長短。開刀房的護理師當然很不高興我們汙染了這個無菌的聖殿。麻醉科醫師只有發揮超凡的技巧，才能使病人不致因麻醉而反胃嘔吐，汙濁的嘔吐物尚不會從氣管吸入、溢到肺部，更別提手術檯。好在，麻醉科醫師果真發揮功力，讓病人平安入睡，大家才鬆了一口氣。

全身麻醉本身不會使肌肉癱瘓、無力，只會讓病人失去意識——這點和脊髓麻醉不同。於是，我們還得給這位麻煩先生打上強效的鬆弛劑，他的環狀肛門括約肌（anal sphincter）才能撐開到讓拿著器械的手進入縫補。說來，肛門括約肌還跟希臘神話中人面獅身的斯芬克斯（Sphinx）有一點關連：凡是回答不出斯芬克斯出的謎題者，一律被掐死。肛門括約肌正如那雙會扼住人類脖子的獸手，善於緊縮。

助手用撐開器幫忙擴大肛門，我得以正視那條出血的血管，患處相當深入，持針器差一點就搆不到了。費了九牛二虎之力，手指才能伸到最裡面，把線綁緊，前後試了三次才成功。血終於止住了。

此時真是令人心滿意足的一刻，縫合處也沒有滲血。麻煩先生終於脫離「麻煩」了。我盯著眼前這乾淨、清爽的一景足足有五分鐘，肩上的重擔才得以放下。

病人總共輸了約一千五百C.C.的血，直到直腸壁縫合後就不再出血。等到檢驗數據出爐，加上血液科的會診，我們才發現原來這位麻煩先生罹患了溫韋伯氏病（von Willebrand's disease）——發生於成年人的一種血友病，要屬一種罕見的凝血障礙，主要是因某種血漿蛋白質的缺乏，血小板無法依附在血管斷裂處。這種蛋白質在血漿中循環時會和凝血因子當中的第八因子結合，妥善發揮凝血功能，它稱作「第八因子——溫韋伯氏蛋白質」。

溫韋伯氏病是一種遺傳性疾病，若遺傳因子是來自父母雙方，則有嚴重出血的徵兆。只遺傳到雙親其中之一的話，則和一般人沒什麼不同，但是如果遭遇外傷或手術，還是會有流血不止的問題——這就是麻煩先生的「麻煩」所在。

根據生檢採樣的結果推斷，小動脈似乎一切斷便立即劇烈痙攣，因而阻止了失血。大約十至十五分鐘後，痙攣結束，血管再次打開，血就噴了出來。由於血小板無法附著在傷口處，無法形成血栓，所以動脈傷口一直沒有封住，珍貴的血液不斷從生命中流失。至於血液就累積在直腸這個大空腔，最後壓力大到讓「麻煩先生」產生便意去上廁所。

麻煩先生術後的反應很典型，很多醫師都應該遇過這種病人。有時我們從死神手裡硬把病人拖回，自以為奇蹟出現時，病人的反應卻很冷淡，甚至對我們的努力不屑一顧。另一種病人則恰恰相反，雖然他們之所以會有這種九死一生的遭遇是醫師的過錯，如誤診、能力不足、運氣不好等，但他們對我們卻滿懷感激之情，把我們當作創造奇蹟的神。我鉅細靡遺地告訴麻煩先生他的「麻煩傳奇」，從我的輕忽說到他的出血，他卻緊緊地握住我的手，在我手上一吻。不管怎麼說，他還是把我當作救命恩人。

真正救了「麻煩先生」的，其實是他體內的「身體經濟學」。如果沒有適當的穩定機制，在我能夠開始縫合直腸內的傷口之前，他的心臟或大腦就會先因為快速大量出血而受傷，甚至衰竭。但身體幾乎總是有辦法及時救火。體內的指揮部一旦收到組織遭攻擊的訊號，就會立刻下令回應，要求血管收縮、血液改道、組織液進入微血管、心跳加快加強，確保循環血液總量大幅減少時，依然有足夠的血紅素繼續帶著氧氣前往重要組織。在某種意義上，這跟瑪格麗特·韓森的故事很像，兩者都是聰明的身體在故障時設法自己解決問題。

只不過，這些保障措施非常可靠，卻並不完美。它無法成功控制損害範圍，也無法修復損失。甚至在災害剛發生時，機制尚無法立即同心協力解決問題。當然，失誤相當少見，大部分只有在身體衰老或者防禦反應機制的關鍵因子被破壞後才會發生。除非碰到大外傷、極為嚴重的感染或者耗盡了重要資源，不然身體都有辦法在大量的應付手段中找出一些方法來守住陣地，回復平衡。身體可能需要一段時間重新適應新的變化，但幾乎總是能化險為夷。

血液的特點藉由各種活動表露無遺。除了運送營養物質以維繫生命外，也會把各種訊號帶到身體各個地方。它還有一點很厲害，亦即抵禦感染，此重責大任由白血球（leukocyte）來擔任。白血球的英文源自希臘文「leukos」，表示「潔白」、「光亮」、「明淨」，其希臘文又源自「路加」（Luke）。他不但是路加福音的作者，也是守護醫師的聖者。

雖然白血球和紅血球、血小板一樣，由骨髓中的幹細胞生成，然而它在離開微血管壁、進入組織後，才開始執行任務。就和身體其他所有細胞一樣，它們有基本的維生工作要做，在敵人入侵這樣的緊急情況之下，則會起而抵抗。這些外侮包括細菌、病毒、黴菌和其他外來組織等等。

白血球分成三種：顆粒白血球（granulocyte）、單核白血球（monocyte）和淋巴白血球（lymphocyte）。顆粒白血球大小約是紅血球的兩倍，因細胞質當中有大量的細小顆粒，故得其名。顆粒白血球又分三種，每一種在實驗室的染色處理下則呈不同的顏色，即有一點粉紅色的中性白血球（neutrophil）、深紅色的嗜酸白血球（eosinophil），以及藍色的嗜鹼白血球（basophil）。其中以中性白血球最為常見，約占所有白血球的百分之六十，亦即我們接下來的主角。

總之，白血球的分類如下：

顆粒白血球——中性白血球、嗜酸白血球、嗜鹼白血球
單核白血球
淋巴白血球
打頭陣的中性白血球

白血球也是經由血液循環送達全身，但也可自行穿出微血管壁、在組織間短距離移動，如同變形蟲阿米巴般運動：向前時，如有一隻長長的腳往前移——其實是帶有顆粒的細胞質的流動所致。一般而言，組織受傷或受到感染時，即會釋放出一種化學物質，吸引中性白血球前

來。它們趕到「現場」後，立即吞噬在那裡作怪的細菌、微生物體或其他入侵者。由於細胞質中的顆粒具有消化酶，可以進一步摧毀這些不速之客。

骨髓中時時都有大量的、成熟的白血球，在必要時提供的量更可高達血管中白血球的十幾倍，這些尖兵會再釋放到循環系統裡，因此身體在遭受感染或者接受血球計數測驗時，白血球數量會明顯上升。顆粒白血球到了循環系統，就會用力從微血管壁的細胞縫隙擠出來，到達組織部位。如此，相當多的中性白血球就呼朋引伴叫來嗜酸白血球、嗜鹼白血球，群集在受傷或感染的地方。

像中性白血球那樣吞嚥、消化東西，就叫作吞噬細胞，這個過程則為吞噬作用（phagocytosis）。至於只占所有白血球百分之三的嗜酸白血球和嗜鹼白血球，雖然也有吞噬作用，但噬菌功力不若中性白血球深厚。然而嗜酸白血球還有其他長處，它可說是某些寄生蟲的殺手，也是減低過敏反應的重要角色。

單核白血球占循環系統中白血球的百分之七，是所有血球當中最大的，大約是紅血球的三倍。它們也有吞噬能力，在離開發源地骨髓後，會在循環系統停留幾個小時，然後一再地分裂。這些「分身」就是巨噬細胞，胃口其大無比，可以一舉吞下已成老弱傷殘的紅血球。顆粒白血球的生命周期很短，離開骨髓幾個小時後說不定就解體了，但巨噬細胞卻可活上七十五天。由於這些巨噬細胞的吞噬功力會日益高強，加上生命較長，可謂最理想的清道夫。於細菌入侵或感染之處，單核白血球和其「分身」巨噬白血球算是善後部隊，會按兵不動，中性白血球先去打前鋒，之後再來清理戰場。

和中性白血球相比，單核白血球的動作遲緩多了。我們全身各處都有從單核白血球分裂出來的巨噬細胞，如脾臟、淋巴結、肝、肺、消化道和扁桃腺——這些地方的巨噬細胞總合起來，則為網狀內皮組織（reticuloendothelial tissue）或網狀內皮系統。這個體系極其精細、縝密，由許多細微的纖維和微血管組成，身體許多白血球細胞就埋伏在這整個網狀結構中，隨時準備抵禦外侮、對抗感染。

若淋巴結出現外來微粒的入侵，就可由此網狀內皮組織來排除這些微粒。即使是順利逃脫白血球追殺的微粒，還是會飄流到血液中，成為吞噬細胞的獵物，或是落到海綿狀的器官組織中，如脾、肝或骨髓，這些組織也在等君入甕。有時，感冒或喉嚨痛的時候，脖子上會腫一塊，這就是你淋巴結中的白血球正在與細菌廝殺的結果，裡面聚集無數吃撐的吞噬細胞。

在多達七十五兆的人體細胞中，淋巴白血球約占百分之一，我們可以想像這個數字之龐大和淋巴白血球的重要。從骨髓中的幹細胞分化出淋巴白血球時，它雖尚未成形，還是會隨著血液循環旅行至身體各個網狀內皮組織，其中約有一半在胸腺（thymus）定居。胸腺這個巨大、扁平，且有點灰色的組織就在前胸——胸骨和心臟之間。此時，淋巴白血球繼續在這裡分化、成熟，之後成為Ｔ淋巴球或Ｔ細胞，再進入血流。以愛滋病（ＡＩＤＳ）患者為例，其Ｔ淋巴球中的Ｔ４或ＣＤ４細胞即遭到人類免疫缺損病毒、也就是惡名昭彰ＨＩＶ病毒的破壞。愛滋病之所以可怕，也因ＣＤ４是免疫作用的重要細胞。

另一半移居他處、繼續分化的淋巴白血球，則成為B淋巴球或B細胞，成熟後隨著血液循環飄流。一般而言，整個循環系統中，B細胞約占百分之二十至百分之三十，而T細胞則占百分之七十到百分之八十。這兩種細胞在血液中為數龐大，但它們真正的家鄉仍然是在網狀內皮組織。

大自然似乎把我們體內的網狀內皮組織排成兩種不同的形態：在脾臟、淋巴結、扁桃腺這些獨特的髓狀結構中，網狀內皮組織集結成一大束。在肝、肺、消化道、骨髓或其他較小的重要器官與部位處，則呈散開分布。網狀內皮組織在身體所有地方過濾外敵、對抗感染，其中的白血球一天到晚都在吞噬並破壞那些可能造成傷害的自體細胞以及外來侵略者。只要這套系統沒有被壓制，力量沒有減弱，它遍布身體的網絡就會讓各種微生物無處遁逃，血液與淋巴裡面的有毒廢棄物也一定會被它處理掉。這套網狀結構包括巨噬細胞、B細胞、T細胞，它們共同抵禦外來入侵者以及癌細胞，不讓身體受到傷害。許多惡性腫瘤的細胞都會帶著陌生「抗原」（antigen），因此被身體當成「外來者」，產生免疫反應。雖然我們還不夠了解相關機制，但研究人員已在嘗試根據這些免疫反應研發抗癌療法。本書第二章對於人體的抗癌能力，有更詳盡的描述。

免疫作用就是淋巴白血球的貢獻，這些白血球可以辨識出不屬於原來體內的組織。辨認外來者的機制目前尚未完全了解，但已經知道胚胎細胞就像是某種承載所有蛋白質分子、某些大型醣類與脂質分子的資料庫。身體會用這些分子來辨認哪些東西屬於「自體」，並將之外所有東西都當成「外來者」。免疫系統之所以能辨認原本體內每一個細胞，是因其帶有某種特殊的蛋白質。至於B細胞或T細胞在分化成熟後，細胞膜上即有辨識外來分子的受器。白血球一旦碰上了這些外來物質，就會發動免疫反應，有如遭遇寇讎一般，急忙加以抵禦，因此這些侵略分子又有抗原之稱。

B細胞或T細胞對抗原的反應各有不同。B細胞產生免疫球蛋白（immunoglobulin）或稱γ球蛋白來對抗，也就是所謂的「抗體」。抗體的生成如同體內蛋白質的合成，由細胞內的基因所控制。每一個B細胞專門對付一個抗原，亦即在某一個抗原剛好碰上它的死對頭B細胞後，此一B細胞即會分裂成許多漿細胞（plasma cell），漿細胞又會快速複製出巨量抗體分子，複製的速率約為每秒兩千個。接下來，每一個抗體則緊緊鎖定一個抗原，有如在上面做個「壞蛋標記」，剩下來的工作就交給巨噬細胞執行了。另一個對付抗原的方式是用一種名叫補體（complement）的蛋白質包裹抗原，這層蛋白質會吸引吞噬細胞前來，也會分解侵略者的細胞膜。這種種由B細胞主導的工作，就叫作體液免疫（humoral-mediated immunity），主要是對抗細菌和尚未侵入細胞的病毒，若病毒已侵入細胞則無能為力。

而T細胞的工作則是所謂的細胞免疫（cell-mediated immunity），專門對抗已入侵身體的細胞、但抗體無用武之地的病毒。病毒若是躲進我們體內的細胞，就會和細胞膜表面的「個人標記」結合。T細胞中的一種殺手細胞（killer cell），其上受器能辨識入侵者，並緊緊地纏住它們。殺手細胞接著分泌一種蛋白質，把這些外來細胞破壞得傷痕累累、全身是洞，再進而殲滅。這也是移植器官遭到排斥的經過，因此在器官移植時不得不壓抑免疫系統。

T細胞還有其他種類，諸如「幫手細胞」（Helper T cell）和「抑制細胞」（Suppressor T cell）。幫手細胞會推波助瀾，在B細胞進行體液免疫時，促使大量特殊抗體產生，而抑制細胞則是在戰況控制住時，叫免疫系統踩剎車，不要過度防衛，造成無謂的傷亡。例如B型肝炎假使產生劇烈免疫反應，則自身肝細胞的急遽壞死會造成猛爆性肝炎，病患和病毒同歸於盡。

還有一些淋巴白血球是為「記憶細胞」（memory cell），有記憶功能的B細胞或T細胞是在對抗感染的過程中產生的，但沒有親自上陣，而是留在血液循環中。即使在這場戰役平息數十年後，仍然會記得當年的戰事以及那時抗原的面目，若同抗原捲土重來，這些記憶細胞即會立即反應。這也就是我們不會再次得水痘的原因。若沒有記憶細胞，身體無法記取當年的病毒入侵事件，這也是疫苗注射的原理。

免疫反應很複雜，以上只是梗概，還有許多步驟和交互作用。正如身體其他維持恆定的努力，免疫訊號系統也是關鍵角色。所有的分子都會參與免疫作用、互相溝通，告訴身體其他細胞要怎麼做，有如開關般進行無數過程的控管。

身體回應傷害的最佳例子就是發炎反應。手指受傷時會變紅、腫起來、變熱、疼痛，因而令人慘叫呻吟，但這些不舒服的症狀其實剛好就在證實我們無論做了什麼蠢事，傷口附近的組織都會有效防禦外敵。早在一世紀時，編纂羅馬醫學百科的塞爾蘇斯（Celsus）就將紅（rubor）、腫（tumor）、熱（calor）、痛（dolor）列為發炎反應的主要症狀。但在那之後，人類卻花了將近兩千年的時間才終於搞清楚這些症狀的起源，確定它們對患者究竟是好是壞。無論手指被刺到、拇指被重捶、被燙傷、耳朵被凍傷，又或者罹患肺炎、出現腹膜炎、出現槍傷等更嚴重的情況，身體都會發炎。但到目前為止，我漫長從醫生涯中，最常看到的傷口其實是我每天用手術刀切出的刀傷。即便為了病患健康，才有計畫地切開傷口，但它畢竟還是傷口。

過去一百多年來，成千上萬的實驗室研究了外科手術傷口的癒合過程，讓我們更了解人體如何抵禦外界攻擊。所謂的發炎反應，是指一系列處理局部傷害的反應，它的目的是清除嚴重破損或死亡的組織、隔離受傷區域、開始癒合患部。受傷時，微血管會立即擴張，增加通透性，讓蛋白質分子可以穿過血管壁。這麼一來，不僅血液會從受損的微血管或靜脈溢出，富含蛋白質的血漿也能進入組織間。白血球會沿著變得容易通透的血管壁一路遷移。此時，外來物也會產生抗原，一併吸引患部附近以及血管與血液中的巨噬細胞，並吞噬受損的細胞以及所有闖進來的細菌。同時，組織中的化學物質會轉化纖維蛋白原（fibrinogen）為纖維蛋白（fibrin），纖維蛋白會形成網狀結構，封住受損的血管，同時隔離患部，患部會開始復原。而嗜鹼白血球在患部釋放的組織胺，以及體內的其他激素，都會促使這些反應發生。組織胺有助於擴張微血管，增加其通透性。然後巨噬細胞就會過來幫忙清理殘骸，接下來大量的纖維母細胞逐漸湧入，成熟後形成結痂組織。發炎反應中的紅與熱是微血管擴張之故，腫則是因為液體滲入組織，痛是因為刺激到局部神經纖維。賽爾蘇斯未必知道背後的機制，但肯定相當明白這些現象。如果這一系列過程都很順利，最後就可以復原得相當乾淨，不會留下影響和傷疤。除了神經系統或某些特定組織以外，其他組織的健康細胞都會重複分裂、修復受損區域，附近的動脈與靜脈也會拉新血管到曾經受傷的地方。在結痂組織的幫助下，患部就會復原。但事情未必每次都這麼順利。有時候受傷組織太大，有時傷口太髒細菌太多，有時候附近的組織無法重新吸收前述富含血漿、血球、殘骸的混合物，這時候感染就會惡化，開始化膿。膿是由腐爛的組織、細菌、血漿殘留物以及分解到不同階段的白血球殘骸，全部混合而成的濃稠混合液。如果爆開、切開或以任何方式觸及體表，膿液就會排出體外，旁邊的組織也會癒合。但如果沒有排出，就會形成膿瘍（abscess），身體會用厚厚一層的纖維蛋白與纖維性材料包起來，隔開其他地方。這種情況下，膿液中的細菌通常都會以某種方式進入血液，帶到身體各處，成為全身性感染敗血症（sepsis）。此時如果沒有積極使用抗生素以及其他方式協助患者防禦細菌，患者可能會喪命。

這件事我們一直都知道。我讀過的每一種所謂原始醫學系統，都認為疾病是不同因素之間失去平衡。如果想要恢復健康，就要讓這些因素之間的關係回復正常。古代的西方醫學也不例外，希波克拉底與其門徒就像他們的前輩那樣，相信所謂的四體液說，認為身體的健康仰賴血液、黏液、黃膽汁和黑膽汁之間的平衡。如今雖然我們早已拋棄了這些看似瘋狂的幻想，但它們的象徵意義卻沒有消失。甚至有一些人開始懷疑，也許有一天我們會發現，這些留存千百年的象徵不只是象徵，而帶著幾分真實。我們如今也會說身體裡遍布各種激素、傳遞物質、組織因子，甚至還發明了一些很詭異的術語，例如體液免疫之類的東西，聽起來就像是古代的說法從墳墓裡重新爬出來一樣。

我在成年之後，花費無數歲月去支持大自然機制，為它提供一切所需的助力、為它加油打氣、替它排除障礙，看著它強大的力量順利顯現。我切除發炎的器官、繞過血液栓塞、調降過高的激素、清除腫瘤區的癌變細胞，看著細胞和組織回來接管，身體就此恢復平衡。外科醫生只不過是幫身體清除外敵的人，我們只能幫助病患體內的自然力量恢復原有的健康。我相信詩人W．H．奧登（Wystan Hugh Auden）對醫學的看法，「治療不是科學，而是一種呼喚自然直覺的藝術。」外科手術只不過是這種藝術的一個例子，而在外科手術中，血液就是生命。

Chapter 11

A Voyage Through The Gut

消化道

法國化學家巴斯德（Louis Pasteur）在一八五四年說過一句至理名言：「以觀察而論，機運還是偏愛那些有備而來的人。」在他之前，科學編年史上假使沒有好幾百句，也有好幾十句的金玉良言。巴斯德所謂的「有備而來」，是指訓練有素，經驗豐富，因此才會把握每一個偶發事件。然而，巴斯德自知，這句話並非放諸四海皆準的真理，也有失靈的時候——有些人即使沒有什麼背景或受過良好訓練，一朝碰上了意外事件，在「誤打誤撞」之下，結果還是功成名就。身為化學家的巴斯德就很清楚，胃的消化能力就是一個平庸的外科軍醫發現的。這個醫生只是從老師那裡學得一點皮毛，且現學現賣，從未踏進實驗室一步，對於科學更是沒有什麼研究。

這起偶發事件就是一次槍擊事件。一八二五年六月六日早上，在密西根湖畔的毛皮交易站——美國亞斯特皮草公司（John Jacob Astor's American

Fur Company），有人誤發一槍，恰巧射中了站在一公尺內的年輕船夫聖馬丁（Alexis St. Martin）。這個年方十八、頑強的法裔加拿大人，胸腔下方第五和第六肋骨之間慘遭子彈打了一個大洞。火藥加上狩獵用的鹿彈實在威力十足，這一彈不但扯去聖馬丁肺部最下方的一塊，還傷及橫隔膜和前方胃壁，剛消化不久的早餐隨即噴出。

幾分鐘後，三十七歲的博蒙特醫師（William Beaumont）趕到現場。他拉開病人身上破爛的衣服一看，子彈就在亂七八糟的組織深處。他先把那一團團食物殘渣和血腥的黏液，從肺部下方的傷口引流出來，敏捷去除遭破壞的肌肉和皮膚碎片。然後再以碳酸液敷劑蓋住傷口，接下來的二十四小時，不斷地以含氯化銨和醋的收斂液來潤溼患處。包紮完這個奄奄一息、幾乎快暈死過去的病人時，博蒙特心想，這個病人恐怕撐不過三十六個小時。

博蒙特用上許多不同的化學刺激物，俾使在第一天引發最強烈的發炎反應。那個時代，雖人們對中性白血球、纖維蛋白和巨噬細胞仍一無所知，但已經知曉要盡可能去激發身體自然的防衛機制，對傷勢嚴重的病人來說，這可說是最後一線生機。因此，儘管博蒙特不抱希望，還是下定決心設法幫助身體發揮與生俱來的潛能，對抗這要命的傷勢。

博蒙特每探視一次這位受苦的病人，他的信心就增加幾分，對這個年輕人的發炎反應非常滿意。聖馬丁的病程有如狂風暴雨，他的身體正與可怕的傷口展開激烈的搏鬥：高燒持續十天，殘破的肋骨和組織自傷口脫落，每一次換藥都流出濁臭的膿汁。到了第五個禮拜，傷口深處依稀可見新生的組織。一切進展相當順利：壞死的骨頭和肌肉組織脫離體內、巨噬細胞正在努力執行任務、纖維蛋白也在傷口周遭形成屏障——這時正是復原的開端。

在纖維母細胞和微血管開始生長時，新生的組織也漸漸形成。假以時日，整塊區域必將結痂，最後收縮成一大塊，回復正常的組織將在此處與其旁完好的部位結合。這個過程將使胃部傷口往上提，而貼近快要痊癒的胸腔壁。最後，外觀看來，原來的傷口變成一塊直徑長達三十公分的結痂皮膚，下面則是一大團厚厚的、不規則的肌肉纖維。

之後，在這整塊緊縮的疤痕之上，亦即在胸腔和上腹間卻突出一個紅色的圓形組織，直徑約有六公分，有如從扭曲變形的左側乳頭下方兩個指幅處綻放出一朵玫瑰。任何人只要趨前，朝突出一圈如嘴唇的結構向內一瞧——乖乖，這正是聖馬丁的胃。之所以會有這個洞，除了持續且劇烈的炎症反應，以及傷口收縮將原本平整的邊緣擠出已結疤的肌肉和皮膚之外，胃內持續滲出具腐蝕性的液體，開口無法癒合。這個玫瑰小孔必須時時以蓋子或塞子堵住，以免胃液消化了周遭的組織。

就身體療傷止痛的能力而言，這可說是最栩栩如生的例子。整個病程歷時約一年，在這一年當中，聖馬丁的身體緩慢地演出所謂的「炎症四部曲」——紅、腫、熱、痛，然這年輕的軀體自然回復和再生的天賦實在教人驚異。對於博蒙特來說，這更是神奇又驚奇的一年，因為他看著病人的組織一步步歷經完整癒合程序，與他常見的小傷口癒合過程一模一樣，但是聖馬丁的經驗已經超越他至今接觸或參與過的任何病例了。

也許是因為對大自然的敬畏，博蒙特因而心生研究精神，決定進一步探索身體的奧祕。

由於缺乏正規訓練，博蒙特只好以強烈的好奇心、廣泛的閱讀和無比的耐心來彌補，終於在八年後出版了一本薄薄的著作《胃液的實驗與觀察，以及消化生理學》（*Experiments and Observations on the Gastric Juice and the Physiology of Digestion*）。他在這本書中，隻字未提自己於一八二五年在病人身上實驗的動機。實驗進行了五個月後，他即被調往紐約州北部的營區，他索性帶聖馬丁一起去，以使實驗進行不輟，這種專注和堅持令人印象深刻。

到了這個新的駐紮地點後，這個不甘心淪為實驗對象的船夫即潛逃到加拿大，博蒙特費盡千辛萬苦歷經四年才把他找回來。那時，他已婚而且育有二子，只有親密的友人知道他是「胃上面裝了個蓋子的人」。

於是實驗在一八二九年又繼續進行了兩年。在這段期間，聖馬丁在博蒙特家中打雜，又生了兩個孩子。接著聖馬丁又重施故技，逃之夭夭，博蒙特則在後苦苦追趕。之後的實驗皆因這種「你追我逃」斷斷續續地進行，博蒙特不但苦口婆心地勸說，還加上利誘，希望設法留住這個桀驁不馴的病人，以求更進一步的研究。

這個滿腹牢騷的實驗對象結果活到八十三歲，比終其一生苦苦在後追趕的博蒙特醫師還要長命。聖馬丁於一八八〇年六月過世後，他的遺孀隨即放話，沒有醫師得以接近她的亡夫那已呈乾癟的屍體。聖馬丁的遺體就一直留在家裡，在炎熱的夏日中腐敗、發臭。這個心意已決的遺孀仍未滿足，一直到最後才把遭蛆蟲啃噬得所剩無幾的殘骸埋到地底下二、三公尺之處。至此，應該沒有人在意這些骸骨了。聖馬丁這個科學研究的奴隸終於可以擺脫枷鎖，安眠於地底之下。

所謂的瘻管（fistula）就是兩個內在器官之間，或介於器官和身體表面的不正常管道，此字源於拉丁文的「管子」。而「胃部的」（gastric）這個英文形容詞，則是從希臘文中的「肚子」（gaster）而來。聖馬丁的身體最教人驚奇之處就是他的胃部瘻管，洞口若是沒有覆蓋，則胃壁可看得一清二楚，也可藉由這個管道收集到他的胃液。正如博蒙特在一八三三年出版的研究論文中，即開宗明義地說明：「我有幸得以觀察到胃部內部的構造和其分泌物。在此之前，可說無人得以一窺究竟。」

正如前述，博蒙特即以自力苦學的方式，在聖馬丁的胃部瘻管上進行好幾百項實驗。他研究聖馬丁胃部在種種不同的情況下有何變化，諸如口渴、饑餓、飽足、情感受挫、平靜、喝了具刺激成分或酒精成分的飲料、腹中空無一物以及飽脹時、早上和晚上或介於早晚之間、脾氣陰晴不定時、體溫正常和發燒時、雨天或豔陽高照時、生病或健康時……最後，博蒙特得到相當清楚的結論，並在書中表示：「就方法而言，間接也好，直接也好，目的都是在追求真理和減輕肉體的痛苦。」如果博蒙特這本經數百次實驗結晶才寫成的著作有一個主題，那該是——胃部會因應環境的變化而改變，每一項反應都有其目的。

博蒙特素以「粗野無文的生理學家」聞名，但更為眾人所周知的是「胃部生理學之父」，他也是第一個在醫學史上有著卓越貢獻的美國人。他的實驗成為日後胃部活動與功能研究的基石，本書後面之於胃部的所有討論，都和博蒙特當年的研究相關。一百多年來，他的研究結果仍屹立不搖，沒有訛誤；後世的研究也不斷印證他的詮釋。他說的沒錯：「這些研究的價值在於其立下的根基，亦即無可動搖的真理。」

事實上，胃部就像一個大袋子，接近消化道的上方。這消化道是一中空狀的肌肉管道，以嘴巴做起點，肛門為終點，共長七．六公尺，中間的部分在腹腔中迴旋盤繞。除了口部和肛門，這一漫長的消化道管壁皆為四層同心圓，其結構和功能因所在部位而異。這條消化道從上到下分別是：咽頭（pharynx）、食道（esophagus）、胃（stomach）、小腸（small intestine）、大腸（large intestine; colon）和直腸（rectum）。

就四層同心圓般的管壁而言，從內到外則為：

一、黏膜（mucosa）：表面有一層表皮細胞，之下則為薄薄的結蹄組織。各式各樣的表皮細胞且有分泌黏液的特殊功能（亦是這層組織之所以喚作「黏膜」的原因），也會分泌酶和其他化學物質，將之直接釋放到消化道中。還有一些細胞會產生荷爾蒙，使之進入血流。

二、黏膜下層（submucosa）：直接位於粘膜之下，有血管、淋巴管組織、自主神經纖維等。這也就是消化道中的網狀內皮結構所在。

三、肌肉層（musle layer）：由兩個部分所構成，一是在內的、環狀的，另一則是在外的、呈長條狀。由於胃部特別需要攪拌的能力，因此多了一層斜紋肌，以助於分解食物。

四、漿膜（serosa）：極薄而且平滑，因此可在腹腔滑動。然而咽頭、食道和直腸因在內襯腹膜的腹腔之外，故不需這一層漿膜。自然真是神奇，還不會浪費資源。

消化道之黏膜層、黏膜下層和肌肉層，各有所司，可以回應各個地方傳來的訊號，如自主神經系統、荷爾蒙，或是和感官或運動相關的局部神經纖維。總之，訊號會依通過物質的量、化學性質或其他特性而有所區別。消化道遵守的規則和心臟一樣，會因應需求改變而調整其自主性。訊號有強弱之分，也有化學作用的本質和其他傳導方面的特質。

獨立的特徵在消化道尤其明顯。其實，所謂的「腸道神經系統」（enteric nervous system）指的就是消化道。這個系統含有一億個神經細胞，可和脊髓相提並論！藉由神經傳導和蛋白質分子，訊息即可來回於局部或傳送到遠方，由於迴路和化學作用，這個系統又有「消化道大腦」之稱。真正的大腦和「消化道大腦」無時無刻不在溝通協調，除了透過自主神經系統從中調節之外，由消化道各部位製造、且能在中樞神經系統引發反應的荷爾蒙及訊號分子，同樣功不可沒。

遠在人類出現在地球之前，那些像蟲一樣的原始動物已具有腸道神經系統，以控制消化這個過程，但沒有大腦。複雜的中樞神經系統隨著動物的演化慢慢生成，此神經系統和「消化道大腦」之間的連繫也建立起來了。因此，人類的意識和不受意志支配的生理活動會影響到消化道，而消化道中的訊號分子和神經衝動也會影響到大腦和脊髓。這就是我們好像感受得到、又好像感受不到身體內在運作的緣故。也難怪，每一次情感起伏時，我們的消化道也有反應。

在消化道掌控的訊號當中，有些是屬於反射作用（reflex）。大多數的人（包括醫生在內）經常未經深思就使用「反射」這個詞，把它當作一般詞彙使用。然而，「反射」卻可能是我們最難以精準表達的詞彙之一。本書所謂的反射是一種特定的、不能由意志控制的行動，在受到某種刺激時，即會自然發生。有時我們的意識可感受到這些動作的產生，卻無法干預，正因反射作用從刺激到完成反應，不經過大腦的意識。這條路徑就叫作反射弧。

膝蓋的反射就是典型的一例，也稱為緊繃反射。膝蓋下方的肌腱在橡皮錘的輕敲之下稍稍繃緊，肌腱上特化的受器細胞一感受到，立即將訊號藉由感覺神經傳送到脊柱。這些神經細胞又和其他神經元相接，即把運動訊號傳到大腿上肌肉，使其收縮，導致小腿往上提。在這個過程中，大腦完全不參與。肌腱反射在於防止肌肉不正常的拉扯，使我們的姿勢失去平衡。我們的身體中有無數種反射，每種反射都會產生一個動作、也是整體行為的一部分。有一些反射弧會經過脊柱或是更高的地方，還有一些則局限在其影響的組織內。

在食物進入食道之前，得先經門齒（incisor）、犬齒（canine）和臼齒（molar）一番啃咬、撕扯和嚼碎，然後再與唾液混合，而每一顆牙齒都是根據它獨有的目的特化形成的。唾液中含有黏液般的物質和酶，可分解食物中的澱粉和醣，接下來準備消化。這個步驟使得每一口山珍海味都變成一團團的黏稠爛糊，這就是所謂的食團（bolus）。一想到這一團團令人作嘔的爛糊，教人不禁反胃。然而食物在吞嚥之前，不得不在舌頭後面先形成食團。在與人共進晚餐時，若是張開大嘴，讓人瞧見了這溼黏黏的食團，不但趕走同伴的食欲，剛露出一點花苞的羅曼史更將立刻枯萎。

這會兒或許正是了解「控制唾液分泌」的好時機。因為接下來發生在消化道內的種種活動，大抵都是為了因應各種需求所產生的，唾液也不例外。唾液是由好幾組腺體分泌的，這些腺體通往嘴巴內部各處，控制這些唾腺的則是交感神經和副交感神經的神經纖維。在交感神經刺激之下分泌的唾液又濃又少，即我們在恐懼或憂慮時感到的口乾舌燥。而副交感神經則是因應生理之需，分泌大量而稀的唾液，特別是在聞到香噴噴的食物，或是想到珍饈美食時。這種「垂涎三尺」的反應，也是副交感神經發揮功效的結果。

吞嚥是一種隨意的、也就是可由意志控制的運動，然而也包含反射或不隨意的運動。舌頭把食團用力往後推，開始吞嚥的運動，之後隨即進入一個短短的肌肉組織，是為咽頭。一旦發生吞嚥動作，入口的食物就開始旅行，經過九彎十八拐後，才到終點——肛門。在這趟消化道之旅中，腸道壁上有許多感覺受器，在化學和物理的刺激之下，不斷把食物往後推，這也就是這趟「旅行」的動力。例如，咽頭的感覺細胞偵測到食團的出現，肌肉層就會收縮，把食物推進食道，然後開始波浪狀的後推動作，把食物一路送到胃部。就咽頭和食道而言，它們只負責把食物往後推，本身並不參與消化作用。

咽頭與食道的交接處的前端為氣管（trachea）。食物之所以能萬無一失地通往食道，是因為尖瓣狀的會咽（epiglottis）會往下擋住氣管的通道——在一連串吞嚥反射動作中這算一個。吃飯時如果笑岔了氣或受到驚嚇，些微食物在來不及阻擋的情況下，就會跑到氣管的開口。這時，敏感的氣管壁受到刺激就會發生咳嗽反射，把進入的東西推至咽頭或嘴巴，或許還會噴出，飛到鄰桌男士襯衫胸前。

食道是一條直直的管子，從咽頭下方、經過喉頭筆直而入胸腔，幾乎與脊柱平行。食道下行不久即可見下行的主動脈，兩者肩併肩地平行，延著脊柱的前方繼續往下走，接著穿過橫隔膜，進入腹腔。在穿過橫隔膜時，分別通過兩個互相貼近的洞。我曾見過一些食道癌的病人，其癌細胞從食道壁蔓延而出，接著對旁邊的主動脈下毒手，加以侵蝕，造成穿孔。主動脈穿孔後，由於血流的壓力極大，下衝到胃，也往上衝到氣管、溢到咽頭。

食道約在橫隔膜以下二・五公分之處進入胃部。在進入胃之前，食道壁的纖維就會變厚，形成賁門括約肌（cardia sphincter）。由於此括約肌的纖維特質和異常彎曲，可防止胃部的食團和胃酸逆流到食道，這是一種反射作用。若是這個機制有問題，例如裂孔疝氣（hiatus hernia），賁門因而無力，胃袋也會有一點上滑到胸腔，消化液逆流回食道，胸口因而有悶悶的灼熱感，此即所謂的胸悶（heart burn）。同時，食道黏膜不像胃有特殊的保護層，在此情況之下則會遭到胃酸侵蝕。

食道肌肉壁規律地收縮、舒張，即產生波動來把食物推入胃部上端，此處就是第五、六、七肋骨。這可以解釋為何聖馬丁左側胸腔受傷會導致胃穿孔。這種食道壁運動就叫作蠕動（peristalsis）。藉由蠕動，食物才能在這消化道之旅中不斷地前進，最後化為糞便從肛門出來。大部分的蠕動是腸道自動發生的運動，在食物使腸道膨脹之際，腸壁立即會自動反應。然而，蠕動也會受到交感和副交感神經訊號的影響，因此情緒或健康狀態的相關訊號會發送到全身，也會影響到胃腸的蠕動。

食物在這整條消化道中，慢慢碎裂、分解成微粒或液體，乃至一個個的分子，好讓腸道黏膜細胞吸收，再進入乳糜管和微血管，進而進入血流。這個過程大半自胃開始，食物進入胃部這個可以擴張的器官後，胃壁那三層強力的肌肉就進一步地搗碎、攪拌、混合食物。這種攪混的動作是由大腦發號施令的，大腦透過名為迷走神經的副交感神經，傳送名叫乙醯膽鹼的神經傳導物質。胃部黏膜受到刺激，例如想到美食、聞到香味或嘗到美味，胃部即增加胃酸、黏液或消化酶的分泌，準備分解、消化食物中的蛋白質。最重要的消化酶是胃蛋白酶（pepsin），此字原文是從希臘文而來，即「我掌廚或消化」（pepto）。我們已知胃酸最主要的成分是鹽酸（hydrochloric acid）——這就是「胃部生理學之父」博蒙特醫師，把聖馬丁胃液送到耶魯大學和維吉尼亞大學化學系化驗的結果。

博蒙特還提到，胃液的分泌不但是由於食物來到胃部，使得胃壁擴張，因而分泌更多胃液，也會受到一些化學物質的影響，諸如咖啡因、酒精和某些消化到一半的蛋白質。胺基酸和其他蛋白質產物的出現，則會使黏膜細胞分泌一種名為胃泌素（gastrin）的荷爾蒙到血流中，促進胃液的分泌。此外，還有一些黏膜細胞會分泌組織胺（histamine），胃酸就在組織胺、胃泌素和乙醯膽鹼三者的強力作用下分泌得更多。

胃為何不會消化自己？早在博蒙特之前，科學家即嘗試想解開這個謎題——胃壁在分泌胃酸腐蝕食物的同時，為何不會傷害到自己？似乎，在胃壁黏膜之上有一層很薄的上皮細胞會分泌一種鹼性物質來保護胃壁。當然，這種保護機制也有不盡完美的時候，因此有人會罹患消化性潰瘍（peptic ulcer），此即胃酸把胃部侵蝕了一個小洞，有時在小腸的第一段，也就是十二指腸亦遭魚池之殃，此即十二指腸潰瘍（duodenum ulcer）。雖然胃酸可以分解進到胃中所有的生物體，然而有一種很特別的細菌卻可存活下來，寄生在胃腸道中，此即幽門螺旋菌（*Helicobacter pylori*）。體內若有此菌則特別容易得胃潰瘍。這就是為什麼以抗生素及抗組織胺合併治療胃潰瘍的效果很好。

胃部和十二指腸的黏膜細胞不只會分泌促進活動的因子，也有抑制的能力，精準調整膽汁（bile）及胰液（pancreatic juice）的流量，能調節消化作用。譬如膽汁是由肝臟製造，而由膽囊來濃縮、儲存。膽囊這個囊袋就像一個死巷，位於膽管上面，膽管則一端通到肝，一端通到十二指腸。膽囊壁有肌肉，因應消化的需要，把膽汁擠出到總膽管，再到十二指腸。平時即有少量黃黃的膽汁從總膽管流到十二指腸，若膽囊收縮將擠出較多的膽汁以供十二指腸之需。一般而言，若十二指腸出現含有脂肪的食物，則需較多膽汁助消化。

膽囊分泌膽汁的過程，正如荷爾蒙的分泌般，呈現一個迴路：若脂肪物質進入上腸道，黏膜細胞就會分泌膽囊收縮激素（cholecystokinin）這種荷爾蒙來刺激膽囊壁收縮，同時也會促使胰臟分泌消化酶，消化酶則經由一條小小的胰管通到十二指腸。膽囊收縮激素是腸道受到食物刺激而分泌，此時大部分的食物皆已離開胃部，胃部因食物排空，不再需要努力分泌胃酸來攪碎食物，因此膽囊收縮激素會反過來抑制胃的分泌消化液。當然，還有其他機制可以抑制胃部的活動，如上腸道受到胃酸刺激，也會產生交感神經的反射，請胃部緩和一下，不要分泌那麼多的胃酸。各位讀到現在，或許會認為咱們體內這些自我檢查、自我平衡的機制很普通、沒什麼大不了，但這類機制遍及各處，無所不在，對動物整體利益的貢獻絕對不容小覷。

由於思想、感官經驗和食物對於腸壁的刺激均會影響胃液分泌，腸胃學家因此把胃液的分泌分成三個時期：一為頭期（cephalic phase），大腦一想到食物就會教胃分泌胃液。第二期為胃期（gastric phase），食物正式入口下肚，胃部在此刺激下分泌更多胃泌素和胃液。第三期則為腸期（intestinal phase），食物一進上腸道，胃液的分泌就開始減少。

頭期之所以特別有趣，是因為它讓我們知道「意識」會在位階較高的腦中心引發訊號，再傳遞至腦部較原始的部位，最後再傳至神經系統，將訊息送進內臟（這個動作從表面上看來也不受意識控制）。換言之，頭期的胃液分泌顯示會思考的心智和不懂思考的器官是相連的。順著這條路徑看下來，各位會發現，負責思考的部位（大腦皮質）其實比我們以為的還要不常思考，而一般認為不太思考的部位（胃黏膜）似乎比多數人以為的還要受思緒影響。且看這個奇妙的連結：大腦皮質意識到味覺的刺激或對食物有所期待時，立即影響延腦的神經細胞和腦幹，訊息接著傳送到副交感神經系統中的迷走神經，再告訴胃分泌胃液。延腦之所以負責此事，是因為迷走神經源自於此。因此，對於看似無心的「胃液分泌」，大腦思考區其實比我們以為的更費心、更投入。這項工作大多由自主神經系統居中聯繫，另外我們也在第七章介紹過類似案例（仔細剖析「性行為」）。

為了全面理解和掌握體內及體外世界，負責傳遞訊息的訊號總是不斷進進出出，將體外的訊息帶進體內深處，同時也讓我們有意識的心智了解體內細胞層級的直接或間接需要。唯有將每一塊彼此區隔的部分融為一體，協同作用，才能構成一副有智慧、有主體性的身體。

雖然我們知道嗅覺或思考會觸發頭期的反應，然反應開始後，我們的意識則難以控制這個過程。然而，我們都知道食欲會受到過去經驗的影響，如特別高興或不悅的事件會導致對某種食物特別喜愛或厭惡——這也是一種心靈訓練，大都是自然發生，有時則經過計畫。這種因應過去經驗的特質，也是身體各個系統集體反應的總合。

有計畫地反覆訓練其實是某種形式的心理治療基礎。這種新治療取向是在找出一種讓患者感覺不舒服、會引發一連串不愉快反應的刺激（包括生理層面的心悸或起疹子等等）。根據數千名患者提供的各種經驗，以及神祕的印度修行人可以透過意志改變心跳或血壓的確切案例，我們可以放心地說，在某些鮮少發現的情況下，人類確實可能刻意透過意識去影響自主神經系統甚至進一步影響細胞反應。如果真有「深思熟慮」這回事，那麼又有多少源源不絕流過心頭、躺在潛意識國度裡的心智歷程是千真萬確的？透過一再反覆及持續再強化，這種訓練已然成為內在心靈生活的主要課題。也就是在這片灰色地帶中，自主神經系統擔任思慮與細胞的中介者，展現人類超凡偉大的心智力量，我們能發揮與生俱來、最深的內在與外在環境相連的強大潛能。

巧的是，延腦也有連通唾液腺的神經細胞。這解釋了巴夫洛夫的狗何以聽見鈴聲就會流口水，即使沒看到食物也照流不誤。在牠們有意識的心靈中，鈴聲取代原本預期的刺激，神經訊號也因此一路往下衝進腦幹、奔向最終目的地。可以確定的是，牠們蠢蠢欲動的胃就和口腔一樣，汩汩冒出消化液。

然而在理解訊號以及依從自由意志採取行動這兩方面，狗的智力相對有限。牠們無法提升對食物的慾望，藉飲食提升自我、超越仰賴直覺求存維生的層次。儘管狗狗的味覺在許多方面都勝過人類，但牠們無法細細品味、嘗出那些由薩瓦蘭（Anthelme Brillat-Savarin）、柴爾德（Julia Child）等名廚挑剔舌頭精心開發的種種美妙滋味。起初，「智人」對食物也只存有原始直覺，但他們在有意無意間，利用各種方法創造出一套環繞「吃」的完整文化，就和他們開發多細胞生物其他基本生存動力的方式一模一樣。

扯遠了。換言之，胰臟能製造可直接送進特殊管道、直通作用端的物質，也能產生數種荷爾蒙，經由血流帶到離胰臟較遠的作用區域。

接下來，我們來看看胰臟這個在瑪格麗特的生死傳奇中扮演要角的器官。胰臟這個和消化過程息息相關的重要器官，其實是兩個腺體合而為一——不但是外分泌腺，也是內分泌腺。作為外分泌腺的胰臟會製造酶來幫助脂肪、碳水化合物、蛋白質和核酸的消化。許多細小管壁上的細胞製造出來的酶，慢慢匯集到較大的管道，最後流到胰管，再進入十二指腸。在具有酸性的食糜從幽門離開胃部到達十二指腸時，腸壁黏膜在刺激之下，就會促使胰臟分泌的酶從細胞膜擴散到血流中。在此之前，由於頭期和胃期的活動，副交感神經的神經衝動也會傳至胰臟，使其分泌具有高濃度碳酸氫鹽的液體，中和食糜中的酸性，以免腸壁遭到侵蝕。

胰臟的內分泌功能則賴許多群聚於胰腺上的細胞。這個腺體狀似許多小島組合而成，所分泌的荷爾蒙包括胰島素（insulin）、升糖激素（glucagon）和生長激素抑制素（somatostatin）。為了明瞭這些荷爾蒙的功能，我們得先認識肝醣（glycogen）。碳水化合物就是以肝醣形式儲藏於肝臟，少量儲存於隨意肌中。

碳水化合物相當複雜，有比較簡單的單醣（monosaccaride），也有多種醣類聚合而成的多醣（polysaccharide）。葡萄糖是一種單醣，而肝醣則是多醣。細胞除了是由碳水化合物所構成，也視為能量的來源和儲存方式。由於碳水化合物的主要來源是葡萄糖，維持一定的量且保持恆定相當重要，可說是體內平衡和生存的首要條件。

飯後血糖上升，胰臟偵測到這種變化即會分泌胰島素。胰島素就會促使葡萄糖轉變成帶有能量的細胞，以供隨意肌或心肌之需。同時，胰島素也會刺激肝臟生成肝醣，這些能量會暫存在肝臟供日後使用。當升糖激素出面討救兵時，肝臟會將儲存的肝醣再轉回葡萄糖，另外利用胺基酸製造葡萄糖。後者會產出新的葡萄糖，因此稱為「糖質新生作用」（gluconeogenesis）。整體來看，胰島素則會減少在血中循環的葡萄糖，而升糖激素的作用恰恰相反，會增加血中的葡萄糖。這兩種荷爾蒙分泌多寡，就要看身體組織的實際需要。

細胞中的葡萄糖分解成二氧化碳和水時，就會釋出能量，隨即轉變成ATP，供化學反應之用。由於ATP的能量主要來自葡萄糖，因此葡萄糖可謂細胞活力的主要來源。可見胰島素和升糖激素是體內相當重要的兩種荷爾蒙，而胰島素的分泌異常和不足則是糖尿病（diabetes mellitus）的成因。至於胰臟分泌的第三種荷爾蒙——生長激素抑制素則有許多功能，主要在抑制升糖激素的分泌。

至於肝臟，這個器官主要和肝醣的代謝和膽汁的分泌有關，亦具有解毒的功能，並參與網狀內皮結構中過濾和對抗感染的活動。此外，肝臟還有其他功能，如合成某種蛋白質和著力於脂肪的代謝，也會將蛋白質代謝中產生含氮的廢物合成尿素，再由腎臟排出。肝臟果真是多功能器官。

再說到腸道。胃雖然是消化的重要開端，然其黏膜只能吸收少量葡萄糖、部分鹽類、水和酒精，主要的吸收任務則是由小腸來承擔。小腸是一條狹長的管子，約有六公尺長，除了最前面的二十五公分，大都在腹腔內鬆鬆地盤繞。小腸邊緣有薄薄的雙層組織固定，此即腸繫膜（mesentary）。在此腸繫膜之上有動脈、靜脈、淋巴管和自主神經與腸道相連。

小腸的前面二十五公分是十二指腸。十二指腸就固定在後上腹壁，看來就像一個拖長尾巴的C字型。這個C先朝脊柱右側延伸、再以弧形下彎左轉，越過腹中線後再往上升一點，最後在身體左側續接空腸。胰臟就舒舒服服偎靠在十二指腸形成的C型彎裡，橫越腹部。

消化到一半的食物從胃部進到十二指腸之前，得先經過一段狹長的管道，此管道是由厚實的環狀肌肉層組成，即強力的幽門括約肌（pyloric sphincter），主要關閉胃部下面出口，使食物在胃中充分碾碎，也有活瓣之功，俾使已入十二指腸的食物不會回流。食物歷經胃部一番處理後，即成為液狀的食糜，藉由一波波蠕動逐步向下。食糜在通過幽門括約肌時，此處的肌肉會略加放鬆，使食糜一點點慢慢通過，同時也會規律性收縮，將之推下。

再讓我們回頭提一下「嘔吐」。這是個描述動作的詞，這個可能救你一命的動作肇因於一系列複雜反射。所有不愉快的行為都可能誘發嘔吐反射，包括胃內容物所含的化學刺激物、吃太飽（腸子塞滿食物）、姿勢快速改變促使內耳傳送刺激訊號（譬如暈車或暈船），甚至是看見友人口中那團糊爛的奶油乳酪義大利麵都有可能。每個三年級小朋友都知道，只要來點小把戲——往咽喉後方摳一摳——就能引發完全相同的效果。就算吐不出來，也夠你乾嘔半天、引人注目了。

這類事件所引發的刺激會進入延腦的嘔吐中樞，由此引發連鎖反射反應。首先你會覺得噁心，胃部肌肉動作減緩，然後你深呼吸，使空氣充滿肺部並降低橫膈膜，壓迫胃部，同時會咽也封住氣管、軟顎上抬遮住鼻腔後方的入口。這時候，正體驗一連串無法控制的動作的你，會發現腹肌開始收縮，胃部出現反向蠕動，就連小腸上部也開始痙攣。腹腔壓力驟升，誘發一連串蠕動波，其結果就是用力將食糜往上推進食道，而食道底部的括約肌早就乖乖棄守了。

由此可見，參與嘔吐過程的不只有胃，顯然還包括小腸。依刺激程度不同，有時就連空腸也來參一腳。小腸約有四成是空腸，其餘是迴腸。十二指腸、空腸、迴腸可謂結構設計的典範。當然，人體每一處器官都值得冠上這項稱號，但謙虛的腸道鮮少發聲，其實它經常遭到低估。身為它最親密仰慕者之一的我，有必要在此更正這個悲哀的錯誤。單單考量腸壁精細的構造，便足以證明它在追求人身整體利益的過程中，又扮演何等稱職的角色。

我們在開刀房打開小腸的時候，極偶爾會有非醫療人員在旁觀看（通常是攝影師、護理系新生、有時還有儀器技師），當他們發現小腸內襯並不光滑，總是頻呼驚嘆。事實上，小腸內壁覆滿數十萬計細緻的環狀皺壁（直譯自拉丁文 plicae circulares），乍看之下猶如大量縱向排列、覆了黏膜的美麗花圈（看在美感貧乏的人眼裡，或許會以「粉紅色細絨橡膠手套」形容）。花圈上的黏膜絲滑如天鵝絨，若把這層組織往低倍顯微鏡底下一擺，原形盡現：視野下有數百萬個名為「絨毛」（villi）的指狀突起，每根絨毛中央都有一叢微血管、一條小靜脈和一條乳糜管（負責吸收養分的淋巴小管）。有了這些密密麻麻的環狀皺壁、以及皺壁上多如天文數字的絨毛，小腸內壁的吸收表面積巨幅增加，比平滑內襯（如口腔）的表面積高出無數倍。

絨毛黏膜層的細胞不只分泌黏液，也會釋出多種酵素，將蛋白質、脂質、醣類分解成較小的分子（如胺基酸或葡萄糖），以利吸收。除了食糜會造成化學與機械刺激，腸壁擴張也會活化局部反射和副交感神經系統，調節腸道的酵素分泌與蠕動。

前面提過，醣類的消化始於口腔、蛋白質始於胃，而脂質的消化卻是從十二指腸才開始。前述三種營養素分解成可吸收小分子的冗長過程，最後在空腸、迴腸完成作業。這些小分子與水一起進入絨毛，另外還有鉀、鈉、氯、硝酸鹽、重碳酸鹽、鈣、鎂、硫酸鹽等其他化學物質，前面五種較好吸收，後面三種難多了。脂質的消化產物進入乳糜管，醣類和蛋白質產物則進入絨毛中央的微血管。絨毛內的小靜脈會將這些營養物灌入較大的「門靜脈」（portal vein）、送進肝臟，在肝臟進一步轉製成可供全身細胞利用的養分。在此同時，肝臟的網狀內皮組織也會過濾、處理這些新汲取的物質，讓血液和純度更高的養分經由肝靜脈離開肝臟，回流至下腔靜脈，直入心臟。

腸中這些液體、食糜、酶和黏液的總合就叫腸液（succus entericus）。腸子不斷蠕動，使之漸漸沿著漫長的腸道下行，便可達到完全消化和吸收。食物入口，經過八到十個小時後，則會到達迴腸，此迴腸在右下腹部通往結腸（colon）。也許德國哲學家尼采（Friedrich Nietzsche）就是想到結腸，才會迸出以下的名言：「要不是因為肚子，人就覺得自己是上帝了。」由於結腸中的常客是腸氣（屁）和糞便，因此尼采視之為反超人的終極象徵。

結腸這段寬大、氣味欠佳的腸道，起自一個如死巷的盲腸（cecum），後面突出一條小蟲般的闌尾（appendix）。有人認為闌尾含有些許網狀內皮組織，可能有免疫方面的作用，但大抵而言，功能不詳。結腸從盲腸往上稱為升結腸（ascending colon），靠著右側腹腔上行，在肝臟下緣轉九十度、往左橫行是為橫結腸（transverse colon），接著在左上腹靠脾臟之處再轉九十度向下，即為降結腸（descending colon）。降結腸往下約三十公分接乙狀結腸（sigmoid），再通往骨盆腔。結腸在骨盆腔之中變成一條直而寬大的管狀結構，大約十五公分，此即直腸。

直腸就在薦椎（sacrum）之前，薦椎與尾椎（coccyx）就是脊椎的最下一段。在直腸的最下緣，腸道變窄，並且通往一個約二、三公分長的管狀通道，此即肛管（anal canal），最外緣與皮膚相接之處就是肛門（anus）。這使我想起數百年來、協助醫學院學生記誦晦澀神祕的解剖構造的幾段不正經口訣。雖然這一段構造並不特別難記，不過還是簡單提一下好了：「降結腸（descending colon）是通往肛門（ass-ending）的結腸。」直腸最下面到肛門，是能強力收縮的肛門括約肌。此括約肌是由三圈肌肉構成，最上面的一圈是不隨意肌，其他兩圈則是隨意肌。這部位的肌肉非常敏感，因此可以區分糞便和氣體的不同，可以選擇讓後者通過，即一般所謂的放屁，至於糞便則可等到比較合適的時機，再行釋出。肛門隨意肌正是你我之所以大多能在擁擠的電梯裡「憋住」放屁和排便等急切需求的理由（儘管組織上層的副交感神經頻頻催促我們就地解放）。在努力憋忍的過程中，厚厚的臀部肌肉也小有貢獻，讓其他人不會注意到我們生理不適。這是我們必須卯足全力對抗身體「無腦要求」的少數時刻。

腸液到達結腸時，所有營養物質已被血管和乳糜管吸收了，然而還剩下不少的水分。吸收水分就是結腸的工作。腸液中的水分被吸收後，即慢慢形成糞便，前往目的地——肛門。糞便一進入直腸腔，即反射性地產生一股想將「排空」的迫切感。假如各位常常在飽餐一頓後立刻想去蹲馬桶，並感到疑惑，答案揭曉：胃部一擴張就會啟動所謂的「胃結腸反射」（gastrocolic reflex），其結果就是在你享受飯後白蘭地和雪茄之際，突如其來興起一股「請容我暫時告退」的急切慾望。

排便也是另一個反射作用的結果，屬於少數幾個我們得以用意識來激發或加以阻礙的行為。我們用力排便時，直腸就會產生強烈蠕動，括約肌則放鬆，讓糞便排出體外。形狀最完整時則呈圓柱體，裡面包含未消化或不能消化的殘渣、黏液、細菌和水分。之所以是棕色的，是因膽汁色素的關係，而惡臭則是由於細菌分解產物的結果。

腸炎可產生一種和結腸類似的反射，還會使蠕動加快。腸液若急速通過腸道，將造成腹瀉。急性腸炎一般而言屬細菌性的感染，導致腸炎的細菌通常並非消化道原來就有的，原本和腸胃相安無事的細菌也有作怪的可能。結腸可不像胃和小腸，裡面有幾百萬形形色色的細菌，這是它們的「地盤」，它們可幫忙分解某些難以消化的殘渣。當然，身為主人的我們也得付出一點代價——亦即結腸氣，包含我們嚥下的空氣和食物在消化道分解時連帶產生的氣體。

幾年前，我曾照顧過一個名為荷璞．庫基爾的年輕女病人。原本正常的腸道細菌居然以令人不解的凌厲姿態對她發動攻擊，還差一點要了她的命。今天，除了一道手術疤痕和略為緩慢的步履，實在想像不出健康、青春、貌美如花的她竟會有這番遭遇。發病的前一年，她還曾參加本郡選美比賽，並榮獲季軍呢。即使她從八歲那年開始，即因糖尿病必須一天注射兩次胰島素，我們腦海裡還是浮現出她參加選美巧笑倩兮的模樣，而無法想像六年前醫護人員快速將她推進開刀房那一幕——全身浮腫、滿布青紫色的斑痕、高燒譫語、瀕臨死亡。在麻醉之時，所有的醫生一致認為她的病危情況已至「第五級」。直到今天，她仍然不知自己能存活下來，是該歸功於醫學奇蹟，還是去世多年的父親顯靈救她一命。而身為醫師的我們，有時想起來仍然百思不得其解。

美國麻醉科醫學會（The American Society of Anesthesiologists）把「第五級」定義為：

「病人生命垂危，不經手術則無法存活。」對於荷璞的病情，在手術前看過她的醫師一致表示，她正如第五級的描述，若不開刀，必死無疑，而且術後恐怕只能再撐幾個小時，遑論數日。身為主治醫師的我，現在當然有很多時間來回想這個謎樣的事件。說實在的，在這三十多年的外科生涯中，我在開刀房還沒有碰過這麼病重的病人，即使有幾個嚴重程度可以與她相提並論，然而他們都沒能活著出開刀房。

荷璞存活的理由和她當初突然發病的原因一樣，教人大惑不解。雖然之後我們得以追本溯源一番，但還是搞不清楚到底為什麼。縱使我們已經逮到罪魁禍首，但還是不知道這種病菌何以如此神通廣大，在極短的時間進展得這麼快，教人措手不及。就連術後的指示也僅止於猜測：我們建議荷璞不要再吃豬肉。說來，這一點也沒有什麼醫學根據。也許，這只是迷信，一種寧可信其有的態度。坦白說，我們也想不出其他建議。荷璞她本人倒是不擔心這點。最近，我發現她仍未放棄這項美味，不時「大快朵頤」一番。

事實上，以她發病前幾天吃的豬肉而言，這樣的量並不代表任何意義。首次出現症狀的四十個小時前，她在一家中國餐館吃了豬肉炒飯和排骨。此外，她實在想不起來曾吃過哪些比較特別的食物。

荷璞這趟鬼門關歷險記，起自五月期末考那個禮拜的星期一。那時在州立大學主修教育的她，即將完成大二的學業。那天她完成舞蹈課的考試，約是下午三點，她在校園中行走時還為自己方才的表現沾沾自喜，心中接著盤算這周陸續登場的考試。

突然間，我倒在地上。我完全無法想像自己怎麼就這樣倒下去。我連忙爬起，校園人來人往少說也有一千人，我真怕別人看到我的窘態。我心想，親愛的上帝，但願剛才沒有人看到我倒在地上。我仔細端詳腳下這片土地——沒有石頭、棍子也沒有裂縫，我實在不可能絆倒，似乎是雙腿一軟，隨即倒地。我猜，可能剛才跳了一個小時的舞，腳有點痠痛，才會這樣。後來跟室友講，她還說我是白癡，好端端居然絆了一跤。

第二天早晨起床時，荷璞就覺得不舒服。

我上吐下瀉，直冒冷汗。我心想，完蛋了，我一定是得流行性感冒。我想回去睡覺，但一直跑廁所。我的室友不由得開始擔心，過去我不知有多少次因糖尿病而脫水，必須去醫院一趟。然而，我自己驗了血糖後，發現數值和平常沒有什麼兩樣。

最後室友看情況不對，也驚慌起來，連忙打電話到我媽媽上班的地方。於是，媽媽來學校接我回家。之後，我喝了一大堆減肥汽水來補充水分，而且用肛門栓劑來止吐。然而，整晚還是感覺暈眩，喝了水又全部嘔吐出來。第二天凌晨，腹部開始疼痛，而且連自己手腳在哪裡都不知道。我想拍打自己的手臂，卻每每撲空。過去，不管病得多虛弱，都和這一次不能相比。於是我陷入歇斯底里——這真是一場夢魘。

荷璞的母親瓊恩是小學教師，在教育界已服務二十年以上。父親東尼則在荷璞十歲那年因為冠狀動脈性心臟病突發而亡，留下她和母親相依為命。自從一九七八年起，也就是荷璞八歲時，就因青少年糖尿病終其一生必須不斷地注射胰島素。這些年來，她的母親盡全力去了解這種疾病，把荷璞照顧得無微不至——這種作法真是難能可貴。

荷璞就像所有罹患兒童糖尿病的孩子，有時也會反抗母親設下的種種規定。做媽媽的只好運用長期累積下來的智慧，使女兒脫離可怕的後果。偶爾，她也有力不從心的時候，只得把脫水的女兒緊急送往耶魯新港醫院的急診室。過去幾年來，荷璞就曾因情況危急七度住院，主要是針對酸中毒（acidosis），也就是血液中的酸性代謝產物增生太快，造成喘不過氣來、昏迷的症狀，也有致死之虞。上一次住院才只是一個半月前的事。

糖尿病（diabetes mellitus）一字來自希臘文，意思是「虹吸」，因為糖尿病的患者常會排出大量的尿液，有如體內的水分被「虹吸」出來所致。此疾病是由於胰島素的分泌不足，細胞中的葡萄糖減少，影響到肝醣的形成。如此一來，血液循環中的葡萄糖便會增加，在感染等急症發生時更形惡化。血糖濃度升高到某一個程度時，腎臟就會加速排出尿液，使得尿液的滲透壓變高。自從古羅馬時期開始，醫師就知道這種病人的尿帶有甜味，糖尿病原文中就有「因蜜而甜」（mellitus）之意的拉丁文。由於滲透壓升高，更多的水帶進尿中，增加了腎臟的負荷，這也正是脫水的原因。

對於荷璞的糖尿病已瞭若指掌的瓊恩，在那個五月清晨面對了前所未有的症狀。「她在清晨五點半左右喚醒我時，說她完全感受不到自己手、腳的位置，我就知道得馬上進醫院。在扶她上車時，她更告訴我說，還是沒有雙腳著地的感覺。」

六點十九分荷璞一進急診，醫護人員立刻動作。最近碰到荷璞，跟她聊起時，她說：「通常到了急診，還是得等一下。但是你說，你有糖尿病，他們就會馬上處理。」

抽血檢驗後，急診室人員立即給荷璞打上靜脈輸液。過了一個半小時，檢驗結果出來了，顯示一切正常。但是荷璞還是不斷擔心，而且更加陷入恐慌，接著就開始尖叫。

什麼都不對勁。這時，正是醫師和護理師交班的時候，沒有人理會我這個大吼大叫的瘋子。我高聲喊叫：「拜託，聽我說好不好？我好難過。」我的肚子真的痛得不得了，像是嚴重痙攣，肚子裡的東西都擠成一團了。我實在怕得要死，我想這可能是嘔吐了二十四小時的緣故。但讓我更為恐慌的是，我完全失去四肢的空間感，好像自己不在那裡一樣。有點像拔牙局部麻醉那種飄飄然——我覺得自己的身體好像不見了。

媽媽一直在旁邊跟我說話，希望陷入歇斯底里的我平靜下來，不要再尖叫或手舞足蹈。然後，她問我要不要上廁所。我說，不要。接著居然換媽媽驚聲尖叫了：「天啊，都是血！小姐！小姐！」護理師立刻趕來，之後在我眼裡出現的只是一張張、偶爾冒出的醫護人員的臉孔，其他什麼都看不到了。

事實上，之後荷璞的血液測試結果一點也不正常。最令人驚異的就是白血球高達二萬八千五百（每立方毫米），一般而言，正常值在五千至一萬之間。此外，還有未成熟白血球增生現象，亦即所謂的「核左移」（shift to left）——這表示身體出現嚴重發炎的現象。血糖也高達六五四毫克（每十分之一公升），約是正常值七倍，另外還有中度酸中毒的現象。為了對抗發炎，細胞需要產生更多的能量，但因缺乏胰島素，細胞無法得到需要的能量。在細胞不能從葡萄糖中得到能量的情況下，基於代償作用，將分解蛋白質與脂肪以便獲取能量。這就是荷璞身體產生酮酸，造成酸中毒的原因。如果不及時處理，將有致命的危險。

這一幕就是糖尿病轉為嚴重感染的情景。血液培養完成之後，除了繼續胰島素的治療，急診醫師還在荷璞的靜脈輸液中加入多種抗生素。

血液檢驗中最異常的自然是白血球數目之高，可說是正常值的兩倍，這表示身體的炎症反應。但令人擔心的是外表徵象：她在推床上狂亂地擺動手腳，解了二五〇C.C.的血便還渾然不知。全身滿布青紫的斑塊，在慘白的皮膚上一點一點的，格外醒目，體溫低於正常，血壓也開始往下掉。

這一連串的事件使得敗血症（sepsis）或敗血性休克（septic shock）的臨床表徵更為明顯。這種大規模的血液感染，將造成血液循環異常，接踵而至的便是器官衰竭和死亡。

由於血便和腹部疼痛，我們推測「凶手」可能來自腸胃道，然後進入血液。因此住院醫師急忙會診腸胃科的專家拉嘉德醫師（Suzanne Lagarde），也通知荷璞原來在內科的主治醫師布洛多夫（Murray Brodoff）。布洛多夫醫師說他也會連絡外科醫師，看病人是否需要進一步的腹部手術。接到布洛多夫的電話時，我正準備為一名中年男子進行疝氣手術，剛把鋪單鋪好，準備下刀。身穿無菌手術服的我無法用手接聽電話，於是護理師在我耳邊幫我扶著話筒。布洛多夫形容一下荷璞的狀況。我因即將開始手術，所以請護理師呼叫外科住院醫師，請他先到加護病房看一下剛從急診轉進去的荷璞。

拉嘉德醫師是個瘦瘦的、戴著眼鏡的女醫師。近四十歲的她，非常注重穿著風格，然而她的打扮似乎和那張學究般的臉孔不太搭調。她是個經驗老道的腸胃科醫師，具有高度的工作熱忱，總是以一種神采飛揚的自信來進行診斷，那一連串飛快從她口中噴出的連珠砲，讓人不禁擔心她會不會因此舌頭打結。在為荷璞進行診察時，她看到的是一個發了瘋似的年輕女孩，在加護病房中大呼小叫，手腳亂動，而且疼痛正往身體其他部位擴散。這時荷璞的皮膚已冒出青紫色的斑塊，是謂網狀青斑（livedo reticularis）。她淒厲地叫道腹部疼痛，拉嘉德醫師卻發現她沒有腹部壓痛（abdominal tenderness），只有輕微的腹脹（distension）。

在這一堆令人費解、混亂的症狀中，最令人憂心的還是酸中毒，經過了積極治療，依舊沒有改善。不管病情是如何撲朔迷離，顯而易見的是——病情正在急速惡化，病人隨時都可能喪命。情況悲觀也就罷了，更教人難過的是，根本無法診斷。拉嘉德醫師建議做些試探性的檢查，包括電腦斷層掃瞄，並請神經科醫師來會診，才不致與正確的診斷漸行漸遠。除非盡快從這些令人迷惑的症狀中理出一個頭緒，否則只能眼睜睜地看著病人等死。

這時，我剛結束疝氣手術。傷口覆蓋上紗布之後，立刻呼叫外科住院醫師回報加護病房的情況。他不消一分鐘就回來了，隨即報告說：「病人無外科的問題。」他說，他已檢查過病人的腹部，認為沒有必要進行手術。「簡直是一個歇斯底里的小鬼。她所需要的治療絕對是藥物，而非手術。不必勞駕努蘭醫師您去看這個病人。」接下來，他開始敘述荷璞怪異的行為、皮膚上的斑塊和檢驗報告。叫他去看這種病人，他似乎滿心不悅。依他之見，這種病人何必麻煩外科會診。

步出開刀房時，我到家屬等候室和疝氣手術的病人家屬說一、兩句話之後，隨即前往內科加護病房（MICU）。一名護理師立刻對我簡報荷璞的病情。雖然方才拉嘉德醫師為她診察時情況已經很差，現在更是慘不忍睹。儘管這位護理師想以客觀、超然的態度來陳述，仍看得出她壓抑不住心中的沮喪與狂亂。即使是加護病房中最能幹的護理師，每天面對悲劇和遺憾，還是無法鐵石心腸，特別是病人和她們年紀相當之時，惻隱之心即油然而生。

我坐下來，快速翻閱她的病歷、護理紀錄及檢驗數據。眼睛飛快掠過那長達三頁的神經科會診紀錄單時，我注意到「歇斯底里」這個形容詞在此紀錄單是指荷璞的手腳狂亂擺動，這一點在臨床表現相當不尋常。神經科醫師所得的整體印象為糖尿病酸中毒的結果，最後結論則為：「建議密切臨床觀察，若症狀持續的話，請考慮腰薦椎部位電腦斷層攝影（L-S CT scan）。」

下一頁則是我們外科住院醫師的會診紀錄，他在「初步診斷和計畫」一項寫道：「有急性的神經症狀及腸胃道出血，但腹部無異常發現。可能是血管炎（vasculitis）合併敗血症（他特別畫線強調血管炎）……也不能完全排除腦膜炎球菌（menigococcus）感染的可能。沒有必須立即進行手術的證據。」一般來說，最後一句總是「將繼續觀察」，這一句卻改成「將與努蘭醫師討論」。

荷璞就躺在玻璃隔間的加護病房裡，身體連接電子監視器、經鼻氧氣管以及一大堆交纏的靜脈注射管和點滴袋。我站在床尾，請護理師拉開床單，讓我好好看看這種奇異的病症。看盡生老病死的我，仍為眼前這番景象感到怵目驚心：看來像是一具腫脹的屍體，全身布滿青紫色的斑塊。令人不可思議的是她還會動——不斷掙扎著，恐懼萬分地想逃離死神的魔掌。她的胸部起伏得就像是個怪異的風箱，猛然地吸氣，四肢和頭部仍在狂亂搖擺，好像正在拚命逃跑。在加護病房刺目的光線照耀之下，她的皮膚更加奇詭。雖然我曾聽聞網狀青斑這種病症，親眼所見還是大有不同：這一大片青紫的斑塊實在恐怖，在毫不留情的強光下更是令人驚異。身上無一吋肌膚得以倖免，斑塊之深黑——根據我的經驗，只有死亡不久的軀體會呈現這種顏色。少女臉龐肥腫，暴突的眼珠從浮腫的眼皮下冒出，流露出極端的驚懼。我可像以想在這雙暴突的眼珠下組織已腫脹不堪。

由於腹部皮膚腫脹得厲害，我看不到肋骨外緣。護理師說，在方才兩個小時間，她的腹部鼓脹的速度更加驚人。我站在床緣，幫她扣診，有打鼓音，顯示腸子脹氣。我再用聽診器一聽，沒有咕嚕咕嚕的聲音，已無規律性的胃腸蠕動，停止一步步往前推動腸道內含物。可以推斷，消化道已慘遭破壞。在腸道上的局部神經迴路就是腸胃蠕動的原因，然而這些神經迴路系統都在猛烈攻擊的情況下關閉了。此外，交感神經系統也因危機訊號而抑制腸道肌肉的運動，一般的副交感神經刺激反應則付之闕如。於是，整個消化道呈現死寂、一動也不動的景象。

我在病人的腹部上施壓，下手即使輕柔，病人肥腫的臉龐仍露出痛苦的神情——我弄痛了她。她現在雖已不能言語，但暴突、迷惑的雙眼則恐懼萬分地盯著我。

如果在短暫的時間內腸子脹氣嚴重，會使腹部鼓脹得像是過度發酵的麵團。從前，有些臨床醫師以組織氣化（meteorism）這個字，來形容腹部快速膨脹得有如汽球吹氣般的異常情況。此字也許已經過於陳舊，因此我那一九七四年版的《道氏醫學辭典》（*Dorland's Medical Dictionary*）沒有這個字，然在最新版的《韋氏足本大辭典》（*Webster Unabridged*）中卻有此一條目。或許，這個字是屬文學用語而非醫學用字。總之，過去二十年來，我從沒碰過一個醫科生知道這個字的。

這個字指的是腹部中有壞死的腸子，死亡的部分已失去彈性，剩下來的則停止所有肌肉活動，因而無力止住不斷膨脹的壓力，腹部於是開始鼓脹。在我的臨床經驗中，這種腹部急症引起的白血球急遽上升和死亡的過程如出一轍。這個高得驚人的白血球數目和脹大的腹部，只能訴諸外科手術，不容片刻耽擱，否則病人將無法存活。

腸道壞死正可解釋荷璞敗血症的由來，也說明為何不管如何積極治療，她的酸中毒現象始終沒有改善。若是不能扼止住大規模的炎症，只能看著病人一步步接近死亡。顯然，荷璞必須立刻接受手術，愈快愈好。

我在填寫會診紀錄單時，認真、嚴肅、步履匆忙的腸胃科醫師班尼克（Mike Bennick）正好走進內科加護病房。他和拉嘉德一齊接受訓練，也是她執業的夥伴。他還沒有看過荷璞，但與拉嘉德醫師先前的描述相較，荷璞的情況惡化得相當嚴重，非立刻開刀不可。即使這位醫師視病如親，用辭依然優雅、冷靜：「病人生命垂危，除了緊急外科手術介入，別無選擇。」

班尼克醫師寫完後，我就和他去找病人的母親瓊恩商談。她和家族中的幾位長輩站在內科加護病房門口。班尼克醫師最近才治療瓊恩的母親，他想她會信賴自己推薦的醫師。他也知道這位母親儘管內心恐懼，還是相當堅強，對那些拐彎抹角的醫學術語只會覺得不耐煩，她要的是赤裸裸的實情。於是班尼克醫師直接言明，用溫柔的語調緩和嚴酷的訊息：「瓊恩，荷璞快死了。我們還找不出原因。我們一定要開刀，看看她的肚子——這是她唯一的機會。」

班尼克醫師講完時，隨即將我介紹給瓊恩。我以堅定的目光看著她，心中不斷地揣測她對我所解說的細節能接受多少。即使情況不樂觀，還是必須找出希望，交給願意等待的人。通常情況危急時，外科醫師常會對心焦如焚的家屬說，他曾看過更嚴重的病人，最後還是安然存活下來。但是在面對荷璞的母親時，我就是說不出口。由於荷璞的病情急速惡化加上臨床醫療的束手無策，現在能保持冷靜、不致驚惶失控就不錯了。我自己的女兒也和荷璞差不多年紀，自然知道她母親的期望。因此再怎麼覺得無能為力，還是得保持沉穩。

瓊安個子不特別高，身形結實。雖然心情沮喪，她依然散發著堅毅沉穩的氣質。她非常仔細地聽我說話，面無表情。她自始至終緊盯著我，即使偶爾眨眼，動作也非常緩慢，彷彿她只是暫時閉上眼睛、不願讓人察覺自己的情緒。她似乎憑著意志力，悍然斷開焦慮，將注意力完全擺在她此刻聽聞的每一項細節上。她的每一次悠長眨眼就好像闔上一份檔案夾，將新近吸收的資訊整理妥當，收入隱密的心靈庫房。她在聽我訴說時，未曾把眼光移開。我說，若是我們推斷錯誤，沒有在腹腔找到敗血症的根源，手術可能會使得荷璞喪命。在聆聽這段話時，她仍然堅強地注視著我，點點頭。我的話即在這個動作之後打住。她接著說：「請立刻幫她開刀。」

我立即打電話到開刀房，詢問下一間可供使用的房間。不消幾分鐘，麻醉科醫師已來到荷璞的病榻進行術前訪視，看看她的情況能否耐受氣體麻醉和藥物作用。他以潦草的字跡，總結我們每一個人都可感受到的絕望：「病危，第五級。急救中，已給予胰島素、輸液及氧氣。準備立即執行氣管插管。病人預後甚差。必要時需採取斷然的救命措施。」

原本十八間開刀房全滿，好不容易才空出一間，護理人員立刻為我們準備。荷璞在被推進開刀房之前還有一點意識。她的手腳還在亂動，想找到舒服的姿勢。

我想側躺可能就不會那麼痛了。心中閃過一個念頭，我還這麼年輕，才二十歲就要面對死亡了。我看到牧師來到身旁為我祈禱，他在胸前畫了個十字。我想，喔，上帝，這就是人生在世最後的儀式。之後，我將獨自步上黃泉。我想跟媽媽說話，但她在旁邊一直哭泣——舅舅、阿姨也都在哭。他們一邊哭，一邊告訴我，沒問題，不要擔心。

我相信神的力量，而且我總是和我爸爸有某種連結。即使他已不在世上，但我經常能感覺到他，知道他就在我身旁。我的叔叔在我五歲那年過世，我始終相信爸爸和叔叔都上了天堂。我也相信，總有一天，在我死後，我一定會與他們重聚，就像我深信在他溘然長逝的那一刻，他臉上的笑容是為了我媽綻放。我相信，那一刻，他的父母必定也在天堂向他招手。對我來說，這代表天堂肯定有什麼好事在等著我們，所以他爸媽才會來接他。因為如此，我就這麼躺在床上，我感覺到好像有人在拉我，這種拉力有如把手放在吸塵器的管子上感受到的吸力。我想，這就是死亡前的一刻了。然後我看到已過世的爸爸和叔叔，他們就站在我眼前。我想，天啊，我已經死了。但是卻沒有看到光，也許再走一段才會看到光吧。嗯，我真的相信他們來接我了，要不然就是我正走向他們倆。媽媽後來提到，此時我正喊叫爸爸和叔叔的名字：「東尼！雷伊！」當然，在他們還在世的時候，我不曾這麼叫喚。我想，死後的世界大概和生前不大相同，所以我才如此。我又再叫：「東尼！雷伊！」這時我看看爸爸舉起手來，他對我說：「還不到時候呢。」於是我又坐下。然後我望著媽媽，跟她說：「我一定要活下去。」這是我說的最後一句話。

麻醉小組效率十足，不一會荷璞就沉沉睡去。我在外科住院醫師和實習醫師的協助下，在荷璞那腫脹不堪的腹部中線從上到下筆直切開長長的一道。我打開最內一層，也就是腹膜時，可見脹滿氣體的腸子浮在有著惡臭的黃色液體之上，這些液體立刻溢出到手術鋪單，我們用了好幾支大的抽吸瓶把這些液體吸除。護理師說，足足有二八〇〇C.C.——這就是為何在叩診時會有鼓聲的原因。

我們先檢查小腸。雖然大部分完好，但在十二指腸進入空腸那點算起四十公分左右之處有一段幾近壞死，已呈現藍黑色的色澤，且在刺激之下全然沒有反應。這一段腸子的上下緣顏色則漸漸變淺，因此難以確切區分出組織好壞的邊界。進入到壞死腸段的血管看起來還算正常，於是我們把有聲超音波血流偵測器放在此處，可以聽到正常血液循環的回音，但腸子外觀已呈缺氧。

我在腹腔的每一吋探索，想要找出造成這種急性腸壞疽（intestinal gangrene）的罪魁禍首，然而經過了一番努力，仍不得不承認自己還是在原點打轉，沒有更進一步發現。令人大惑不解的是，在此看來年輕健康的腹腔中，為何會突然出現一段壞死的腸道。消化道的血液循環系統尚屬正常，腹腔中亦無沾黏或類似的纖維組織束緊，血管導致壞死。光看那段黑黑的腸壁，也看不出致病原，其壞死卻是千真萬確。於是，我在手術紀錄單上總結說：「實在難以了解這種腸壁缺血、壞死的成因。手術小組成員從未有人見過此種情況。」

病人那敞開的腹腔，好像在拜託我們趕快採取行動。於是，我在壞死的腸道上下邊緣各二公分之處套上手術夾釘切割器。這種器械可以在截開腸子的同時，在兩端開口自動釘上一排釘子。然後，我將連接到這一段壞死腸道的血管分開、結紮，然後剪斷。接著把這段標本取出，交給守候在一旁的病理科住院醫師。他在標本上切上幾刀，看了又看，最後說道，他實在跟我們一樣只有目瞪口呆的份兒。

接下來，我們要重新接好荷璞的腸道。這回一樣使用夾釘切割器將兩端腸子接起來，整個過程不到十五分鐘。十幾年前，尚無此種先進的夾釘切割器可以利用時，外科醫師都是用手一針一線地縫補，花的時間差不多是目前三倍以上。我很懷念老式的切割、縫補法，因為在新穎的器械發明之前，我已經做了二十年的針線細活了——我喜歡精細的持針器、腸鉗、組織剪在手指間的感覺，實在捨不得放棄這種精細藝術。然而，新式的夾釘切割器快捷便利，而且能達到同樣的目的。在荷璞的情況危急下，速度和精準一樣重要。藝術有時也得屈居第二，讓速度占上風。

腸子接好，血流的供應也沒有問題後，我則在病人腹腔上倒了約一萬C.C.微溫、含有抗生素的生理食鹽水，企圖把裡面的細菌和組織碎片沖洗出來。抽吸乾淨而且確定沒有滲血之後，我們即移除所有的紗布和器械，開始縫合腹腔。我用粗的聚丙烯縫線將皮下的全層縫起，接著後退一步，讓住院醫師快速地用像釘書機一樣的皮膚夾釘器把表皮釘合，這次大約用掉了三十支釘子。

之後，我走到家屬等候室告訴瓊恩，至少就技術層面而言，手術進展得十分順利。雖然荷璞乃未擺脫敗血症和死亡的威脅，至少我們把發炎、壞死的部位移除了，因此復原的機率應該增加不少。說完後，瓊恩問了一個我無法回答的問題。我坦白說：「是的，我們還不知道為何她的腸子會有這種病變。或許病理科醫師在顯微鏡下觀察之後，會得到答案。」

我交給病理科住院醫師那一段空腸標本雖然早已失血，但通往其中的血管卻無異常。我希望從顯微鏡下的腸壁血管橫切面能找到一點蛛絲馬跡。荷璞的病因仍然撲朔迷離，也許和她的糖尿病有關，但我懷疑這些管壁微細的動脈可能因急性發炎（或稱血管炎〔vasculitis〕），而有阻塞的現象。這麼一來，網狀青斑和神經症狀也都真相大白。若通往皮膚的血管和中樞神經系統也是如此，就可證明我們的想法沒錯，我們的外科住院醫師也不致顏面掃地。在接下來的二十四小時，盤旋於荷璞病床旁的內科加護病房醫師群，大抵相信這是血管炎或與之類似的病症。

第二天一早，因網狀青斑仍未有消退之勢，這真是不妙，於是我們會診皮膚科主任。他洋洋灑灑列了一堆深奧難懂的病名，行醫三十多年的我從未看過罹患這些疾病的病人：有網狀青斑（livedo vasculitis）、多發性動脈炎（polyarteritis nodosa）、韋格納氏肉芽腫病（Wegener's）、冷凝球蛋白血症（cryoglobulinemia）。最後他又增加了一項我們比較熟悉的診斷——膠原蛋白血管疾病（collagen vascular disease），但在其下括號註明一個我完全看不懂的「史耐登症候群」（Sneddon's syndrome），好像他希望同部門以外的人也能理解他的意思。皮膚科主任跟我們一樣，也在尋找一種能解釋荷璞這種稀有症狀的罕見疾病。

真正的診斷說來要比那位皮膚科主任預期的複雜難解。那天下午輪班時，我接到本院病理科醫師韋斯特（Brian West）打來的電話，他的專長就是腸胃道疾病。他來本院還不到三年半，他的卓越使我們耶魯的病理科因而躋身世界級的水準。我發現，韋斯特輕柔且微微起伏的寇克郡（County Cork）口音，是我在大學醫學中心忙亂嘈雜的背景音中聽到最安心的聲音了。如果聽覺能轉成視覺，那麼韋斯特的嗓音就好比一抹溫和微笑。印象中，我是在電話上頭一次「見到」他的聲音，我清楚記得，當時眼前不僅浮現那朵笑容，還有他的藍眼眸、使他年輕臉龐顯得粗獷睿智的滿臉紅鬍子。儘管語聲輕柔，韋斯特漾著微笑的聲音仍因為破解了腸道的隱晦線索，流露某種刻不容緩的權威氣息。

「你有時間來實驗室一下嗎？」他那語調略微上揚的愛爾蘭英語暗示一定不會讓我空手而回。他的語氣與其說是緊急，不如說是邀請，譬如他邀我嘗嘗他期待已久且剛到手的陳年佳釀時，就是這種語氣。「我想讓你瞧一瞧昨天送來的那段腸道標本。」

我想，他必然有所發現，連忙問道：「血管在顯微鏡下看起來如何？」

「血管看起來很好，我想她應該是壞死性腸炎（enteritis necroticans），也就是俗稱的『豬肚』（pigbel）。」

這真是令人羞愧的一刻，我很高興病理科遠在院區的另一端，若韋斯特在眼前，我只好設法找個地洞鑽進去。我大概停頓了好一會兒，不知如何搭腔。若是裝懂，鐵定會露出馬腳，我只好坦白我的無知：「老兄，這是什麼玩意兒？」他簡單解說了一下，但是還是要等到雙腳踏進他的實驗室之後，才知道所指為何。

我從顯微鏡的雙眼目鏡往下一看——標本的黏膜已經壞死，環狀和長條狀的肌肉層則「一息尚存」。令人驚異的是，玻片上的黏膜表層有數以千萬計的桿狀細菌，就像一列列進行閱兵大典的士兵，不過高矮不一。外表看來就像梭孢桿菌（clostridium）——一種可能造成破傷風（tetanus）及氣性壞疽（gas gangrene）的細菌。事實上，從顯微鏡下可以看到腸壁有一個個充滿氣體的小空腔。這個微生物所產生的毒素會使腸壁發炎、壞死，也就是所謂的壞死性腸炎。荷璞的敗血症、皮膚及神經症狀，就是梭孢桿菌和其產生的毒素下的毒手。

這時，我才了解荷璞慢慢顯現的橫紋肌細胞壞死，就是這個原因。這就叫作橫紋肌溶解（rhabdomyolysis），一樣是梭孢桿菌產生的毒素所致。我們拼湊種種現象——腸道中梭孢桿菌的大量增生、敗血症、橫紋肌溶解、胰島腺功能異常……這下心裡大概有譜了。我們只希望移除壞死的腸道，又清除了一些細菌之後，用抗生素合併其他治療得以使情勢逆轉。

我們的消化道中本來就有一些梭孢桿菌，不過為數不多。通常，它們和腸道相安無事，但是萬一平衡遭到破壞，梭孢桿菌大量增生，則會危害人體。對我們這群照顧荷璞的醫護人員來說，臨床上的挑戰是把她從鬼門關拉回來，至於智力上的挑戰則是搞清楚到底是什麼玩意兒嚴重破壞腸道平衡，導致梭孢桿菌大量且過度繁殖。然而到底是什麼引發梭孢桿菌的肆虐，韋斯特也沒有答案。不過他倒是鑑識出一種與荷璞病況極為相似的病徵，使我深信兩者是同一種病。幾天後，在南安普敦的專家也確認韋斯特的診斷之後，結論更加不容辯駁。

還有一個相當重要的問題，我們彷彿心有靈犀一般，在我還沒發問之前，韋斯特就先回答了。在我心中存疑的是：「你如何知道這些梭孢桿菌的生成期間，是在切下來之後到標本固定之前？這種細菌也在正常的腸道之中，只是沒有多到足以發病的地步，但在死亡不久的軀體內則會快速增殖。你們平常將切下的標本，不是有可能到隔日早晨才放入福馬林中？這麼一來，梭孢桿菌的巨量繁殖可謂手術後才發生的事。」

因為福馬林（formalin）氣味難聞、且易污染空氣，有些醫院切下標本，並不立刻放在福馬林液當中做完全固定，而是蒐集好一堆標本再來固定。因此，如果此項標本術後沒有立即用福馬林液固定，顯微鏡下看到的梭孢桿菌將沒有任何意義。

韋斯特說道：「昨天那位住院醫師因為急著下班趕赴約會，為了省事，他從開刀房出來時，直接把標本丟進福馬林罐。如果他沒這麼做，這段腸子肯定一夜腐爛，我們看見的梭孢菌相也就毫無意義了。因為他的順手一扔，標本才保持剛切除時的原貌。這段腸道標本的確具有壞死性腸炎的特徵。」

我不知如何對一位母親開口，說她那原本出落得亭亭玉立的掌上明珠得了渾名為「豬肚」的疾病。除了糖尿病引起的併發症，荷璞的臨床症狀與在顯微鏡下「現形」的壞死組織，就和好幾千個新幾內亞（New Guinea）部落的居民一樣，他們正是死於「豬肚」之手。「豬肚」的急性發病是巴布亞新幾內亞（Papua New Guinea）高地孩童早夭的主要原因，可說是該地的「兒童殺手」，感染此病的死亡率高達八五%，僅次於呼吸系統疾病。此病最盛行之時恰巧是在「豬之饗宴」（pig feast）時。

「豬之饗宴」是該地重要的慶典和祭祀活動。肉品完全依照古禮來準備：將動物用亂棍擊斃之後，取出腸子、加以洗淨，再用樹葉包裹起來。然後再其上加上一層層的生肉、內臟、蕨葉、香蕉葉和麵包果等，再置入土窯之中，一齊放進去的還有甘薯、香蕉、切碎的菜葉和預熱的石頭。在這一層層包裹食物之外，還加上豬後腿肉和脅腹。加熱之後，蒸氣冒出來時，隨即潑上大量冷水，再加上更多的葉子、覆蓋一層泥土加以悶燒。衛生組織的官員曾前來檢測，發現窯中的溫度只有攝氏七十七度。

這種加熱方式不但使豬肉半生不熟，更是細菌滋生的溫床。最後，土窯中的食物悶燒完畢，盛宴開始，原始部落那副狼吞虎嚥的景象，真教那些衛生官員想一頭撞死。這實在是致命的微生物狂歡的一刻，特別是那些梭孢桿菌。

通常，梭孢桿菌製造的毒素都會為腸道中分解蛋白質的胰蛋白酶（trypsin）所破壞。不幸的是，甘薯中含有一種化學物質會抑制胰蛋白酶的活動。甘薯不但是「豬之饗宴」中的一道菜，更是新幾內亞高地居民的主食，身體的自然防禦機制因此受到重挫。含有大量梭孢桿菌的豬肉下肚後，伴隨著豐富的胰蛋白酶抑制物，正好引發壞死性腸炎。此外，當地兒童腸道中寄生的蛔蟲也可分泌一種胰蛋白酶抑制物，這種寄生蟲可謂標準的「助紂為虐」。至於這些病人的臨床症狀，正如身在十六萬公里外的荷璞。只不過荷璞多了糖尿病併發症。

如果梭孢桿菌的大量滋生是壞死性腸炎的主因，在巴布亞新幾內亞以外的地方應該也可得見這種病症，不一定得深入原始部落，吃了如巫婆調製的那一大鍋才會發病。的確如此，這種腸胃道的傳染病在二次大戰後的德國北部也曾爆發，當時名叫「火腸炎」（darmbrand）。醫師研究了之後，發現是飢荒後的暴飲暴食所致。根據文獻報告，這種病症也曾出現於非洲國家、中國、孟加拉、所羅門群島和泰北的難民營。

在這些地區，有許多受飢荒折磨的人，因長期營養不良，身體無法攝取足夠的蛋白質來獲得製造胰蛋白酶的原料——胺基酸。一朝突然得以大口吃肉，加上這些肉品可能受到污染，因此體內的梭孢桿菌毒素濃度就會非常驚人，然而卻無足夠的胰蛋白酶來去除這些毒素，壞死性腸炎因而開始作怪，以勢如破竹之勢來摧毀肉體。這與最初調查「火腸炎」的觀察紀錄相符，意即患者都是在突然改變飲食之後才發病。在大戰末期及終戰後，這群德國病患確實有長期營養不良的問題，因此當他們突然取得肉食（或許已遭病菌汙染），即可能因為過量取食而生病。

在繁榮的西方國家，壞死性腸炎則只有零零星星的報告，但這幾個病例的意義卻相當深遠。例如，一九八三年在英國最具權威的腸胃科醫學期刊《消化道》（*Gut*）（英國人傾向直接以醫學詞彙作為期刊名，這一份是他們評價最高的腸胃科學期刊），就曾出現一篇由英國皇家利物浦醫院（Royal Liverpool Hospital）的外科醫師和病理科醫師共同發表的病例報告：有一個二十三歲的人體攝影模特兒在星期天早上八點走進該院急診，主訴腹部疼痛和鼓脹。她告訴醫師說，為了保持身材苗條，平常吃得很少，但有時會毫無節制地暴飲暴食。就在周六午夜和周日凌晨四點之間，她總共吃了：一公斤的腎、六百公克半生不熟的肝、兩百公克牛排、兩個雞蛋、兩百公克乳酪、兩大片麵包、一整棵花椰菜、四百五十公克香菇、一公斤的胡蘿蔔、十個桃子、四顆梨子、兩個蘋果、四根香蕉、一公斤梅子和一公斤的葡萄。吃完後，立即上床睡覺，沒幾個小時就因劇烈的腹痛醒來。

醫護人員想用一根粗大的管子接上她的胃把食物引流出來，但是宣告失敗。病人病情惡化的速度可謂迅雷不及掩耳，不一會兒她就送入開刀房了。醫師打開腹腔後，發現小腸上面有一段缺血、壞死。這個手術小組眼睜睜地看著病灶從一段腸子蔓延到整個消化道。之後，腸壁開始出現一個個氣泡，不久病人就回天乏術。驗屍報告說，食道、胃和小腸上部都有大量的梭孢桿菌。

這個模特兒的消化道標本到了顯微鏡下，的確是不折不扣的壞死性腸炎。這篇病例報告的作者討論道：「這個病例的特徵與所謂的『豬肚』至為相似。」他們認為這個病人有暴食症（bulimia），而長期的營養不良導致胰蛋白酶的不足，加上食用疑似污染和半生不熟的肉品，因而造成悲劇。

另外還有一份記載「豬肚」的罕見個案文獻指出，一九八四年，荷蘭有位罹患糖尿病的年輕護理師於出現症狀後入院治療，不到二十四小時即撒手人寰。發病前一天，他在派對上吃了豬肉（份量不明），但其他賓客皆平安無事。文獻作者補註：「眾所周知，糖尿病患對感染的抵抗力較低，因此我們傾向推測糖尿病可能是導致該病症的致病因子之一。」然而不論是當年的荷蘭醫療團隊、或是此刻正在治療荷璞的我們，誰也找不出其他可能因素。

至於荷璞的病因，教人費解的是——她究竟是不是壞死性腸炎的患者？我們似乎可以肯定她就是了，但到底是什麼原因造成她體內的梭孢桿菌大幅增生？在發病前，她所吃的豬肉並不算過量。她沒有營養不良。也沒有大量食用具有胰蛋白酶抑制物的東西。唯一的線索是糖尿病。的確，糖尿病可能造成免疫功能不全，這也就是糖尿病患者特別容易受到感染的原因。但是，荷璞之容易受到感染也不是一天兩天的事了，從小到大她就飽受膿瘡、發炎和細菌感染之苦，現在再來控訴糖尿病引發的免疫功能缺陷，似乎失之牽強。也許一直在內科加護病房照顧她的實習醫師說的最為中肯，這位醫師在荷璞的病歷上形容她的病症「有趣而神祕」。

荷璞術後的情況只維持短暫的穩定，一開始酸中毒還可以控制住，血壓也還算正常，不久則因和敗血症相關的泛發性血管內血液凝固症（disseminated intravascular coagulation）病情惡化，不過這不算是嚴重的問題。原本體溫稍低的她已有發燒至三十九度的現象，很好，這表示身體正產生對抗發炎的反應。手術翌日，即使網狀青斑只有消退一點點，而且從血液測試得知出現橫紋肌溶解的現象，我們仍然懷抱著戒慎恐懼的信心。然而，她體內礦物質和液體的平衡愈來愈差，而且由於組織腫脹，腎臟無可避免地開始衰竭。那天下午我和韋斯特討論過後，荷璞就開始進行血液透析（dialysis），也就是所謂的洗腎。

我們會診的專家愈來愈多。到了傍晚，來到荷璞病床前面的醫師包括感染科、皮膚科、神經科、腎臟科、腸胃科、外科、麻醉科……大家都在密切注意她的病情進展。我們除了在她的靜脈輸液加上礦物質，她所使用的五種藥物中有三種是抗生素。現在，她身上大大小小的問題加起來總共有十四種，實習醫師的病歷摘要即長達七頁，這些病症有：敗血症、腸壞死、血壓下降、腎衰竭、呼吸困難、橫紋肌溶解、缺乏鈣和鎂、肝功能異常、血管內血液凝固、糖尿病、疼痛、皮膚斑塊和營養問題。白血球的數目在術後立即掉至一萬六千，但又慢慢上升到二萬一千，第二天早上，由於敗血症再度惡化。可以確定的是，兩天前尚未波及的區域，這下子都慢慢遭殃了。於是我決定開第二次刀，一探究竟。我想沒有人會反對的，因為她的腹部又開始腫脹了。

至此，腎衰竭的速度讓我們瞠目其後，原本營養不足，血中白蛋白濃度就已經降低，現在則因腎衰竭更加嚴重。腎衰竭加上微血管的滲透壓低，荷璞的身體就像大量浸水的船艙，組織中滿滿是液體而浮腫不堪。她在病發前的體重是五十六公斤，在短短幾天內變成八十四公斤。我們決定再做一次血液透析，之後立即送她進開刀房。

此時，我得再次面對病人的母親，再刻畫一次殘酷的真相。自從荷璞住院那天，瓊恩寸步不離醫院，她就睡在加護病房外的家屬等候室，三餐都在醫院的自助餐廳解決。如果情況允許，她則守在荷璞身旁，握著她的手，撫觸她的臉龐，溫柔鼓勵她，不管荷璞是不是聽得到。她專心聆聽每一位會診醫師的意見，再分析歸納，在我對她開口之前，她早就知道我會怎麼說了。這一刻的對話幾乎是兩天前的再現，然而後果似乎更加悲觀。第一次開刀前，我堅決認為術後的情況只有更好，不可能變得更差。但是我心中的不可能還是發生了。瓊恩簽署手術同意書後，只是緊緊地握著我的手——此時無聲勝有聲。

腹部消毒好，鋪上手術鋪單時，身為手術成員的我們，正如四十八小時前開刀時，分站手術檯的兩側。這一次前方則聚集了一大堆人。病人的情況愈危急，就有愈多麻醉科醫師趕來助陣。以我三十多年來的外科手術經驗而言，我觀察到一個現象，手術進行時所需的麻醉科醫師愈多，病人的存活率就愈低。不是俏皮話，而是事實。若是麻醉科醫師總數高達六名或者更多，病人必死無疑。我抬頭數了一數，一，二，三，四，五，六。於是，我說了幾句挖苦他們的話想趕走幾個，這些人卻不為所動。我只好開始進行正事。

荷璞肚子鼓脹得厲害，像是上次縫線的地方要迸開了。腹部一切開，裡面的液體和腸子一下子溢出來，我和外科住院醫師刻不容緩地進行檢查。就在我們上次接合腸子之處往下走一點，也就是十二指腸和空腸交接處，往下算四十五公分的地方，腸道和兩天前壞死的腸子一模一樣。我們的推測沒錯，由於未能斬草除根，荷璞體內的壞疽和梭孢桿菌的勢力又擴張了，我們不得不快點趕盡殺絕。這回，韋斯特醫師也到開刀房來了。我切割、移出標本後，親手交給他。他靜靜地看了半晌，隨即拿回實驗室做進一步的化驗。

此次手術和上一次無大差別，只是這回不用釘子釘合肚皮，改用粗尼龍線縫補，使之作用如滑輪——肚皮愈脹，傷口就更密合。這個步驟很花時間，而且外觀不美，然確實是我所知最強韌的一種。我可不想冒險，病人肚皮在嚴重腫脹下，可能因縫合得不夠牢靠而爆開。

術後，荷璞的病情終於獲得改善。在二十四小時內，橫紋肌溶解的現象較不嚴重了，腎臟也開始發揮功效，尿量從零回復到合理的量。此外，血管內血液凝固的症狀也慢慢消失，白血球下降到一萬五千，血液中的酸性也趨於正常。敗血症大為好轉，網狀青斑也有消退的跡象，再過一天就消失無蹤了。術後二十四小時，班尼克醫師在病歷上記錄：「病情全面改善。」這時大家才第一次覺得這場戰爭勝利有望。

過了幾天，還有一點讓人不能釋懷：術後第四天，荷璞直發高燒，白血球高達三萬三千。我懷疑這是靜脈注射時遭到感染，但沒有證據。接著心想，該不會是腸子縫補處有缺口，腸子裡面的東西跑出來污染了手術傷口，這一點也難以證明。更令人不寒而慄的是，天啊，該不會是另一段壞死的腸道在作怪，裡面又增生不少梭孢桿菌。為了消除這個恐懼，我們用放射性同位素掃瞄（radioisotope）來偵測感染和壞疽部位。我從片子看不出有什麼異常，但和超級專家討論後，頓時雙腳一軟——剩下來的腸道恐怕都和前兩次切下的標本一樣。我可以想像梭孢桿菌像地毯般鋪在荷璞的消化道上。

令人奇怪的是，這個檢查結果卻和我的臨床觀察不符。我一有空就跑到加護病房看她腹部有何變化。儘管放射性照相攝影說有壞疽，她的腹部依舊平坦，也沒有壓痛。我用聽診器一聽，居然聽到那有如天籟般的蠕動聲，太不可思議了。此外，她的確一天天好轉，不同於先前兩次緊急送入開刀房。

想到開第三次刀的可能，這股壓力直教我喘不過氣來。現在的年輕醫師常崇拜高科技儀器，慢慢淡忘傳統的問診和病理學檢查的臨床技巧。除了資深感染科醫師，其他為荷璞治療的醫師群大都比我年輕二十歲以上，我當下決定現在是「倚老賣老」的時機了。於是，我走到加護病房，在荷璞密密麻麻的病歷上總結兩句：「她的腹部沒有腸道壞疽，我認為沒有第三次手術的必要。」然後起身準備告訴瓊恩，她和班尼克醫師兩人正站在荷璞的病房外深談。

瓊恩事後回憶說，那天早上的事，她記得一清二楚。之於前一天的病情評估，她非常了解，也知道每一位醫師都在談論第三次開刀的事。然而她和家人從側面探聽到，「主刀醫師」似乎不願再度上陣（這會兒她才告訴我，第一天慌忙進醫院的時候，她和家人直接喊我主刀醫師）。

那天我請他們兩人到另一間沒有人的病房，聽我解釋病情。我已經忘了自己當初說些什麼，但每一個字都還留在瓊恩心裡。或許那時的我真是專橫霸道，不過卻是當時所需。瓊恩說，我直直地注視著她，說道：「我現在要發號施令了。」然後轉身對班尼克說：「請跟我來。」接下來的一幕我還記得：我們隨即一同來到荷璞身旁，我和班尼克在她的腹部上檢查了很久，最後走出病房時，我們已經有志一同——準備以不變應萬變。

我在受訓期間，曾經和一名南方大型綜合大學校隊明星出身的外科住院醫師共事過。他妙語如珠，隨時都能蹦出一兩句卡羅萊納家鄉話來形容當下的處境。譬如眼前這種必須做決定的關鍵時刻，他會拿美式足球的行話說：「只能憑直覺（guts）了」。班尼克和我毫無疑問正處在這種情境中。我們不是拿荷璞的性命開玩笑。事實上，她可能熬不過另一次手術。如果再開刀，勢必移除所有的小腸。我大膽假設，放射性同位素掃瞄顯示的壞疽，只是腸壁黏膜細胞的表層，由她恢復的情況來看，她的身體已有對抗感染的能力。

謝天謝地，我的理論果真沒錯。次日，荷璞的呼吸管終於可以和呼吸器分離了。再過二十四個小時，她終於清醒到想起住院的事。她睜開眼睛，看著拿著紙板俯視著她的母親。還不能言語的荷璞做個手勢要那塊紙板，她指著上面的字母，吃力地把每一個字拼出來：「我星期五有歷史期末考。」她不知道自從第一次手術至今，已經過了十一天——她錯過了每一刻。

媽媽說：「寶貝，考試是兩個禮拜前的事了。」我第一個念頭是，天啊，怎麼會這樣！然後，媽媽問我：「妳是怎麼回來的？我們都以為妳再也回不來了。」然後我拼出下面幾個字：「靠著爸爸給我的力量。」

雖然進展緩慢，但荷璞的病況持續好轉。她在內科加護病房又多待了三個禮拜，才轉入急病照護樓層。兩個月後，荷璞終於搬進醫院復健中心。她瘦了一大圈，雙腿肌肉也少了很多，但她明白只要認真復健，體重和肌肉都會再長回來。入院十八周後，荷璞終於可以出院了。

出院後，荷璞繼續休息了四個月才養足體力、重返校園。兩年後，荷璞大學畢業。她母親認為荷璞的文憑不僅象徵她不屈不撓的最終勝利，也是她父親東尼在天之靈的祝福。六年前的那個早晨，就在荷璞重新睜開眼睛看世界的幾個小時後，晴朗的天空居然出現一道彩虹。瓊恩看了良久，相信這是個好兆頭。

Chapter 12

Mining the Mind: The Brain and Human Nature

大腦

向普羅大眾解釋人體如何運作，我並非臨床醫師第一人。前輩洛根．克蘭登寧醫師（Logan Clendening）——這位充滿自信、頗具文采的堪薩斯大學醫學教授就做得相當成功，影響卓著。他在一九二七年寫過一本解釋詳盡、繪圖精美的解剖學暨生理學著作《人體》（*The Human Body*）。然而，即使當時有關「中樞神經系統」的資料還非常非常非常少，學者了解的中樞神經系統也遠遠沒有現在複雜，那個時代克蘭登寧醫師在接下「解釋中樞神經系統」的挑戰時，仍舊免不了臉色發白。他整整拖延了二二三頁，然後才寫下這段與我心有戚戚焉的描述（我不得不動筆寫這一章時，也有同樣的心情）：「要想在此等份量的小書裡解析中樞神經系統，必得擁有堅定的靈魂才辦得到。」

自克蘭登寧醫師寫下這段話以來，生物學——或許尤其是神經系統——的相關知識不僅日新月異，也愈益複雜。今天，要想挑戰「闡述人體」這項艱鉅任務的人，必須擁有比前人更堅定不移的精神才行。然而無論這門學科有多複雜、多麼密切仰賴其他科學知識，克蘭登寧醫師的描述依舊成立，而且永遠不會錯。他只用簡簡單單兩段話就總結了這個系統的精髓：「從根本上來說，中樞神經系統其實就是一團團透過複雜的神經纖維網絡彼此相連的神經細胞。而神經細胞的功能是解譯神經纖維帶來的訊息脈衝，或是另外發出新脈衝，再透過神經纖維傳送出去。」這就是啦！簡單來說正是如此。

截至目前為止，大部分關於人體的討論都能精準描述其他哺乳動物的生理功能，而未來關於人腦結構、功能的研究材料應該也同樣適用這套說法。不過，有一點很重要的是，人腦的結構與功能大多仍屬我們這個物種所獨有，也是人性的源頭。大腦是理解內心聖殿的終極鑰匙，在這裡，我們或能揭曉人類靈魂的秘密。

相關研究已然證明，從位置最低的脊索一直到最複雜、最具人性、位置最高的大腦，整個中樞神經系統是一套有等級之分、內部亦相互連結的構造，不論是感覺、運動、或甚至是所謂的「整合區」（associate area，訊息在此解譯、整合、協調，系統內互聯的各區域為最終結果貢獻己力）盡皆如此。以下是這個系統的重點描述。

神經系統所執行的各項工作，由多種神經元協同傳遞訊號的軸突、樹突及突觸共同完成。透過軸突、樹突這兩種向外延伸的樹枝狀突出構造，任一神經細胞都能與其他多個神經細胞相互聯絡。比方說，大腦內任一神經元的突觸連結部位少則數百，多至上萬（平均為一千）。軸突在傳遞訊號時，起初物以類聚、涇渭分明，沒多久便各奔東西，因此能瞬間跨越遙遠的距離、將訊息傳送至多個處理中心。外來的刺激可經由脊椎反射弧這個原始的路徑來傳送，也可上傳至大腦皮質，也就是理性、判斷和記憶的中樞——此即哈姆雷特（Hamlet）口中的「腦袋裡的書冊」。

這些「書冊」加上大腦其他部分，約重一．三公斤。以一個六十八公斤的人而言，大腦約只占全身重量的二％，然新陳代謝十分旺盛，從肺部吸入的氧氣有二〇％都在這裡消耗掉。只有非常大的血流才得以供應這麼多的氧氣。左心室收縮後，即把全身血液打入主動脈，主動脈再將這一大股血流的一五％帶到內頸動脈，而後進入大腦。因此，大腦可說得天獨厚，優先使用全身的血流和氧氣。除此之外，在生命發生初期，大腦對基因的需求也同樣得天獨厚，甚至要求更多。在「智人」總計約五萬至十萬個基因之中，大概有三萬個記載了屬於大腦各層面的專屬密碼。要想創造「人腦」這個獨特構造，顯然需要大量的基因訊息才行：你我和黑猩猩之間那百分之一的DNA差距，代表的是強大的基因潛力。

人類的大腦之所以能演化到今天這個境界，是由於獨特的思考能力，使我們得以面對險惡的外在環境。以原始動物的神經系統來看，牠們只能以反射弧來對刺激做出反應。可見神經系統會隨著動物的演化而進步，慢慢建立起更高層次的反射和傳導中樞。經過演化之後，原始大腦的表層逐漸出現一層灰質構造，此即大腦皮質——人類意識、學習和記憶能力所在。皮質（cortex）一字的英文源於拉丁文，意思是「樹皮」或「外殼」。大腦皮質中有一個掌管高度技能的部位，即新皮質（neocortex），其與大腦皮質的連結，正是區別人類和野獸的關鍵。

大腦（cerebrum）只是一個統稱，此字的英文即是拉丁文中的「腦」，然以功能而論，大腦共分三部分，其他兩部分則為腦幹（brain stem）和邊緣系統（limbic system）。

大腦掌管和技能相關的動作和高度心智的能力，亦即思維能力。大腦的重量占整個腦部的八五％，質感黏稠。下方的腦幹控制不受意識支配的身體活動，如血液循環、呼吸和消化。邊緣系統則主司感情和本能。

大腦是由兩個大的團塊所組成，這兩個分據左右的大腦半球中間有一條深溝。在兩個大腦半球的底端，也就是深溝之下，是為神經纖維連結起來的橋梁，這就是胼胝體（corpus callosum）。每一個大腦半球都是由一層皮質細胞包含著無數的神經纖維而成，這些神經纖維一直延展出去，通過延腦，然後前進脊髓。每一個大腦半球掌管的是對側身體的活動，亦即右側大腦半球控制左側身體，而左側大腦半球對右側身體發號施令。這些活動的訊息都會經由胼胝體來回傳遞、協調。以九〇％以上的人而論，左腦半球負責語言、文字和智能，因此左腦可說是語言半球，右腦則掌管非語言的活動，如抽象思考和視覺空間的感覺，如藝術方面的技能。這些區分並非絕對，更何況有許多活動實在無法清楚畫分，到底是屬於語言的，還是抽象思考的。

位於外緣的大腦皮質是由一層約〇．五公分厚的神經細胞所構成，之下則是一大團的神經纖維。由於叢聚的神經細胞為灰色，而纖維則呈白色，因此分別稱為灰質（gray matter）和白質（white matter）。灰質在顱骨之下迴旋盤繞成一圈圈彎曲突出的大腦迴（gyri），大腦迴之間的縫隙是為迴間溝（sulcus）。若攤平這些皺褶迴繞的皮質，面積約是邊長七十五公分的正方形，上面布滿了一百億個神經元和六兆的突觸。

每一個腦半球又依部位的不同，分為四葉：前端的額葉（frontal）、後面的枕葉（occipital）、在前二者之間的頂葉（parietal）和側面下方的顳葉（temporal），每一葉都有特別的功能，茲條列說明如下：

前葉：學習；高層次的心智運作；隨意肌的運動；嘴巴、舌頭和喉嚨的協調，以開口說話；頭、眼、眼皮、手和手指的運動。

枕葉：視覺。

頂葉：皮膚的感覺，如觸覺、痛覺、溫度和某些認知與心智的過程。

顳葉：聽覺、某些語言功能、記憶、味覺。

這些構造的總合就是所謂的聯合中樞，也就是我們分析、詮釋和協調所有感官經驗的能力。藉由白質中的纖維，這幾個區域就可整合成一個整體，由此執行記憶、推理、判斷、語言和情感的表達種種功能。前葉尤其必須處理較高層次的心智運作——這也就是我們在行動之後，不斷考量各種後果的地方。

而此聯合中樞中的頂葉可幫我們了解各種感官訊息，包括我們聽到的和說出的話語。此

圖 12-1　腦部剖面圖

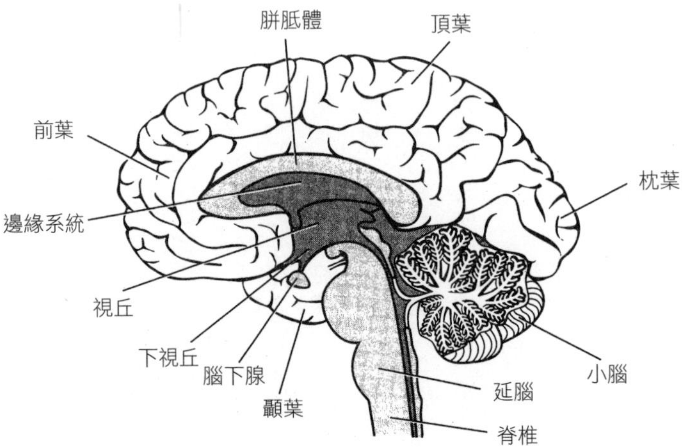

時，正在描繪大腦功能的我，書寫時的字斟句酌就靠我的頂葉。

顳葉主要在幫我們解讀複雜的訊號，這些訊號包括話語和文字。顳葉使我們能夠吸收一段文字並推敲其中要義，此處也是視覺和聽覺記憶的處理中樞。記憶，正如馬克白夫人（Lady Macbeth）說的，是為「大腦的守衛」。

枕葉則接近視覺中心，這個中心又和眼睛的視覺神經相連，可以分析、詮釋我們所看見的東西。

因此這一片廣大的大腦皮質不是只處理感官或運動，其實，以人類而言，大部分的大腦皮質都在做複雜的聯想、詮釋和整合的活動。至於我們人類的靈長類近親，構造則沒有如此精密、複雜。正如愛默生（Ralph Waldo Emerson）所說：「人把世界裝在自己的頭顱裡帶著走。天文學也好，化學也好，都在其中。整部自然史也在內，因此之於自然，人類不但是預言家，也得以發現其中奧祕。」

若兩側大腦半球負責的是最複雜的工作，相形之下，小腦（cerebellum）和腦幹就原始得多。小腦中的反射中樞位在大腦的最後方，可協調隨意肌的動作。小腦也可合併眼睛、肌肉和皮膚傳來的訊息，以指揮四肢和軀幹的動作。顯然，小腦也會兼顧脊椎傳來的訊息以整合自己的行動。此種訊息包括本體感，也就是即使閉上眼睛，我們仍可感知自己手、腳等位置的能力。因此，偉大的英國神經學家謝靈頓形容，小腦為「本體感系統的首要神經節（ganglion）」。

腦幹則是大腦和脊椎最上部分的橋梁，包含許多神經纖維束和非常多團的神經元。每一團的神經元或稱神經核，負責監督某一個獨特的神經功能。組成腦幹的三大部分是為：視丘、下視丘和本書多次提及的延腦。

從外觀看來，延腦有如脊椎頂端的膨大處，其中有許多上行和下行的神經纖維，連結大腦和脊椎。在此，最重要的神經核是為心臟中樞，可調節心跳速率的快慢，還有血管運動中樞，即可使管壁收縮或舒張，此外還有呼吸中樞，因此可調整我們的呼吸。延腦還有許多其他神經核，分司吞嚥、嘔吐、咳嗽或是打噴嚏。

腦幹另一重要部分是長而薄的纖維組織和小小的灰質，這就是網狀結構（reticular formation），俾使上行或下行的神經纖維束和下視丘、小腦、大腦相連。藉此網狀結構，訊息不只可上傳至大腦皮質，還可刺激大腦讓一個人更為警醒。此種刺激減少則會誘發睡意，而由這種刺激的多寡可以看出睡眠的品質。這種網狀結構不僅可把訊息送至大腦皮質，還能加以過濾，只讓重要的訊息「上達」天聽。

視丘和下視丘在腦幹之上、大腦半球之下。位於大腦下方的視丘就有如一個轉接站，連結大腦皮質和腦部下面的重要構造，特別是延腦。近年來的研究顯示，視丘和大腦皮質這個迴路在意識能力中占有重要地位。

下視丘的功能主要是調節自主神經系統，也是體內平衡的總管。舉凡心跳、血壓、水分和化學物質的平衡、腺體分泌、飢餓、胃腸蠕動、睡眠都受其控制。下視丘也會分泌荷爾蒙來影響緊接在其下方的腦下腺或稱腦下垂體（此即所謂的「主子」腺體）。此外，下視丘也是體溫恆定的功臣，可控制皮膚血管的收縮、舒張，來調節體溫和出汗的程度。人體皮膚上約有二百二十萬個汗腺受其掌控。下視丘也會影響甲狀腺（thyroid）分泌，以控制代謝速率的快慢。

雖然大腦各部各有所司，但還有非常多的功能是相關、重疊、相同和互補的。可以說，任何活動都是群策群力的結果。經過整合，訊息往四面八方傳送，連結自主的與不自主的、隨意的和不隨意的、主要的和次要的、高級的和低階的，還有身體的與感情的各個層面——有時可以選擇，有時則無選擇餘地。這片皮質與那片皮質對話，即使訊息往上傳送，喚醒的卻是下方區域；大腦各區之間沒有秘密。

由細胞而生的意識，經由大腦的神經纖維傳輸——這個過程可說受到多種因素的影響，從史前人類誕生的那一刻就開始了，之後在演化的漫漫長路上修正。丁尼生曾經這麼形容大腦：

「我是所有世代的繼承人，時間的終極檔案。」

人腦的中間部位某種程度與下方區域略有不同，有它自己的表達方式，展現自史前時代傳承至今的人性遺產。這一小團構造名為「邊緣系統」。邊緣系統此一名稱的由來是因其介於「天堂」（大腦）和「冥府」（腦幹）之間，主司情感與本能。以脊椎動物的演化而言，很多本能的行為都是嗅覺所引發的。嗅覺中心和邊緣系統關係之密切，使得許多解剖學家稱邊緣系統為低等脊椎動物的「嗅腦」。

隨著動物的演化，邊緣系統的功能和其他結構的連結也日益精細複雜，進而控制我們的本能、感情和動機等，然而還是離不開嗅覺。因此一聞到某種氣味，我們就不自覺地步入時光隧道，回到過去。這點，法國小說家普魯斯特（Marcel Proust）再清楚不過了。那久久遺忘的氣味或味覺一回到眼前，即會不自覺地勾起兒時所有的回憶。在知覺和經驗的引領下，我們一步步地深入那長篇巨著——《追憶似水年華》（*Remembrance of Things Past*），也回味自己的過去。

小時候，我母親只有和父親赴宴時會使用粉餅。他們雙雙離去前，會先來到我床前，給我一個晚安吻。母親過世後近半個世紀以來，我在別人身上聞過這種粉味兩、三次，那細緻、柔淡的香味無不讓我憶起甜蜜的往昔——在父母溫暖羽翼下的我。這種嗅覺回憶讓我胸中滿溢當年母親對我的愛和安全感。

普魯斯特和我的經驗非常典型，我們的回憶都是從大腦喚出的。這些回憶在大腦中以特別的模式儲存起來，經由氣味、影像和其他刺激，就可喚出整個模式和其他相關的回憶。這也就是為何心理學家運用自由聯想（free association），可喚起深埋在時間之下、遺忘已久的回憶。而這一切之所以能達成，端賴神經系統某特定區域的一系列分子變化。

邊緣系統在大腦的最下方，組成結構中有形狀像杏仁的扁桃核（amygdala），也有像海馬的，而且就叫海馬迴（hippocampus），此外還有其他具溝通作用的組織。由於邊緣系統有連結腦部上下的功能，對學習、記憶和感情生活特別重要。因為它能連結直覺且有意識回應外在刺激的多個大腦部位。邊緣系統首先接收隨意與非隨意中樞傳入的感覺訊號，再送出動作訊號、回傳至能啟動動作的區域。海馬迴與皮質之間的聯繫對記憶形成尤其重要。

各位可以把邊緣系統想成一塊棲息在大腦半球深處的區域，不論就解剖學或功能中樞來說皆是如此，因為居中協調上級中樞和下級中樞正是邊緣系統的角色。若以圖示呈現邊緣系統的連結與功能，各位肯定會看到一大堆進進出出的箭號，直接或間接、來自或通往大腦的各個區域。以邊緣系統的解剖構造和功能來看，其和不自主的活動相近，有些神經學家便也把下視丘納入這個系統，即使不在其中，說是守門人也不為過，因為下視丘就在腦幹的最上方，邊緣系統的最下方。

與情感相關的下視丘神經核，和某些原始的皮質細胞有非常密切的關係，這些細胞就在邊緣系統靠近腦幹的地方。這也可解釋為何有些人能訓練自己去觸發邊緣皮質細胞，進而刺激通往下視丘神經核的神經元，藉以改變心跳速率等一般無法由意識控制的體內活動。這些人就是第四章中提到的「冥想大師」。或許我們可由他們的「特異功能」，找到訣竅利用意識，看是達成心境的寧靜，甚或是身體健康。

比方說，有許多印度教的大師等接受過特殊訓練的人，可以利用冥想使自己心跳變慢、血壓降低，甚至減少腸胃的蠕動。我還聽說有位「高人」有辦法在澡盆中自行灌腸。他是利用腸胃蠕動方向的改變，把水吸入自己的腸道完成灌腸的。還有一位同事告訴我更神奇的故事，這是在五〇年代末期，美國東北部某間頗負盛名的大學教學醫院發生的真實故事。那位同事當時在該院內科實習。他說，他們常看見一個四十開外的人，不時來到急診室抱怨這裡痛、那裡不舒服的。掛號完後，他先是大剌剌地坐在等候區，突然間倒地、不省人事。醫師連忙衝上前去，這時他已無脈搏，也沒有呼吸——心臟完全停止跳動，下一刻即臉色發黑。然而，毋需急救、電擊或心肺復甦術，不到一分鐘他又回來這個人世了。雖然他一身是手術疤痕，但看來不像曾經動過開心手術。

那些一窩鋒衝向前去幫助病人的年輕醫師中，無人注意到，所有護理師都視若無睹，不為眼前這一幕生死交關的好戲所動。說來，她們早就看膩了這幕起死回生的喜劇，也許看那群菜鳥醫師手忙腳亂的樣子還比較有趣。就在那位有「神功」的病人心跳回復，血壓上升之際，大家都笑成一團。

這個病人很厲害，總是知道新一批菜鳥哪天上陣，開始為期四至六個星期的急診實習。雖然他總是說「天機不可洩漏」，但想必他是靠著意志力慢慢降心跳，直至完全停止，或極其緩慢，好讓大腦缺氧。也許，他是利用某種藥物，不過我們沒有證據。然而，若是藉由藥物，實在很難表演這種立即「回生」的本領，而且表演了這麼多次，他還從未「失手」就此弄假成真、魂歸西天。機警的護理師也從未發現他曾憋氣或用力。幾乎可以確定，他是利用某種以意志來控制自主神經系統的祕法，因而導致一種令人大惑不解的行為模式。這也是一種病症，叫作孟喬森症候群（Munchausen syndrome），此症在一九五一年首度由亞特醫師（Richard Alter）發表於英國的醫學期刊《柳葉刀》（*Lancet*）上。

亞特醫師之所以將此病命名為「孟喬森」是有典故的。據說，從前德國有一個名叫孟喬森（Karl Freidrich Hieronymus von Munchausen）的男爵，最喜歡說一些荒誕不經的故事以譁眾取寵。一七八五年，德國作家瑞斯普（Rudolf Eric Raspe）即以這號人物為主角，出版一本英文書。亞特下了一番定義之後，立刻有好幾千位醫師從世界各地反映，他們也見證過這種病症：每一個都是讓人驚心動魄的急症，而且超過醫護人員所能救助的範圍。此外，之於各種痛苦的急救處理，他們簡直甘之若素。這些人的症狀有：劇烈的腹部疼痛；肺部、胃部或下體出血；失去意識，乃至痙攣。先前提到愚弄年輕醫師的那位老兄，就是有辦法控制自己的心跳。總之，這些都是以假亂真的演出。

他們不像是裝病要騙東西的惡棍，這些孟喬森症候群的病人不要什麼東西，只想藉由欺騙來得到一點同情與照顧。至今仍沒有精神科醫師在這些病人身上發現亞特醫師所謂的「心理怪癖」，也就是這些病人裝病的動機，但是可以見到這些病人具有不成熟的人格，急欲成為眾人注目的焦點，「有時，他們厚顏到令人望而生畏的地步。他們不斷地找上同一家醫院，企圖逮到新醫師來發揮他們的騙術。」

然而，這種孟喬森症候群可說沒什麼好處，不像先前提到的，是要利用意識、思維來控制身體自主系統的功能，以求達到心靈的澄靜和身體健康。打從希波克拉底的時代，醫師已經知道，疾病在發展的過程中可能會受到心理因素的影響。近來，人類生理各層面的互動關係及闡述亦帶動相關研究，各種領域的研究人員依循嚴謹的科學方法來探討這種現象。科學家蒐集到的證據愈來愈多，顯示在某些情況下，至少有些人可能有能力以某種對自身有利的方式改變某些疾病的病程。譬如，許多實驗室研究人員皆提出可驗證的重要發現，指出病患的態度或環境改變時，確實可測得（量化）免疫系統的組成分子亦隨之改變。然而我們必須思考的是，就夏倫或阿奇的病程結果而言，病人改變態度究竟造成哪些無法定義的實質效應？而奎泰拉得來不易的康復又有多少源自「再向前跨一步」的意志與決心？即使瑪芝大多時候都處於麻醉狀態，但她的振奮樂觀與虔誠的宗教信仰，能否幫助身體在遭受劇烈攻擊的同時，產生驚人的抵抗反應？還有，最後讓荷璞——當時她意識全無、幾乎沒有反應——腸道內的梭孢桿菌終於停止侵略性的過度繁殖的真正原因又是什麼？這些問題都沒有答案，然而，新的實驗結果逐步揭露真相，現在我們更有充分理由提出這些問題。這類研究牽連甚廣，範圍涉及某些乍看之下毫無關聯的因素——譬如免疫力和精神力量。科學家也不斷研究各種因素，如一邊從免疫系統下手，一邊探討精神力量，當中牽涉範圍實在很廣。

這三十年來，有一種新興的研究方法稱為心理神經免疫學（psychoneuroimmunology），也就是探討心靈、神經系統、荷爾蒙與對疾病的反應。這種跨科別的研究，的確出現眾多特別的、有意義的數據，而且由於以下各方面專家的努力，也有不少結果，諸如神經系統科學家、內分泌學家、病理學家、心理學家、社會科學家、免疫學家、細胞生物學家、藥理學家和生理學家等。在一九八一年初版、獻給這群科學家的大部頭論文集中，洛克斐勒大學（Rockefeller University）的免疫學教授古德（Robert A. Good）將以上研究菁英的心血濃縮成三句，他說：「我絕對相信心靈、內分泌和免疫系統三者的交互作用是存在的。這點可說無庸置疑……問題是，這三大網路——神經系統、內分泌系統和免疫系統是如何產生交互作用的？我們如何使用精確、定量的名詞，了解這些交互作用，並學會預測和控制。」

再回到先前提到的邊緣系統。我曾多次信誓旦旦地表示，邊緣系統和情緒體驗、直覺驅動有關，但邊緣系統究竟怎麼辦到的，沒人知道。不僅如此，我們對邊緣系統如何整合自己和其他部位的活動——就說下視丘或大腦皮質好了——同樣摸不著頭緒。儘管科學研究時有進展，但是就全盤了解邊緣系統的功能與作用而言，目前的任何發現都只是九牛一毛。事實上，這個系統可說是大腦研究中最熱門的主題。從分子生物學家到神經藥理學者無不投身其中，就連精神分析專家也有興趣。原因就在，此研究或許有助於我們了解精神疾病的成因、探索意識的本質，以及解開心靈和身體間那撲朔迷離的關係。

大腦的功能若受損，乍看之下似乎和邊緣系統無關。但是不要忘了，訊息進出邊緣系統可直接引發大腦其他部位的活動，因此邊緣系統還是有「作怪」的可能。癲癇就是一例。

所謂的癲癇就是腦部突發的電流混亂，導致肌肉運動的失常、意識的改變或精神錯亂。顳葉癲癇，這種有著複雜的行為現象的癲癇，現今則稱為局部性發作（partial seizure），通常是由於出現在邊緣系統的某種損傷，例如一小丁點的疤。這種局部性發作的典型症狀之一就是譫亂，加上不受控制、毫無目的的肢體動作。這種種可能是聽覺的、視覺的或是味覺的幻覺，有些患者還因此突然憶起過去的事件。雖然大都意識清楚，但在發病過後卻一點兒也想不起剛才發作的經過。

遠古的希臘人稱癲癇為「神聖的疾病」，甚至想出一連串奇特的藥物來治療這種病人，有如馬克白（Macbeth）的女巫想到的：龜血、駝毛、河馬的睪丸……無奇不有——處方愈多樣，藥效愈差。西元一世紀塞爾蘇斯編纂羅馬百科全書，之後僅存《醫學》一卷傳世，他即在此卷提到有些癲癇病人飲用受傷鬥士的血之後便痊癒，但是他本人卻沒有親眼看過。

「癲癇」（epilepsy）一字的原文來自希臘文的「著魔」或「中邪」（epilepsis）。二千五百年前，希波克拉底曾說，此病和現實生活脫節，因而看來特別「與眾不同」。這也難怪，大多數目睹癲癇發作的人都覺得相當可怕。之所以可怕，不只是源於症狀，而是恐懼和誤解的結果。更不幸的是，有人把癲癇當作是會傳染的惡疾而紛紛走避，使得癲癇患者感到難堪，並為一般人的偏見所苦。

儘管康州已實施就業平權條款，還是保護不了不幸罹患癲癇的莉亞，先後已有三個老闆請她走路。從小到大，她不斷地被人羞辱嘲笑。就讀小學的時候，一回她在教室發病，老師和所有同學馬上嚇得奪門而出。而且，莉亞還一再為無知的「善心人士」所害。比方學校裡的修女就跟她說：「得了這種病，真是可憐，以後還會變成弱智。」

到了八年級時，她終於相信修女的預言。因為一服用控制發病的藥物，她就變得遲鈍呆滯，無法集中精神。六年前的一天，我在她服務的聖法蘭西斯醫院和她聊天，那時她在該院的公關部門服務。她說：「過去有好幾年的歲月，我都想不起來了，特別是在服用鎮攣藥邁蘇靈錠（Mysoline）的時候，那兩年的記憶可說完全空白。」她的生命雖有一段空白，她還是進了大學，以優異的成績自新聞系畢業。

眼前的她，三十六歲、美麗動人，言談舉止洋溢著自信。實在很難想像她所描述的黑暗歲月，「我不僅覺得自己與眾不同，更自慚形穢，認為自己很病態，無法見人。」更令人難以置信的是，在十八歲之前，她的父母因為對她過度保護，還叫她千萬要守住這個祕密。

一九八三年，她在耶魯新港醫院動過手術後，再也沒有發過病了。我問她，終於擺脫這種反覆無常的疾病，有何感想？我看得出她在壓抑自己那種幾近得意忘形的快樂。她只是柔柔地說：「真像是活生生的奇蹟。」

她的癲癇也許肇因於嬰兒時期。五個月大時，一回連續幾天高燒不退，這種高燒常會導致兒童抽搐。大多數的兒童都沒有後遺症，然而少數幾個不幸的孩子，大腦會因之留下一個極小的疤或神經膠質瘤（gliosis）。如果那個部位再次受到刺激，就會突然爆發出許多不正常的電流活動，而導致痙攣。

莉亞五歲時，初次遭受癲癇病發的攻擊，接下來便一再發病，次數頻繁得讓她自己和父母都習以為常了。每一次發作的前十秒到十五秒，她總會有預感，「一種癢癢的感覺開始從胃部升起」，旋即為巨浪般的恐懼吞沒。「我實在不曉得這種恐怖是來自肉體的，還是為了即將發生的一切——那種完全失控的可怕。」一旦她有預感，只有十幾秒的時間可做準備，趕快跑到一個沒有別人、安安靜靜的地方躲起來或躺下。

莉亞的癲癇是屬於複雜的局部性發作，不會倒地不起，但手腳卻會不停地揮舞。「我的右臂先扭動一下，眼球跟著一轉。如果正好在跟別人說話，我還是可以繼續說，但突然言語遲鈍得像是智障——話說得很慢，而且不知所云。這都是事後別人描述給我聽的，我自己則渾然不知。」實際上，莉亞的癲癇發作只持續了一兩分鐘，期間她完全失去正常意識。接下來約半小時內，她會感覺困惑、疲倦。在逐漸恢復意識的過程中，有時她會發現自己躺在急診室裡。有一回，她在購物中心發作，醒來時發現臉上掛著氧氣罩。「讓我感覺很糟的並不是癲癇這個病，」她告訴我，「而是我醒過來時，身旁其他人的態度。」

有時會一再、連續地發病，一星期發作個十幾次，然後又消失無蹤，過了幾個星期才會再度出現。二十八歲那年，莉亞覺悟到這種病的頑劣，不想再為此失去飯碗，靠著社福的救濟過日子，她做了個重大決定。從小到大，她都在耶魯新港醫院的神經科接受診治，自然聽聞許多該科新秀史賓塞醫師（Dennis Spencer）以手術治療癲癇的經過。她決心接受醫院評量自己是否有接受這種手術的可能。

以手術治療癲癇並非前所未聞。古埃及就曾有醫師嘗試在病人的頭顱上鑽洞，「以求驅除邪魔」，他們早就發現癲癇和大腦局部的問題有關。然而，之後一直難以找出觸發癲癇的關鍵，而且很少有人能完全治癒。近二十年來，由於生物科技的進步，神經科醫師才得以找出那個關鍵點。

之於大部分難以控制、複雜的局部性發作，神經學家發現觸發點在邊緣系統，左、右顳葉的深處，可能是腫瘤、微小的血管病變，或是常見如幼兒時期發燒抽搐在腦部留下的疤。誘發癲癇發生的刺激至今仍難以確定，有時是閃光或是一段樂曲。然而理論上來說，該是觸發點附近神經元所在的環境產生某種改變，才導致這些神經元對刺激特別敏感，因此產生過度的神經元反應，這些反應進而由一般的神經傳導路徑，傳到大腦的各個部位，如主司感覺或運動的皮質和腦幹。

因此，以不傷及其他腦部功能為前提，經由神經外科手術把這「作怪」的一點解決掉的話（不論是複雜的局部發作或其他癲癇形式），應該會有相當神奇的結果。史賓塞醫師已成這方面的權威，若病人合乎接受手術的條件，八〇％以上術後的情況都相當理想。

莉亞在接受手術之前，得先經過全盤的診斷、檢查，包括電腦斷層掃描（CT scan）、腦血管的染色測驗，以詳細觀察腦部的結構和功能。今日，這種檢查更為先進了，包括正電子發射斷層掃描（PET scan）和核磁共震掃瞄（MRI）。為了確定癲癇的典型，她還需接受視覺和聽覺刺激的腦波監測（EEG），以顯示腦部的放電活動。她因癲癇而生的外在行為表現，則由一個封閉式電流的電視攝影機來記錄。最後，為了明確找出觸發癲癇地點，還需經歷侵犯性的大腦檢查，亦即在頭顱鑽孔，將監視電極置入顳葉。癲癇一發作，電極就會立即記錄這些火速發生的放電動作。由於這項技術非常精確，可追蹤到癲癇發源地，並將範圍縮小至邊長約一．三公分的方塊區域。

莉亞的問題就出在左顳葉深處那彎曲有致的海馬迴上，癲癇就由此發源，再傳到其他部位。一天晚上，所有的檢查都到一個段落後，史賓塞醫師來到莉亞的病房，坐在病榻旁對她說，沒錯，她適合接受此項手術。他畫個簡圖解釋手術的每一個步驟，非常溫柔而有耐心地回答她的問題，然後握著莉亞的手，與她分享他的樂觀看法。

對於莉亞的手術，她的父母本來非常支持，但到最後關頭卻不敢陪著莉亞勇往直前，反倒懷疑腦部手術會導致認知或運動能力損傷。莉亞的母親尤其擔心手術失敗，於是勸莉亞三思，考慮放棄手術。起先莉亞有點動搖，但最後還是堅定不移，「想到過去幾年的生活，我就告訴自己忘掉過去，從新開始，不管怎麼樣我還是要開刀。」

手術在一九八三年七月十五日的清晨展開。莉亞全身麻醉後，左側頭部先剃光頭髮，然後以碘液消毒。接著，史賓塞醫師以手術刀在莉亞的頭部皮膚上，切割出狀似問號的線條——這個問號正象徵過去二千五百年來被神祕和神話籠罩的癲癇。這個問號從底部往上走，直至耳朵的前端，然後繞一個弧往頭的後面走，切口繼續沿著中線，直到髮際線，接著把皮膚和肌肉剝開，露出顳葉上方的頭骨。他們在頭骨鑽上六個洞，做長方形記號，再用有著細齒的鋸子，從一個洞鋸到另一個洞，這塊長方形頭殼就可脫離出來，暴露出硬腦膜（dura mater）——這層堅韌的纖維膜，源自拉丁文的「堅強的母親」，顯示其保護大腦之功。

硬腦膜一打開，莉亞的顳葉前端就露出來了。手術小組慢工出細活地在這塊精細的結構開挖。在手術用顯微鏡的幫忙下，史賓塞醫師框出並切下一小方塊的腦組織，顯露出深埋於大腦皮質下方的海馬迴。大腦是一個血液充沛的器官，自然不能用一般的手術刀來切割，而是採用一種特別的器械——合併有燒凝作用的電刀、超音波和可控制的抽吸器，輕柔細緻地切下一塊塊小小的組織。在我這個旁觀者的眼裡，史賓塞的精準實在令人嘆為觀止，絲毫不波及記號以外的組織，和我們這些以血淋淋的腹腔為主要戰場、離不開紗布的一般外科醫師截然不同。史賓塞醫師的技術真可說是這個世界的第八奇觀。

辛勤地開挖了三個小時後，終於看到海馬迴了。史賓塞醫師和小組成員仍馬不停蹄地進行下一步，好像時間和疲憊皆不存在。高大、留著鬍鬚的史賓塞來自愛荷華，聲音溫柔得有如暮夏草原上的微風，雙腳踩在巨大木底鞋上、頭裹在手術面罩裡，身穿無菌長袍，一動也不動地盯著顯微鏡——要不是手指會動，口中吐露出簡潔扼要的指示，實在像極了布幕覆蓋住的雕像。然而，這座綠色雕像可是正汲汲於最具有挑戰性的手術。

他的動作像髮雕一樣細心，以不傷及其他精細的神經組織為要，最後終於大功告成，移出了海馬迴中有病變的一塊。完成目標後，立即縫合硬腦膜，把五個小時前活生生切下的頭骨用不鏽鋼絲線綁回原位，接著把皮膚拉回來用夾釘固定。不久，莉亞清醒後，她將如獲新生。

史賓塞醫師移除的那塊海馬迴，不到一立方英吋。這就夠了，他們可說把造成莉亞癲癇的禍源「連根拔起」。半年之後莉亞這種複雜的局部性發作源自大腦的一塊小區域病變，這一區的訊號也同樣經由正常管道傳送至其他區域。因為如此，原本意在幫助她的聯絡系統，這時就變成她的痛苦來源。研究證實，大腦「協調彼此迴異、遍及各處的現象」的神奇能力，與這個威脅她生活架構的疾病，本質竟然一模一樣。這些正常機制讓我們能夠應付日常生活中的危險和需求，然而就如同瑪芝脾臟裡的那顆動脈瘤，莉亞的癲癇也只是人體正常機制失能的案例之一：如果大腦沒有豐沛的網絡、讓各部各區協調連動，顳葉癲癇也就不會發生了。所以，你我的身體偶爾還是會背叛我們，也因為如此，你我無疑是「帶有瑕疵的活奇蹟」。

儘管大腦的重要地位偶爾會帶給我們麻煩，然而大腦網絡的豐富性、多變的可能性，正是人之所以為人的必要條件。「智人的腦」宛如大自然送給我們這個物種的禮物，鼓勵我們物盡其用，善用這副功能極佳的生物裝置。透過這套裝置，我們獲得源源不絕的機會與無限可能：巨量的細胞、傳遞路徑以及無數個匯流或連結點。各種各樣的電子旅者在其間往來穿梭。有時，這些連結點匯集來自各方、多個來源的電子訊號，有時又將單一訊號送往不同方向或多個目的地。源自各個區域的訊號在此交會、整合處理，來自某特定區域訊號也在此分流，送往不同區域。訊號迴路在剛抵達與離開的兩點間來回傳遞，又或者經由相同的迴路一再反覆、增強效果。大腦就是這樣一個大型集散場，處理來自各方的資訊，再發送一道道象徵自我存在的終極指令。

由此可以看出，大腦支配著所有活動——大腦是統御、協調身體活動的總指揮。少了大腦，絕大多數的動物就只是一團細胞與組織的集合，沒有這個獨特器官的監管與控制，動物無法長久生存下去。在大腦的督導之下，身體各部的動作融為一體，高等動物展現出高等動物的特質。智人也一樣。若是少了這顆與眾不同的腦子，你我也就跟其他高等動物沒啥兩樣了。

然而，單靠大腦並無法完成完整的協調統合工作。細胞不單只對神經傳來的訊息訊號有反應，身體的統合作業大多得仰賴訊號分子居中協調才可能實現。訊號分子有可能是荷爾蒙，也可能是其他化學物質，而某些特定細胞的細胞膜上則具有對應這類分子的受器。訊號分子與受器結合，使細胞以特定的方式產生反應。

乙醯膽鹼或正腎上腺素等神經傳導物質也屬於前面提到的化學訊號分子。另外還有一類稱為「局部」訊號分子，是某些細胞因應周遭環境變化而分泌的物質，目的是誘使鄰近組織產生必要反應。譬如種類近二十種的前列腺素就屬於這一類，它們能影響流入某小區域的局部血流，或改變通往肺臟某區域肺泡的微小通道內徑。此外還能調節鄰近細胞分裂速率、進而影響局部組織生長快慢的局部訊號分子；總之，落在這個類別的化學物質種類龐雜，包羅萬象。

另外，大腦和脊索有一群特別的神經元（稱為神經分泌細胞），也會分泌訊號分子，自成一類。這群細胞不僅具有一般神經元的功能，也會像內分泌細胞一樣產生「神經激素」（成分為蛋白質或多醣體），經由血流航向遙遠的其他構造。目前已確認人類的大腦皮質能分泌至少六十種神經肽（neuropeptides），這些神經肽的作用有些已研究得相當透徹，其中一種名為

「腦內啡」（endorphines），結構與嗎啡相似，能紓解疼痛，誘發鎮靜或甚至欣快的感覺。（順帶一提：這種功能型訊號胜肽分子並不僅限於神經激素，動物體其他部位也會分泌這種具活性的蛋白質分子，第十一章提到的消化道即為一例。）

神經激素的作用是促使內分泌腺分泌。因為如此，神經分泌細胞讓神經系統與內分泌腺能直接聯絡，神經元接收的刺激也就能透過這種方式促成荷爾蒙釋出、產生作用。這種系統之間互相依賴的連結關係，讀者現在想必已相當熟悉，而我們的身體就是透過這種獨特的方式展現行動力，完成各種任務。

提到神經系統的依賴關係，下視丘和腦垂體的互動尤其重要。不只是因為下視丘與自體調節及情緒狀態有關，下視丘內的特定神經元也會分泌神經激素。這兩個在大腦底部上下交疊的構造，因為解剖位置相近，互動更為迅速。由於兩者功能密切協調，因此併稱為「神經內分泌控制中心」。

腦垂體可分成兩個部分。前葉為內分泌腺，來自下視丘的神經激素能促其分泌促濾泡激素和促黃體激素（FSH/LH，參見第七章）、促甲狀腺激素（TSH）、成長激素（GH）以及「促腎上腺皮質素」（ACTH，刺激腎上腺外層——即腎上腺皮質——分泌腎上腺皮質素）。在醫學研究人員口中，下視丘、腦垂體和腎上腺統稱為「HPA」，即「下視丘－腦垂體－腎上腺軸」。這三個部位互相回饋協調，能影響動物體的壓力反應，同時分泌幾種能影響免疫系統的神經激素。這個領域是「心理神經免疫學」（psychoneuroimmunology）的主要研究項目之一，而目前的進展也露出一線曙光，顯示大腦（甚至是意識）或許能透過某些方式影響免疫反應，左右某些疾病的病程發展，其中也包括癌症。

腦垂體後葉並非由內分泌細胞組成，大部分都是神經膠組織，以及延伸自下視丘神經分泌細胞的神經纖維。這些深入腦垂體後葉的軸突，主要負責運送催產素（第八章）和升壓素（第二章）。

以上關於訊號分子的描述想必相當籠統且不完整。即使增添更多細節，整體概念也脫離不了簡單一句話：在人體總計約七十五兆個細胞中，絕大多數都是透過訊號分子來決定行為反應。有些分子順著血流從遠方而來，有些則在近處活躍。這些化學物質透過複雜且彼此互補的方式與神經反應完美協調，目的是維持生物體的動態恆定——這是生命永恆的追求，也是人類生命的本質。

經過電子與化學訊息的一連串交互作用，身體各部位於是知曉其他部位的需求、或它們此刻正在做什麼。我們體內有一種或可稱為「自體意識」的感覺，似乎能在瞬間上下串起多個層次的內在自我。從意識自己的身體（譬如我們會注意到肚子正在咕咕叫）到單一細胞為了個體最終需求所做的改變和適應，層層之間有各式各樣漸進隱晦的微妙連結。人類的這種內在敏感度遠遠超過其他任何一種動物，並且比我們認知的還要明顯且無意識地左右我們的行為。

人類的反應不僅涉及生理，也涉及情感、智能和文化，但這一切都是因應體內深處的規律和需求所產生的結果。智人全身的細胞無時無刻不蠢蠢欲動、無窮盡地追求體內動態平衡和永續生存，而智人在內在（心靈）和外在（環境）世界所創造的一切，都必須和諧回應人體的本能需求。為了追求內在穩定，人體所做的種種平衡與協調會產生起起落落、反覆調整的旋律，讓感知轉為具理化性質的集合體，使身體「聽見」這股需求，敦促大腦加工處理、採取行動。透過各種細胞級與分子級活動，大腦終而發揮潛能，做出回應。在這許許多多表達回應的方式中，有一種即是創造我們稱之為「心智」的反應模式。

所謂「心智」是一種人為概念，我們會將主要發生在大腦的各種物理、化學作用分門別類，也是解剖發生學和生理功能的產物。我們所稱的「心智」是一種活動，由無數更細小的活動組織結合、再由大腦認知判定而成。大腦是心智活動的主要器官，卻不是唯一的參與者。就某種程度來說，你我身上的每顆細胞、每個分子都是心智活動的一部分，而我們身上的每一處器官亦有其貢獻。身體和心智實為一體兩面，心智是身體的特質之一。

假如「心智」是一種穩定的內在狀態，主司理解大腦及自身細胞展現的特定生命活動，而大腦負責監督神經反應，維持體內恆定，並且身體反應又是依據體內分子的物理、化學性質而定，那麼——不論這個概念有多麼虛無飄渺——心智無疑是分子交互作用的終極產物。好個終極產物！它不僅超出想像地輝煌燦爛，從好幾十萬年前就著手創建一套彷彿擁有自我意志的精神架構，亦同時承擔維持生命所需的種種過程。正因為如此，我敢宣稱，生命的質地遠比構成生命的各部總和更加偉大。

我們真能徹底了解心智？對於它的起源、意義和目的，你我真能達成共識？又或者，我們是否真心認為心智有其意圖、有其意義？我雖懷抱希望，但我也必須藉諷刺小說家比爾斯（Ambrose Bierce）之口，來挑戰這份樂觀。比爾斯曾在一九一一年出版的刻薄語錄《魔鬼辭典》（*The Devil's Dictionary*）為「心智」下過定義：「心智，名詞，大腦分泌的一種神祕物質形式，主要活動為竭盡所能但徒勞地探究自我本質。之所以徒勞，理由是能了解自己的大概也只有自己了。」

儘管比爾斯對心智活動抱持悲觀態度，但今日的我們倒是掌握了幾件事實，使我們能體諒他的悲觀詮釋。先從比爾斯的時代背景看起吧：為了發展所謂的個人心理特質，當時的科學家認為靈長類必須演化出新腦區來負責籌畫、分析、摘要與推理，還有語言。在生物演化進程中，智人演化的時間相對較短，卻具備大幅擴增的新皮質與突觸電位來滿足心智發展的需求。然而直到最近幾年，才有一整組涵蓋各個類別的科學人員齊心投入研究，探討大腦和心靈如何分工合作。

根據神經科學領域的近期研究結果，我們認為有必要重新評估先前信奉已久的腦功能理論。關於腦功能的多數細節，目前仍有爭議，這點並不意外；然而若從臨床醫師的評斷標準來看，確實有可能建構一套與內在系統相呼應又實際可用的綜合說法。讀者若是熟悉愛爾康（Donald Alkon）、克里克（Francis Crick）、達瑪西奧（Antonio Damasio）、埃德曼（Gerald Edelman）、弗里曼（Walter Freeman）、赫布（Donald Hebb）、Ronald Kalil、馬克來（Paul MacLean）、羅森菲爾德（Israel Rosenfield）、薛佛（Gordon Shepherd）等神經科學或相關領域科學家的專文著作，肯定會發現這群人對後世造成的深遠影響。這群專家及其他探討意識和思緒的研究成果，無疑是結合「可驗證的實驗室研究」與「有根據的臆斷」的極致代表，也永遠都會是這群科學家為理解自然貢獻己力的巔峰之作。

幾乎可以確定的是，絕大部分的大腦迴路終生保有相當程度的彈性。儘管腦細胞會隨著年紀增長而逐漸退化，大腦仍持續重組，設法加強此處或削弱彼處的突觸連結。哪些基礎結構能參與功能重組，主由遺傳調控，然其程度比例似乎又受制於解剖構造層級。負責調節基礎恆定機制、維持生理機能的「下級腦」——也就是腦幹和下視丘——顯然是固定成員，不同個體之間似乎不具明顯或有意義的差異。它們大概就像各位鼻子的長度一樣，由基因組決定，不僅是天生的、不會再改變，甚至早在出生前就定下來了。其餘部分的大腦則保有各種程度的改變能力，根據接收到的訊號持續不斷地調整適應。

顯然，適應力較強的「上級腦」深受外來訊號影響。上級腦會透過生成新突觸、強化既有突觸、改變神經傳導物質互動效應等方式來適應變化。某一套連結利用的次數愈多，就愈能強化連結。這也就是說，接收大量訊號的神經路徑，通常也會更輕易地將後續訊號傳送出去。基於同樣的道理，較少使用的突觸會漸漸失去功能，亦或消失。

由此看來，經演化得來的「新腦袋」似乎比較原始的下級區更不受遺傳左右。因此在任何非特定時刻，大多會依經驗來決定上級腦該如何施展功能。最新的新皮質每分每秒都會因應刺激而重新調整，年復一年持續下去。我們不只會對外在世界的訊息起反應，也會回應來自人體深處的呼喚。這些訊息經由神經衝動、神經肽及其他訊號分子來回傳遞。

在這之中，最具影響力的外在刺激大概要屬「聽、說」這個形式了。最早的智人是人類進化史上首先擁有「喉頭」此構造的老祖宗，因為有喉頭，我們才能清楚發聲說話。歷經數十萬年微調，現代人才終於能夠使用如此複雜的溝通方式。隨著單詞、語言依序浮現，大腦也同時吸收所有輸入的訊息、並透過新突觸生成回應，而這一切又回過頭來促進更複雜的語言發展，形塑人類的特徵概念。複雜的聽覺訊號愈輸入愈多，複雜的突觸連結也隨之增加，彼此相互反饋、互相影響，結果產生一個更為膨大的腦。約莫在二十萬至兩萬年前，智人的額頭從傾斜轉為垂直，象徵人類的腦容量已能運用所有即將擁有或被賦予的能力。到了三萬至兩萬年前，智人的大腦已大致具備今日種種活動所需的構造及能力。

除了聲音，影像和其他輸入訊號也都能影響並改變大腦迴路。此外，情感或情緒也扮演重要角色。上級腦會將種種印象、理解、記憶和反應永無休止地重排、再重排，也因為如此，大腦會一再重整神經迴路。這套過程使大腦成為一座學習機器，腦中持續有新突觸組合、生成或強化，也有不常用的突觸逐漸弱化或淘汰。隨著年紀增長，大腦神經迴路也不斷修改、再修改。美國最高法院前大法官霍姆斯（Oliver Wendell Holmes）說的好：「人不會因為變老就停止玩樂。就是因為不玩樂，人才會變老。」活著就是學習。

這一切都與你我的日常經驗相符，說明我們如何學習、如何遺忘，這不僅僅涉及意識，還有更多機制牽連在內。來自四面八方——源頭包括肌肉、心肺內臟等遙遠構造——各細胞的化學或電流訊息，先抵達大腦皮質，再由大腦的協調及控制中樞交換處理。當年，英國神經生理學家謝靈頓爵士（Sir Charles Sherrington）還在斟酌一九〇六年那本書的書名時（《神經系統的整合行動》〔*The Integrative Action of the Nervous System*〕），他肯定沒料到書名能有如此深遠的意思。

這裡指的是「認知」（awareness）。我曾在前幾章提過，我相信認知有其微妙的階級層次，透過化學物質與神經衝動，讓大腦皮質能與身體各部位的細胞互通有無。在大腦掌管的遼闊帝國中，各疆域時時透過直接或間接方式相互聯繫。

各方訊息匯集輸入大腦皮質，而大腦皮質亦同時將訊號送進遠方不同的細胞群。我們的身體是統一一致的集合體，各組成部位始終不間斷地直接或間接聯繫。照這樣看，經由複雜的大腦皮質，心智猶如這些互動、協調、解譯之下所呈現的共同產物。我們或許可以說，大腦皮質對於皮質本身及其所屬的整副身軀，擁有某種「感知」。這類互動實在太過頻繁，次數多到今日科學家也無法計算。

誠如體內各種組織的行為皆由遠方的大腦調節掌控，大腦的功能與其超顯微結構其實也深受組織回饋所影響（包括最遙遠的細胞叢）。大腦無法忽略訊息。大腦會對接收到的每一道訊息做出回應。

輸入的訊息在抵達大腦皮質前，已先通過較下級的幾個修飾中心、完成前置作業。訊息一送進皮質，就會由一群特定神經元接手處理（這類神經集合的數量可能上億，而每一組又由五十至上萬個神經細胞組成）。這些遍布大腦各處的神經集合會發出訊息、回應訊息、再發出訊息、再回應訊息，如此來來回回，輸入再輸入，時而強化時而削弱，上上下下四處奔走（就像一群嘰嘰喳喳的傢伙），以各種形式組合又重組影像、見解及想法。每一條神經元都有許多樹突和軸突能與鄰近細胞聯絡。大量神經元組成繁複的集合、網絡和區域，最後產生無數可能的結果。舉例來說，就算是最簡單的視覺影像，其實也只是大量且複雜的碎塊斑點而已。這些碎塊斑點經過接收、處理，經由一群軸突傳送然後融合，幾乎在瞬間產生單一、進入意識的合成畫面。

所有發自情感、記憶、背景環境的訊號（或甚至源自皮質本身的原始刺激）都有可能形成見解。不同的訊息也可能經由不同的神經集合評估處理，進而影響傳輸強度，以及最終意識判別的結果。

這些大腦活動也會形塑其發生路徑。這種彈性不僅根植於訊號的接受與發起，記憶、經驗、脈絡、情感和判斷評估亦貢獻良多——這正是每個人之所以獨特的原因。人類的「性靈」就建立在這層生理基礎之上。

對我而言，就如同心智是整副軀體理化物質所呈現的特質，性靈則是心智的特質。性靈是心智的道德力量，是多層次認知的產物，是智力尋求穩定、與自身理化起源和諧共處的永恆追索。我會說：你我所呈現的一切，完完全全就是體內不安定的巨大騷亂在面對生命層出不窮的挑戰時，持續不懈調整適應的成果。人類之所以有別於野獸，在於人腦擁有強大的力量，能解析領悟接收到的訊號，送出獨特的回應，或是擁有感受內在韻律起伏的獨特認知。

儘管《魔鬼辭典》將心智活動定義為徒勞，但探究心智本質並非全然無用。人類思維堆砌而成的力量已然克服「能了解自己的也只有自己」的理論缺陷。事實上，當我們把眼光轉向內在，你會發現心智對於無知也展現其強大堅韌的一面：我們懷抱堅定的信念、接受挑戰，相信自己有能力召喚心智的力量。人類的思維已足以解開人類思維的奧祕。思維能引出思維獨特的絕佳能力，解決這個難題。早在現今神經科學出現之前，亞里斯多德就已經知曉箇中奧妙了。他在《形上學》（*Metaphysics*）寫道：「所以，神聖的思考必須用於思考本身（因為思考是世間最美妙的事），其思維就是思索思考。」這種思維就是最棒的思考。即使憤世嫉俗如比爾斯之流也不得不承認，在理解「心智」這方面，我們已經有了相當程度的進展。

結論

人類偶爾會重溫孩提時代的驚奇幻想，目的是為了保有成熟思維的驅策力。在這個星球上的所有造物中，有一項巧奪天工的傑作（前提是這個星球的造物符合「傑作」一詞的描述範疇）。面對如此傑作，我只想召喚驚奇。

——謝靈頓爵士《人體的智慧》（*The Wisdom of Body*），一九三七

謝靈頓爵士所說的「傑作」就是人體，而驚奇則是我們面對這副傑作時唯一適合的態度。在了解人體潛藏的理化性質之後，我們只能驚嘆地無以復加。儘管看似矛盾，但這副實為你我、具自我調節功能的穩定組織，竟是透過其獨特的不安定本質達到穩定狀態的。為了讓人體做好準備、隨時反應並重回恆久不變的基線，人體盡可能讓每一次的恢復反應都以維持恆定為依歸——恆定是生命的基礎，也是最精巧的平衡。

由於動物必須時時警覺體內體外、無所不在的種種危機，在無邊無際的組織、體液、細胞之間持續不斷送出彼此確認的訊號，動物體無疑是一只盡責又穩定的陀螺。在數以兆

計、由能量驅動的矯正機制傾盡全力運作之下，不適宜的交替變化重獲平衡，動物體也適應改變或校正復原——這一切都是為了穩定。穩定是複雜的生物體維持有序和諧的必要狀態。

在面對不斷威脅自身存在、連綿不絕的種種壓力時，協調內外環境的能力就成為動物求生求存的基礎。維繫生命必須仰賴訊息接收、傳遞與緊急應變能力。當生物體從最簡單的生命形式一路演化至複雜的靈長類動物，中樞神經系統的能力也就愈來愈精密繁複，接收訊息的構造和多變多功的訊號分子也跟著協調統合，全力發揮功能。亙古以來，大自然無心、盲目地朝著達爾文所謂「總有一天造出反應完美無瑕的生命體」，步步前進。這個生命體配備充足，不論是來自包圍它的外在威脅、或是被它包圍的內在危機，凡是可能危及其組成細胞及其自身的各種威脅，它都有辦法應付處理。

然而光憑反應是不夠的。真正的獨立還需要預見危害、防患未然的能力，這種能力讓動物體與環境的關係從被動回應轉為主動創造。假使有某種生命體完全不受制於環境中的危機與對環境的需要，那麼它是不受拘束的、自由的，唯有生命體自身的創造力方能限制它尋求滿足與喜悅的動力。假使這種生命體天生擁有情緒感受力，擁有能發出清晰音質、用於溝通或言語的精緻構造，以及與生俱來的群性，那麼它將擁有無限美好的機會，只消伸手擷取——人類這個物種正是這個星球上最接近這種設計的生命形式。

由於科技進步，代代相傳的知識庫亦持續擴充擴大，人類似乎愈來愈脫離環境，除了應付相對微小的外在變化，能促進實質演化的刺激實在不多。人類自我建構，亦自我保護。我們創造傳統，代代強化傳承。即使成果不算完美，我們依然透過工程、建築、醫藥和科學，某種程度成功保護自己不受大自然摧殘。儘管結果不總是美好，我們還是設法利用社會架構、法律系統、宗教組織保護自己不受他人欺辱。演化的需求似乎已大幅遭文明進步所取代，經由教育及文化制度代代相傳。

人類存在的意義早已超越基本生存，不再限於自我保護、不受周遭環境侵擾的本質。我們早已超越滿足基本慾望、只為傳宗接代的需求。原始本能已拓展為一套完整體系，求存和傳承DNA的簡單需求亦已套上文化、美學、性靈等重重豐美的華麗衣裳。

想想「遮雨棚」吧。遮雨棚原本的用途只是遮風避雨，經過人類的巧手即搖身蛻變為建築作品——融合工程、設計、裝飾、功能、增色等多種概念，隱含能反應文明及象徵個人喜好的種種符號和意義。遮雨棚原本就只是遮雨棚，後來卻變成展現社會進化的媒介：宛如一處能與自我及同好溝通交流的密室，猶如能讓心靈沉浸在話語、練習曲或壯麗繪畫中的市集廣場。

再想想「有性生殖」。這個傳承DNA的過程到了人類身上反而成為內在自我表達深層情感的方式。起初只是為了傳宗接代，後來卻進化為表達性慾、伴隨「愛」所產生的情緒。不僅是家庭的根基，也是社會的基礎。

我認為，智人後來所呈現的行為模式，其實是對「生物」自我的認知結果：是我們對社會組織的回應，同時融合體內細胞或器官的處理過程。我們的認知是多層次的，小至分子間的信號傳遞，大到意欲解開宇宙之謎的思維意識。我的看法是，認知有一層層隱晦、漸進的階段，因此在意識與下意識、或再往下深入直到細胞內部，彼此之間並沒有明確的界線。藉由回應內在訊息，我們逐漸學會以只有人類才能辦到的方式，應付外在世界。少了這顆強大的人腦，我們不可能順著層層建構的認知層序，抵達最終一級。

在我看來，那種近似破壞、使我們無止境地對抗掙扎的混亂狀態，反而在你我體內種下對「秩序」的本能需求。身體的每一寸某種程度都能覺察到這個設定，這是身體的韻律、節奏告訴我們的。人體深處的細胞以不容否認的聲音向深層意識訴說，試圖傳達「唯有參與代謝的數十兆處理程序協同作用，融為一體，生命方得存續」這份不可言喻的訊息。不合作，必滅亡。我認為，這種與生俱來、攸關存在的危機感（也就是生理機制將本身的不穩定性轉化成維生力量），我們某種程度是知道的。有些事，其實我們早已知曉，只是我們不知道自己知道罷了。法國哲學家巴斯卡（Blaise Pascal）在三個世紀前就曾寫下：「我們的心有其無法解釋的理由。」

想想那些持續且自主的行為——譬如調節呼吸——除非它召喚注意，否則我們不會注意到它。想想那些在視野最邊緣、我們看見卻沒看到的影像，還有聽了卻沒聽到的聲音——雖然聽小骨隨之震動，卻仍不足以誘發意識微調。

有一回，先鋒派作曲家約翰·凱吉（John Cage）描述他參觀哈佛大學「無響室」（無回音室）的經驗（沒有任何音響進得了這處空間）。然而，他還是聽到了兩個聲音，一高一低。後來他向管理無響室的工程師問起此事，對方告訴他：「高音是神經系統的聲音，低音是血流的聲音。」我還沒碰過有誰有過這種意識體驗，故我傾向懷疑這種說法，然而其弦外之音卻是再清楚不過：我們能察覺體內發生的事件，也汲汲尋找這些事件明確存在的證據，彷彿想再次確認深層認知早已偵測到的事實。

有些訊息會經由下意識抵達腦部，在大腦留下印象。若反覆發生，有時也會形成意識。不過我會說，還有少數源自器官、組織等細胞的訊號也會下意識進入大腦。大腦接收到的訊號比我們意識到的多太多了，因此常常在沒有明顯意識的情況下接收並處理。不過，因為人腦有太多複雜的連結迴路，體內某個部分還是會知道的。

不論有意無意，我們其實能察覺死亡正步步進逼，因此會本能抵抗，永不停歇。我們抵抗的手段是依序拆解所有反常造成的結果，設法在細胞經歷的大量變動中維持恆定。所謂恆定，就是要求所有——各式各樣、數量無限——涉及代謝的過程都必須保持和諧。生命的存續仰賴和諧與秩序，而人類新皮質回應這種最根本需求的方式，就是優先考量這兩項條件。和諧與秩序不只是生存的根本，也是應許滿足與愉悅的源頭。在人類追求美、追求信賴關係時，和諧與秩序也同樣是基本要素。和諧與秩序能滋養最深、最豐富的愛——唯有人類能給出如此與眾不同、無與倫比的愛。

我們以電脈衝的形式送出職司探索的信使，沿著大腦公路上上下下，或是奔向遙遠的連結、路徑與中繼站。在發現或創造新連結與新途徑之後，信使返回大腦，以記憶、洞見、情感等獨特形式為人類所用。有了這些記憶、洞見和情感，我們就能創造邏輯模式，憑以衡量感覺證據、制定決策。由於嚴謹的生理機制已然在位執行，因此這股力量時有時無，不必然發生。然而因為機率，因為試誤學習，還有百億大腦神經元與六十兆神經連結成功或不成功發射訊號的影響，我們總能完成預料之外、不一定有所意識的工作和發現，進而適應大自然最初執意交付我們、希冀協助我們生存繁衍的種種挑戰。

我們將腦內源源不絕的龐大局部電子迴路加以組織運用，聯絡各區域系統，荷爾蒙與繁殖的效力及動能超越了單純傳遞DNA的基本層次，進而創造社會關係與社群的概念，但是這一切仍離不開最基本的希望、信念、利他、義務、慈悲、道德，或甚至是平等無私、不求回報的愛。在演化路上，人類已然走得非常遠，創造種種顯然無關生存的豐富特質——特別是「審美觀」，透過對美的賞析、對秩序的需求明白展現在文化生活之中。可以確定的是，發展這些我們認定「人類獨有」特質的能力，顯然源自天擇賜予我們的分子級配備。然而，一切卻是透過智人漸進式的大腦開發與探索，這些能力才得以成真，而這是體現人類性靈最後、也最重要的過程。在這段過程中，我們徹底運用與生俱來的生理與解剖功能。我們這個物種的所有成員都是真真切切的創造者。

我在這裡提到的是真實的器官活動，還有在神經纖維與細胞之間、為了回應刺激而往來傳遞的種種訊息。然而若要探討思維、情感與細胞、分子之間的連結，相關研究架構才剛誕生。儘管進展快速，所得的成果仍因為太過片段而遠遠不及所需，只能描繪整套理論的起點。不過就我們已經掌握的資訊來看，投入這個領域確實值得期待，理當有所斬獲。

在尋覓心智的生物基礎的過程中，我亦未摒棄某些心理學或心理分析的保守見解。不僅如此，我甚至還想找出能闡釋這些見解的器質性（器官）基礎。說到底，佛洛伊德年輕時也是從研究神經系統生理起家，後來也未曾放棄珍貴且渺茫的希望——將來有一天，他對心智活動的推斷猜測也能被視為有待修正的暫時構想，並且能透過縝密嚴謹的純科學方法加以證明確認。為此我深受鼓舞，我認為佛洛依德的希望絕對不是虛幻想望。

我懷疑，智人的腦剛開始可能只是倉庫——用以容納適應迴路與細胞結構交織而成的無限可能——如同人體其他部分經常存有過量荷爾蒙或其他多餘的能耐一樣。大自然賦予生命體大量的「庫藏」細胞、組織、甚至器官——我們其實不需要兩顆腎臟或這麼大的肝臟，又或者是超過六公尺的小腸。天擇之所以給予這麼多，理由不證自明：生物體若有餘裕可供依靠，那麼萬一受了傷，更有機會生存繁衍。動物的對稱性說不定正是源自這種抉擇，所以才獲得成對的器官，某些組織甚至還有多餘的部分。我相信，為適應環境而利用這些多出來的內分泌或中樞神經系統能力，對於創造性靈有其重要的機制與意義。為了回應各級器官不斷接收到的大量刺激，應付變異不居的種種事件，我們必須持續拓展自身的處理能力。因此就廣義來說，正是這份餘裕讓我們能夠作到這一步。

我們又如何能夠確認，其他新發現或新形成的迴路確實與我們新近獲得的能力有關？這些能力在兩萬年至四萬年前——也就是智人最近一次較具意義的基因進化期——與求生求存毫無關係。譬如，有些人何以能在照明不足且繁忙的高速公路上，安安穩穩以一百四十公里的時速呼嘯前行？何以有人能理解複雜的電腦結構、或用2B鉛筆寫出一行字？再不然就是演奏小提琴奏鳴曲或移植心臟這種需要手指靈巧的工作？如果人類已經獲得目前你我所擁有、最基本且重要的基因組，好端端地住在山洞裡，他們可不需要這些技藝才能活下去。各位想想：現代人擁有如此琳瑯滿目、牽連甚廣的大腦活動，所用的竟然是我們這個物種最近一次重要突變後的同一套基因？

智人呈現的這項重要成就，其實單靠「大腦神經迴路的彈性」就能輕鬆解釋，甚至綽綽有餘。但我仍禁不住揣想，難道就只有這一種解釋，沒有其他附加因素？說不定就如同我們擁有多於所需的肝臟、腎臟和腸子，遺傳也同樣賦予我們額外的神經元和突觸連結。我們已經知道，大腦有能力發展新的或更強的傳遞路徑，因此我們不一定要提出這種假設；但說不定就是這麼回事。說真的，我們為何非得要把大腦摒除在外，不像其他器官一樣擁有大量多餘組織？在已知的大腦彈性和假設性的「多餘組織說」之間，肯定存在巨量的、與突觸有關的可能性。法國哲學家伏爾泰在寫下「多餘，甚為必要」（*le superflu chose très nécessaire*）這一句時，或許也想到大腦半球了吧。

「新皮質」是近期和動物大腦有關的新學說之一。該學說主張，大腦在每一個演化階段都會增加體積與複雜度，終而累積至智人如此繁複且大量的細胞和連結。在演化路上，智人的前一階段是「直立人」（*Homo erectus*），直立人的腦容量約莫只有六十立方英寸（約九八三．二二立方公分）；考量現代人的腦容量有八十二立方英寸（約一三四三．七四立方公分），可見單單從直立人進化到智人這一個階段，腦容量就有相當大的變化，而科學家對此也有不同的想法。在某種意義上來說，正因為擁有如此豐富縝密且高度發展的新皮質，我們才有辦法順應智力、情感以及其他種種感受。再就是，由於腦容量擴增的幅度相當大，幾乎可以斷定即使是現代人也還未能徹底開發或利用所有的腦資源。

我認為，人腦為了回應來自身體與環境的種種感覺訊號，不得不深陷穩定與混亂（源自細胞深處）的本能爭戰中。這場戰役透過「生之本能」與「死之本能」（Eros and Thanatos，由佛洛伊德所創）——即「愛」（生命）與「死」——兩股力量造成的心理衝突，時時展現。由於兩者水火不容，因此從第一位智人誕生的那一刻起，人腦的中樞神經系統就必須時時發奮圖強，努力造出更多樣的迴路與化學物質組合，透過自我探索的方式利用多餘的儲備能力，終而成為今日這座融合智力、靈性（甚至再加上精神官能症）的超能機器。

我或許該指明的是，上述推論都顯現出一種持續的改良和進步，或多或少有些過度樂觀。然而，我對「性靈」的定義並不僅限於我們這個物種發展出來的美好特質，其實還有一些我們不太可能引以為傲的根本脾性，也必須歸入這個體系。如果「靈性」（包括我們習慣與靈性扯上關係的一切事物）有其反義詞的話，那麼肯定就是「惡意」（mean-spirited）。惡意使用的迴路及分子互動模式與靈性完全相同，也藉此產生心理活動，卻致使人類最美好的心靈成果慘遭本能直覺束縛綁架。就像所有的適應行為一樣，這些是壞的、不當的適應行為，就是這種不當的適應行為、秩序與混亂的衝突、還有對群體生活的迫切渴望（個體衝動必須服膺群體利益），才引發所謂的反社會行為與精神官能症。這些也是人性的一部分。

負責維持體內恆定的種種多樣、不穩定的機制，其實也反應在我們看待同類及宇宙的觀點上（同樣地不穩定和模稜兩可），其中又以我們自己最為明顯。人類時時刻刻都在回應內在生理狀態，不斷勉力維持日常生活所需的平衡。這種夾在「穩定、一致」與「混亂、破壞」之間的衝突，其實也反映在人類心智上：我們的心也同樣在天生的良善與無法無天的黑暗破壞衝動之間，反覆掙扎。我們之所以視理智為人性的光輝，正是因為人心始終巍顫顫地棲靠在善惡的雙面刃上。追本溯源，人類心智比哺乳類軀體少說年輕個兩億歲，而我們稱之為「心靈平衡」的特質遠遠不如肉體／生理彰顯的成效。人類的運作有其生理層面，亦涉及心靈，兩者都在衝突的坩鍋內奮力掙扎。我們之所以能以穩定的情緒過日子，是因為我們內在的道德觀達到某種程度的平衡，而這種平衡必須透過體內酵素和多種調節機制的互相牽制協調才可能達成。有時候，我們會喪失這種得來不易的內在平衡，其結果就是心理疾病、忿忿不平、還有其他種種每天都會見到的邪惡行徑。

第一位讓我明白《塔木德經》教誨的人，是我的猶太拉比導師。經文說，人時時活在「yetzer hatov」（善的衝動）與「yetzer hara」（惡的衝動）的永恆衝突中。人類文明之所以啟始並持續至今，是因為守住某種「群體恆定」才得以成就文明社會。換言之，這是要求平衡（善的力量）勝出的結果。然而綜觀二十世紀以來的歷史、以及報章雜誌上每日層出不窮的社會事件，「平衡」大多時候只是難以企及的理想。社會也和你我一樣，永遠都在自我掙扎。

人類對靈性的感知，使人類得以為人。靈性感知使我能守住理性，昇華內在衝動，讓我能為社會所用，能以唯有「人」這個物種能愛的方式去愛。但這份感知也能使我傷人，算計利益對抗他人，錯誤詮釋反覆迴盪的潛意識並曲解童年創傷，使我變得沮喪、焦慮、或甚至對社會造成威脅。性靈能夠建構滿足你我最崇高希望的道路，也能佈設朝向自我毀滅的幽暗之途。

其實，這個過程有部分並不受自由意志左右：刺激產生與否，神經衝動是否成功發射，電脈衝是否形成、是否中途失敗或改變路徑，是否得以逐步建立看似最切合所需的訊息路徑，每一道關卡都需密切配合，人類智能才得以累積增長。但這個過程也有很大一部分涉及意志：唯有在有意識的意志中，負責任、建立道德感等等的特質才能拓展創造性思維的境界。新發現的路徑常常使用得最為頻繁，經由這些路徑傳遞訊息也會愈來愈輕鬆簡單，直到幾近自主自動為止。於是，這些路徑所產生的思想和行為模式也就成為每個人公認的性格特質。一段時間之後，持續擴充的反應組合深刻內化，使得後代子孫也能在為期較長的童年階段從父母及周遭環境習得這種特質。

我認為這些構想並不空泛，亦非隱喻。我深信這些都是真的。儘管其中大量涉及潛意識，而且也無法透過自由意志或理智探知，但感知身體的韻律及種種值得信賴的生理反應，確實能涓滴形成某種規律的思維，尋求對稱與秩序，憑以克服失序及死亡連續不斷且災難式的威脅。人體的回應不論明顯（譬如心搏或呼吸）或難以察覺（譬如利尿機制或代謝周期規律），我們都必須仰賴組織器官的穩定調節，步步為營。你我體內數以兆億的細胞反應乍看之下彷彿群龍無首、不受控制，其實大夥兒全都齊心協力，為了整個生命體的和諧運作而分頭努力（使其能像順暢運轉的馬達）。分子的動態騷亂在組織層級完成協調，化為順暢運作的系統功能：譬如心跳滴滴答答的切分節奏，蠕動一致的腸道，或器官內任何能使彼此預知某種秩序的種種表現。難怪英文的「器官」（organ）、「有機體／生命體」（organism）及「組織／結構／體制」（organization）系出同源，拼法相近。這幾個字在印歐語系的字根是「uerg」，即「工作」（work），詞意不僅限於「構造」，更多了一層「功能」的含義。

早在生命之初——事實上，是在生命出現以前——組織與和諧就已經存在了。卵子受精前，細胞質便已展開某些程序，漸次調節各種不同分子，影響這顆細胞的四個象限。

自受精那一刻起，受精卵持續分裂，而胚胎內各不同位置將由哪些特定細胞填充占據，一概交由各式各樣精心策畫的化學反應決定。一切都依照生物學家所稱的「誘導」或「模式形成」等彼此協調的節奏，按部就班進行。這段期間發生的任何微小錯誤都必須修補糾正，組織若要生存，就必須不斷修正環境與自身的錯誤。而「胎兒」就是這段過程的成果。當他／她以嬰兒之姿來到這個世界，無疑是最光輝燦爛的時刻。這個新人類誕生之後，那不斷變化、引致整體和諧的生物恆定程序，如同旋轉不歇的陀螺一般，持續運作，維持生命。在老化、重傷或某些消耗性疾病使得對應系統失能故障之前，這只陀螺都會不斷自我調整、重新平衡。

胚胎發展軸突、探向命定終點的方法，足以作為體內各分化細胞整體協調、順應組織需求而統合其適應過程的楷模典範。基本上，胚胎裡的軸突會依循遺傳決定的化學物軌跡，循序生長。這也就是說，神經的解剖構造大抵受制於遺傳，然而對於這群神經該如何使用、如何分支、如何在生命持續的過程中經年累月地微調，遺傳甚少介入。雖然遺傳決定了大腦基礎迴路該如何銜接組合，但大腦也相當程度擁有改變原定組合的可能性，讓許多迴路都能不限次地不斷改變。在生命形成初期，縱然有部分中樞神經系統必須先行「布線」成為固定班底，確保神經反應的穩定與一致性，但另外一部分的神經迴路仍保有充足的彈性，在我們有生之年都可能一再修改、調整。

生命的延續需要藉不安定建構安定，要靠變化維持穩定。和諧是美感的基礎。唯有極致和諧與內在程序協調一致，才能誕生美感。「美」不僅反映在人類的音樂與詩歌之中，也反映在視覺鑑賞層次上。不論美的組成分子有多　彼此迥異、南轅北轍，美之所以讓人感到舒服愉悅，也正是因為我們的感官知覺接收到這份與細胞級深層自我要求一致、井然有序的規律成果。我們的生命踩著組織分子的節奏前進。我們的性靈隨著生物樂音悠然歌唱。

在建構人性的過程中，最偉大的技藝或許要屬能識得「美」為何物——包括發現周遭美的存在，以及由我們所創造的美。美，似乎與DNA存續沒有直接關聯（大自然已賦予我們其他吸引異性同類的方式），單單這一點就讓「美感」成為人類心智最超凡卓越的成就之一。影像、聲音、思維之美賜予我們最豐富、甚至接近靈性的感受，其程度已然超越汲汲營生和滿足、愉悅的基本層次。人類性靈及其對於美的無盡追尋，為人性特質下了最完美的定義。

就拿「詩」來說吧。不論詩人如何建構一首詩，詩的根本特質是詩句：詩句就如同詩的組織。詩句亦如生物組織，具有重複性和變異性。儘管組成詩句的文字（如同細胞）分開來看不見得有意義，卻是整句詩抑揚頓挫及整體意義最不可或缺的存在。文字的重要性不言而喻。

文字是文字，停頓是停頓。不論是否受到音節或標點符號影響，每一項組成分子皆按其對整首詩的意義，各司其職，同時為整首詩獻出各自的意義；而整首詩也賦予各段落完整的意涵，彰顯段落安排的特定含義。人體各部、或甚至各個細胞的存在不也正是如此？就算挑選的細胞正確無誤，卻未賦予清晰的定義及脈絡，這個細胞付出的一切皆毫無意義。組成一首詩的種種元素彼此結合、組織、融匯、整合，最後成為你我眼前複雜的生命體。正因為有文字、停頓、標點符號等基本元素存在，整首詩才得以存在。詩如此，人亦然。人類透過其自我形象，寫下一首首生命詩篇。

詩是一種特定的共鳴集合體。每一首詩有其獨特的振動頻率，詩與詩也有其共通頻率。這種共鳴與詩意起於情感，也能反過來誘發情感，使我們的身體與之共鳴。詩意讓我們的情感獲得最極致的滿足。

文字與詩句有自己的聲音，每一首詩也有其完整、獨特的音響，不可能為另一首詩所複製，就如同你我都有完全屬於自己的「聲音」，而我們在我們所屬的社群裡，也有完全屬於自己的形象。人的聲音反映他聽見的內在自我，包括生理和心理。

研究口語溝通歷史的學者指出，即便是最早的文化形式，語言也另有其他別於正式口語的使用方式，隨著文化漸進發展，詩也就從這種另類方式中冒出頭來。最早的文學形式就是詩歌。每一種宗教（無論有多「原始」）都會透過某種形式的詩歌來表述自我。有些人認為，這項觀察結果似乎能用人類的遺傳或本能來詮釋。但我的想法是，我們可以從內在自我的深刻覺知中找到這種通則的源頭：人類透過生理作用特有的對稱和秩序，回應這種覺知。我們順應規律而活，因為規律內建在你我之中。

正如同上述觀點是我堅信「性靈源於生理」的基礎，我認為心智同樣是生理的產物。我的論點是，身體對於內外環境的回應，為了適應本身既有生物構造而產生的種種活動，兩者共同形塑了「我」這個人。我認為，人類性靈是內在生理的產物（包括細胞架構下的分子行為）。這就是源頭。我們不需要援引更高的力量或奇蹟，我們只需喚起人體細胞內存在的物質即可——這就是至高無上的力量和最偉大的奇蹟。它的輝煌美妙再再使得已目瞪口呆的觀察者更加吃驚。

這一切看似十足地「不可知論」，卻幾乎不可能出自無神論者之口。在我看來，支持無神論是不科學的。「假設已知」本身即違反理性邏輯。我曾經寫過：懷疑論者最好時時保有「不確定」的心態——意即在質疑周遭萬物的同時，也必須準備接受「任何解釋都可能成立」此一假設。這也是我的態度。缺乏證據並非反駁對立主張的有力證明——缺乏證據就只是少了證據，並非強而有力的反證。兩者是完全不同的。我們無法證明上帝不存在，卻也無法斷言我們永遠找不到祂存在的證據。

事實上，我對人類性靈的假設並未徹底摒除上帝存在。我只是提出一項事實，一套無需上帝干涉介入的解釋，但這並不必然等同於我百分之百確定，我們在未來永遠不可能說服懷疑論者或心存質疑的人「上帝真的存在」。儘管如此，在歷史上的這一刻，一九九六年底，足以說服反對者相信的證據尚未顯現。有些人繼續懷抱希望，有些人繼續祈禱，還有一些人則繼續相信他們相信的那一套。

對於信仰堅定的人來說，我這套假設完全站不住腳。又或者這只是一套試圖改變上帝角色的說法。若以此為前提，那麼上帝這位牧者看照的就不僅限於祂親手創造的子民，而是擴及所有能自我創造、擁有自由意志的分子力量產物（而這股分子力量說不定就是祂數十億年前親手釋放的）。這項工作需要所有的智慧，以及我們期盼上帝賜予的確信與絕對。這不容易作到，或許對上帝而言也是挑戰。

對於世界觀較偏向無此信仰的人，我們這個物種的潛力看起來就更了不起了。因為我們已然發現，終此一生我們都能不斷適應這個世界。少了另一群人所信仰的上帝——祂可能隨時中止這個過程——以及除非這個世界或人類種族因浩劫而毀滅，否則大腦迴路與神經內分泌的交互作用會持續開發處理刺激的新方法，永不停歇，而它們也因此能不斷強化人類的解謎能力，解決種種包圍你我、我們生來就得面對的生理與心理挑戰。

據我觀察，若以理性（或經大多數人認定可驗證的證據）為基礎，一般人鮮少獲得或失去信仰（faith）。若非如此，我們就不會使用信仰一詞來描述宗教體系「信」的概念了。信仰的有無與否，端視個人需求、教養、訓練、精神架構而定（最後一項各位愛怎麼表述都行，總之就是與生俱來的傾向或稟性）。我認為，本書提供的資料沒有一項能說服任何一位讀者改變他／她對「至高無上的存在」的一絲絲意見或看法。已經有信仰的人，只會因此更確信上帝存在。至於沒有信仰的人，可能會將參與自主調節的種種元素視為有利論點，認定無需援引上帝存在。當然，「無需援引上帝存在」與「上帝不存在」，兩者差別甚鉅。

不論各位傾向支持奧地利語言哲學家維根斯坦（Wittgenstein）「人體是人類靈魂最好的形象」的說法，或深信哲學家也有思慮不周的時候，人體毫無疑問都有其神性的一面——透過哈姆雷特之口，文豪莎士比亞表示：「彷彿有神決定了我們的結局」。這個神也許是印歐先祖在大自然中發現的原始神性，也可能是上帝透過指尖傳達的神性。不管是哪一種，人類性靈的形塑確實關乎神性。正如同我們探究身體智慧一樣，要想理解人類性靈真實及潛在的偉大力量，除了必須懷抱追根究底的精神，還得擁有英國詩人華滋沃斯（Wordsworth）置身那個神聖如修女的美麗傍晚的心境：「虔心讚嘆，屏息無語。」

致謝

沒有作者獨自寫作。他再怎麼獨處，久遭遺忘的字詞無聲影響著他，總是在手肘動靜間如影隨形，曾說出那些話的男人和女人也與他同在，一生的閱歷和話語就此匯聚在他的紙上。作家的獨特個性會過濾記憶，過往經歷的回聲持續不斷，直到它們被造出形體才肯罷休，也許這些聲音永遠無法上升到明顯的意識層次，但仍在他的指間找到了言說的形式。

寫這本書時也是一樣的。隱沒在記憶中的一切會自己顯現，然後它就出現，告訴我哪個地方必須加重筆法——經常沒有明顯模式可言。而這也是本書所欲處理人類心靈的奇蹟其一：我們不知什麼原因能去認識和行動，用上過去無數片刻的思索和不假思索、意識和潛意識下的幕後知識，我們內心理解那個從形塑當下、自我的深處記憶池中帶出的模糊資訊，它從來沒有失去其力量。在如此驚奇中，人類大腦有別於任何動物同類（fellow animal）。

在如此驚奇中，任何人類心智皆是奇特無比，不同於其他過去或者未來可能有的樣子。在如此驚奇中，就能找到這本書的寫作元素。

即便，每個久未思索的念頭可能跟清晰短語一樣易察，但光憑它們並不足以完成作家的全部設計。此外還需要截然不同的檢索方式，它發生在認知最前沿。這個過程是計畫好的，有目的搜尋公開資訊，然後需要慎思準備、調查和審視資料。這本書有許多要學習和分析的部分，事實上，是我要去學習，或至少要有新的理解。同時這本書有許多部分需要跟別人交換意見和尋求建議。就像所有寫作者一樣，我尋求過當時所能找到的頂尖顧問，同時我也受益於賢能同事的無價意見。書中許多篇幅都是與人交流後的結果，不常有需要長久消化的資訊。連續對談中的豐富內容大多可口好消化，這些收穫也擴展了我的理解範圍，不只人類的整體，也包含身體組成最微小的構件，以及整體變成人體運作結構的方式。

儘管我執業時花了不少時間增進對人體的了解，但其他眼光獨到者的意見仍是無可取代，特別是那些專家。我感謝在耶魯的朋友，以及曾小心審閱過本書篇章中與他們專業領域相關的人，他們盡最大努力助我免於出錯。如果有任何地方直接偏離和局限了事實準確性，原因只會是因為我忽略了他們一絲不苟的檢查，自己離題所致。以下在各自領域耕耘的專業人士名字，對讀者來說想必非常陌生：希妮·奧特曼（Sidney Altman）、勞倫斯·柯恩（Lawrence Cohen）、愛德蒙·克里林（Edmund Crelin）、艾倫·狄珍尼（Alan DeCherney）、托馬斯·杜非（Thomas Duffy）、蘿絲瑪莉·費雪（Rosemarie Fisher）、吉爾伯特·格拉斯特（Gilbert

Glaser）、伯納・里通（Bernard Lytton）、瑪格麗塔・西緒爾（Margretta Seashore）以及威廉・史戴華（William Stewart）。我不知如何感謝這些專家，他們協助確認書中的生物學和醫學敘述，皆與當下知識進展一致。不管何處出現詮釋或者猜測，或者甚至某些地方可稱之為白日夢——那都只是我自己的意見。

當需要高度特殊性質的幫助時，我不遲疑跟其他知識淵博的同事，比如驗證某些晦澀難解的資料，追查一條參考書目，當某些證據有爭議或者需要新視角時，他們便會提供見解。在許多需要的時候，我至少一次、有時不只一次轉而向托比・阿佩爾（Toby Appel）、雪倫・貝卡（Sharon Baca）、索爾・班尼森（Saul Benison）、傑洛姆・拜勒博（Jerome Bylebyl）、喬瑟夫・富勒頓（Joseph Fruton）、保羅・富萊（Paul Fry）、若費拉・伊蓮・格里瑪蒂（Rafaella Elaine Grimaldi）、蓋兒・哈利斯（Gail Harris）、邁倫・海倫尼厄斯（Majlen Helenius）、約翰・霍蘭德（John Hollander）、伊蓮娜・蘿絲・卡根（Elena Rose Kagan）、凱薩琳・藍道（Katherine Landau）、羅伯特・里維（Robert J. Levine）、瑞吉娜・肯尼・瑪倫（Regina Kenny Marone）、彼得・麥克費倫（Peter McPhedran）、艾曼紐・帕博（Emanuel Papper）、詹姆斯・波奈特（James Ponet）、戈登・薛佛（Gorden Shepherd）、史蒂芬・瓦克斯曼（Stephen Waxman）以及我那位始終可靠的全新見解來源，費倫茨・傑洛耶（Ferenc Gyorgyey）。不能忘記溫多林・希爾（Wendolyn Hill），我很感激她全力繪製書中的醫學插圖。

關於本書的重要主題，我曾兩次發表於耶魯大學惠特尼人文中心（Whitney Humanities

Center）的研討會上。更正式的一次是發表在一九九五年美國奧斯勒學會（American Osler Society）頒發麥高文獎（John P. McGovern Award）時的演講，且當著一群致力於醫學教育和人文醫學的學界外科醫師前，當時我們在匹茲堡舉辦年度大會。我很榮幸雙邊成員每次帶來的生動討論，在本書中，參與者可以看到當時留下的回響。

我的不少朋友和鄰居皆非醫生或者科學家，大方慷慨的他們從讀者角度讀完手稿。他們的每個意見都增進我的思考，幫助我闡明問題。他們是茱蒂絲．寇斯拜森（Judith Cuthbertson）、亞歷山大．索瑪斯（Alexander Sommers）以及莎拉．泰勒（Sarah Tyler）。

「授予我技藝者，我將視他為父母，與他分享我所有的，必要時提供他所需。」（To reckon him who taught me this Art equally dear to me as my parents, to share my substance with him, and relieve his necessities if required.）這是出自《希波克拉底誓言》（*Hippocratic Oath*）的第一句，就接在醫者對希臘神祇阿波羅、阿波羅之子埃斯科拉庇俄斯，以及後者的兩個女兒：海吉婭與帕娜瑟立下誓言的後面。不論專業人士和同事有多少貢獻，每個醫師都知道，他最好的老師就是雙親。透過他們的教導，他才開始懂得完足身體的光彩輝煌，以及它脆弱的危險，也因為透過他們的教導，他才得以產生對性靈的理解。數以千計的男人和女人向我交付他們的健康和生命。現在應該在適切地點、適當時間下，感謝他們向我展現他們自己的哲學之路，也讓我看到我的那條路。

一如往常的，有許多人一直握著我的手，擔心我，並擴展了我對一本書的想像，同時也擴展了我對自己的觀點。特別是我接下來要歌頌的三個人。

不到六年前，我就發現到傑伊・凱茲（Jay Katz）的智慧和熱情，還有他的嚴謹與誠實。在所有人之中他是相當少數，一旦單獨念頭到達意識時，就非常專心致志，這種無法分析的全心關注，形塑了他對於全人類平等正義的長久追求。從傑伊身上我學到的是，一條向正義前行的確定道路，會從不妥協的積極細查中出現，不管是我或其他人的都一樣。這不是容易維持的習慣，與細心調查分不開的謙虛言行，也不容易養成。許多人會同意，要教導外科醫師謙卑，難度就好比要清理古希臘城邦奧吉亞斯國王的馬廄（Augeas stables）：這需要轉移對自身的全副關注。但我試圖從傑伊・凱茲的例子中學習。他對本書的貢獻是不可計量的。

說我視羅伯特・邁希（Robert Massey）為我的人生導師（guru）時，其中只有部分是在說笑——在許多方面來說，我長大時就想變成他那樣。他讀過本書手稿的每一個字，就像他對《死亡的臉》（*How we die*）做得一樣。每一頁的空白處都填滿筆記和建議，當中都是資深臨床外科醫師和老師，其自成一格的博學多聞和善感多情的洞察能力。就算說出這點也不會傷害到我，他還是位非常優秀的作家。在當中最有意義的就屬邁希和我花了許多時間處理這兩本書，這也算是我們實踐的一部分，我們一起埋頭苦思那些想要試著弄清的事物，連帶改變了我所書寫的內容。他對本書的貢獻是不可計量的。

儘管我們花了無數小時在討論內容並且與時俱進，我的兄弟維多利歐・費勒羅（Vittorio Ferrero）在書出版之前，以生物學意義來看，並不能算是讀過這本書，但他已經讀作者長達四分之一個世紀。他是我們所有人的故事以及人性的指南。我們一起學習生命中的神話、記憶和真實。我從維多利歐的洞見中習得洞察，從他的忠實中學到忠實，以及從歷史的教訓中找到真理，無論是古典文學史和思想史或者是我的過去歷史。他對本書的貢獻是不可計量的。

不管一本書可能變成怎樣，它最終是送給潛在讀者的禮物，它必須寫得讓人可接受而且吸引人。象徵上的巨大鴻溝，時常分開作家的頭頂與讀者的眼睛，這讓尋求跨越橋梁或至少縮小差距的人來說負擔沉重。他們的工作要同時有智識方面、美學方面還有教育滋養之責，就像同時對吹過義大利里亞爾托橋（Rialto）上反覆無常的微風和強風感受入微那般。只有在崇敬書本和書籍工作的男女手中才會成功。或多或少，這也是為什麼一名作者會在阿爾弗雷德．克諾夫（Alfred Knopf）出版社的認可、並在其旗下出書的原因，他絕不會忘記他的好運氣。

我在克諾夫出版社出書的經驗非常愉悅。索尼．梅塔（Sonny Mehta）一開始憑直覺指出我的寫作應力求什麼。他了解它，相信它，指導它，而且成為它最強大的擁護者。當索尼非常有信心的時候，我要寫壞是不可能的事，所以我寫得很順利。

十七世紀英國詩人喬治．赫伯特（George Herbert）曾寫道：「理性在於馬刺和馬轡頭之間。」（Reason lies between the spur and the bridle.）這真是至理名言，赫伯特的話同樣適用於寫作。一名好的文學騎手需要兩靴都有夠刺的馬刺，我有的那兩個，在任何意思上都是最尖銳的。周伶（Lynn Chu，音譯）以及格倫．哈特利（Glen Hartley）兩次促使我以熱情高速從起跑線開跑，甚至其全力程度連我都驚訝不已。但我同時也有個馬轡頭，我得到的那個足夠安全又完美符合文學駿馬的嘴型，不只確保舒適和方向，當馬和騎士得到恰當的控制時，就能產生信心——就是我的編輯丹．法蘭克（Dan Frank）。

至於理由……最甜美的理由我已經得到了：我的妻子莎拉．彼得森（Sarah Peterson）。我們在生命賽事中已經同行奔跑了許多年，許多時候都是言語難以形容——我的行動已經完成——但這不是她為我們設下的標準。她為我的存在帶來了理由。這確實是個好理由！這個彼得森家的女人就是我存在的理由。

譯後記一　走鋼索者的獨白

林文斌

身為臨床婦產科醫師的我，除了看門診、開刀和接生外，一星期總有幾個深夜必須站在第一線處理急診病患。每每遇上緊急情況，如劇痛、大出血、難產、胎兒窘迫等，必須立即反應、付諸行動，猶如把病人扛在肩上往前走，毫不遲疑地踏上鋼索。前行時，只知專心致志，努力向前走，而且抱著不許失敗的決心——若是病人跌下去，自己也會跟著摔得粉身碎骨。一旦抵達安全的另一端，把病人放下，回頭一看那萬丈深淵，才覺得害怕。

醫療這個行業之所以特別，是因牽涉到寶貴的生命。即使是微不足道的手術，如割除直腸息肉，或簡易的人工流產手術，若是碰上萬一或一個不慎，還是有大出血或腸道破裂的可能。就以凝血因子異常這種「萬一」的情況為例，即使發生機率真是每萬人中只有一個，經年累月下來，難保不會碰上。因此醫師不得不隨時做好心理準備，考慮到所有的突發狀況，也許，這樣比較能避免遺憾的發生。

是的，我只能說「也許」。就今天醫學「已知」的部分而言，猶如一個星球，相形之下「未知」卻浩瀚無垠。就現今各種千奇百怪的疾病而言，能完全掌控、治癒的只有少數，至於其他成千上萬種疾病，身為醫師的我們必須坦白——真是莫可奈何。

也許只有憑藉著身體本身的智慧，亦即身體自然因應之道，我們才能從「未知」的困境中尋求解脫——這也正是本書的主旨。

長久以來，在面臨疾病時，我們都太輕忽自己身體的能耐，而高估了醫師的能力。如同輕微的卵巢出血，大多可以不經手術而自然痊癒——這就是身體這個「內在環境」努力維持恆定的功勞。若是我們忘卻身體對抗疾病的本能，而求諸針劑、藥物乃至於手術，不但辜負了身體的智慧，更助長醫療環境的惡化：醫師拚命開藥來討好病人，病人動不動就仰賴藥物，形成惡性循環，最後不但加重保險制度的負擔，更會造成身體的負荷。

在我們這個迷信偏方、名醫和健康食品的社會，實在急需《生命的臉》這種深度的、醫學的，也是人文的省思之作。在努蘭醫師的嚮導下，一同步上這趟偉大的身體之旅，觀看一幕幕與死神鬥智的精采好戲。或許醫師更能以宏觀的角度來思索人與疾病的關係和複雜的醫學倫理，而一般大眾更可藉此了解身體運作之道；與我們相伴一生的身體絕不是一個簡單的「臭皮囊」，而是一個包羅萬象的宇宙，散發著智慧的光芒。

譯後記二　天生我才必有用

廖月娟

《生命的臉》這本書可說是一本「完全生存手冊」。如果對人生沮喪絕望，打算尋死一了百了，看完本書，說不定就此打消念頭了。因為，我們不得不感動身體的每個細胞、組織和器官是如此盡心盡力，不斷地因應環境、絕不放棄求生的努力。因此，生存的意志與其說是不願與這個世界別離的意識，不如說是一種本能。

且看我們的身體是如何運作的，以割腕自殺而出血為例：血管破裂時，結締組織纖維就會從斷端突出，血小板則會呼朋引伴、成群結隊前來救援、防堵漏洞，同時身體還會釋放出某種荷爾蒙，使血管產生反射收縮的動作，抑制出血。心臟也跟著加速跳動，使僅存的血液充分循環、利用，必要時周邊組織也得暫時忍耐缺血之苦，把血液留給片刻不可缺氧的腦部和心臟——縱使你放棄了生存的努力，你的身體還是永不放棄，直到最後一刻。

本書的合譯，也是仿效身體組織的分工合作。主修文學與語文的我並不曾深入生理學、組織學、胚胎學、解剖學等領域，而以臨床醫學為職志的林文斌醫師，也就是我的先生，在閱讀原文書時乃為複雜的句法、深奧的文學典故所苦。儘管各有所短，我們仍深為《生命的臉》此一優美、深刻的醫療經典所吸引，而決定合譯，盡己之力，為中文讀者譯介這本好書。

這本書絕非冷硬的醫學教科書，每一章都是動人的生命之歌，每一個病史都是教人嘆為觀止的生存記實：如換心人奎泰拉的掙扎、與古柯鹼和鐮狀細胞症相搏的浪子阿奇、懷孕六個月才發現自己居然已是乳癌末期的女戰士夏倫、得了唐氏症而能在運動場叱吒風雲的柯克……

阿奇說的好：「我將伸手摘月，若是失敗，將仍與星辰同在。」三十五歲以前只是個小混混卻又是個大病號的他，發誓要在十年後成為醫師——姑且不論成敗，光是這種鬥志就足以教人畢生難忘。

三版編後記

陳怡慈

決定續約耶魯外科醫師、也是美國國家書卷獎得主努蘭的經典名作《生命的臉》之後，編輯部與國外出版社索取了本書的電子檔，隨即很快發現，歷經二十年的時光，本書經歷了不少變動。倘若手上有《生命的臉》初版與二版的讀者，會發現它們與三版間相差約有十萬字、一百頁左右的落差。其原因何自？或許我們可從努蘭醫師寫作本書的初衷看出端倪。

在本書的序言裡，努蘭寫到，人體的老化將緩步削弱體內維持平衡的能力，且體內系統不再能對於外界的威脅做出有效回應；因此當代人的課題即是在維持高壽之餘，同時享受有活力的生活。這並非沒有解方，並且解方每個人都相當清楚：進行規律的運動，維持肌力與身體的平衡。

但身為醫師，該如何讓大眾更為認知此事，而非僅是教條式的健康宣導？努蘭透過《生命的臉》給出了解答。《生命的臉》一書，除了努蘭擅長的臨床醫學故事外，他精細地描述了血液、遺傳、心臟、消化系統、循環系統、生殖系統的運作，透過人體結構學，帶領讀者進入一般人不易理解的醫學入門。努蘭認為，當大眾更為理解人體的平衡機制，便能意識到維持自己身體機能的重要性。因此《生命的臉》與過往專注於醫學史、以及之後更為輕鬆的臨床故事集截然不同，它融合了艱澀的醫學知識、剖析生命運作之祕，同時也以個案作為調劑，讓讀者在理解耙梳之餘，不至於因閱讀不易而喪失耐性。

這也是讀者能在初版、二版與三版間看出最大的差異。三版加入不少上述身體系統的運作細節，相較初版著重於臨床事件與簡易的醫學概念，三版內容更為艱難，但也更能體現努蘭企欲讓醫學普及的理念，以及在此理念中展現的醫病平等精神。

儘管只是入門，但要翻譯醫學理論書並非易事，且努蘭的寫作融合了哲學、文學、史學典故，更讓本書翻譯具一定難度，感謝三位譯者冬耳、劉維人、黎湛平在短時間內完成局部新譯的艱困任務，在林文斌、廖月娟兩位前輩的基礎之上，讓三版更臻完美。

期待眾位在閱讀《生命的臉》三版之餘，遊走於努蘭的世界，也能體會這位國家書卷獎得主、早期的醫療文學代表者，其重視醫學人文精神之展現。

科學人文 73

生命的臉：從心臟到大腦，耶魯教授的臨床醫學課（二十二周年增譯新版）
How we live

作者　許爾文・努蘭Sherwin B. Nuland
譯者　林文斌、廖月娟（初版）、崔宏立（自序）
　冬耳、劉維人、黎湛平（三版）
主編　陳怡慈
責任編輯　陳怡君
執行企畫　林進韋
內文排版　薛美惠
董事長　趙政岷
出版者　時報文化出版企業股份有限公司
108019 臺北市和平西路三段240號一~七樓
發行專線｜02-2306-6842
讀者服務專線｜0800-231-705｜02-2304-7103
讀者服務傳真｜02-2304-6858
郵撥｜1934-4724 時報文化出版公司
信箱｜10899臺北華江橋郵局第99信箱
時報悅讀網　www.readingtimes.com.tw
電子郵件信箱　ctliving@readingtimes.com.tw
人文科學線臉書　www.facebook.com/jinbunkagaku
法律顧問　理律法律事務所｜陳長文律師、李念祖律師
印刷　勁達印刷有限公司
初版一刷　1998年6月9日
二版一刷　2010年1月11日
三版一刷　2019年11月1日
三版二刷　2021年12月30日
定價　新臺幣450元

時報文化出版公司成立於一九七五年，並於一九九九年股票上櫃公開發行，於二〇〇八年脫離中時集團非屬旺中，以「尊重智慧與創意的文化事業」為信念。

ISBN 978-957-13-7981-4｜Printed in Taiwan

生命的臉 / 許爾文.努蘭(Sherwin B. Nuland)著；冬耳, 劉維人, 黎湛平譯. -- 三版. -- 臺北市：時報文化, 2019.11｜　面；　公分. -- (科學人文；73)｜譯自：How we live｜ISBN 978-957-13-7981-4(平裝)｜1.人體生理學 2.人體解剖學 3.人體學｜397｜108016199